面向 21 世纪课程教材
普通高等学校精品课程教材

Visual FoxPro 程序设计教程

主　编　彭国星　陈芳勤　唐黎黎
编　委　(按姓名拼音顺序)

陈芳勤　黄国辉　李　欣　刘　强
刘琼梅　彭国星　唐黎黎　童　启
王　亚　肖小克　翟　霞　周　浩
左新娥

国防工业出版社
·北京·

内 容 简 介

本书是以教育部非计算机专业计算机基础课程教学指导分委员会提出的"白皮书"和全国计算机等级考试数据库考试大纲相关要求为指导思想,结合多年从事数据库教学和数据库程序开发的实践经验编写而成。从熟悉 Visual FoxPro 的开发环境以及基本操作入手,结合了大量的数据库使用实例,深入浅出,系统地介绍了 Visual FoxPro 基础、数据与数据运算、Visual FoxPro 数据库与表、结构化查询语言 SQL、查询与视图、面向过程程序设计、表单设计、报表设计、菜单与工具栏设计、数据库应用程序实例。

本书可作为高等院校非计算机专业学习数据库程序设计用教材,也可作为计算机应用人员学习 Visual FoxPro 的教材和参考用书,同时还可作为广大计算机学习者的参考资料。

图书在版编目(CIP)数据

Visual FoxPro 程序设计教程/彭国星、陈芳勤、唐黎黎
主编.—北京:国防工业出版社,2011.1
面向 21 世纪课程教材
ISBN 978-7-118-07302-7

Ⅰ.①V... Ⅱ.①彭...②陈...③唐... Ⅲ.①关
系数据库 – 数据库管理系统,Visual FoxPro – 程序设计 –
高等学校 – 教材 Ⅳ.①TP311.138

中国版本图书馆 CIP 数据核字(2011)第 009838 号

※

国防工业出版社出版发行
(北京市海淀区紫竹院南路 23 号 邮政编码 100048)
腾飞印务有限公司印刷
新华书店经售
*
开本 787×1092 1/16 印张 17 字数 450 千字
2011 年 1 月第 1 版第 1 次印刷 印数 1—6000 册 定价 37.00 元

(本书如有印装错误,我社负责调换)

国防书店:(010)68428422 发行邮购:(010)68414474
发行传真:(010)68411535 发行业务:(010)68472764

前　言

高级语言程序设计已由面向过程的程序设计逐步向面向对象的程序设计过渡,各种可视化程序设计语言越来越受到广大计算机应用工作者的喜爱。在数据库应用技术领域中,Visual FoxPro 6.0 中文版是适用于微型计算机系统的最优秀的小型关系型数据库管理系统之一。

本书是由多年从事高校计算机基础教学的专职教师参照《全国计算机等级考试考试大纲》(二级 Visual FoxPro)的要求编写而成。书中不少内容就是这些具有丰富的理论知识和教学经验的教师们对实践经验的总结。

本书从熟悉 Visual FoxPro 的开发环境以及基本操作入手,结合了大量的数据库使用、实例,深入浅出、系统地介绍了数据库基础、Visual FoxPro 系统初步、表、索引及数据库的操作、查询与视图、程序设计、表单、报表与标签、工具栏及菜单栏。最后本书还给出了一个完整的数据库实例。

同时,本书还兼顾了全国计算机等级考试的相关内容,从而提高学生的获证能力。为了适应多媒体教学的需要,本书编者精心制作了课件。

本书由彭国星、陈芳勤、唐黎黎、童启、黄国辉、周浩、翟霞、李欣、刘强、刘琼梅、王亚、左新娥、肖小克共同编写。全书由陈芳勤统稿并加以修订,彭国星主审。

本书得到了湖南工业大学计算机与通信学院院长李长云教授的大力支持与帮助。特表感谢!

由于编者水平有限,编写时间较紧,书中难免有错误和不妥之处,恳请读者谅解并批评指正。

编　者

2010 年 10 月

目　　录

第 1 章　Visual FoxPro 基础

数据处理是指对数据的收集、整理、传输、加工、存储、更新和维护等活动。随着计算机技术的发展，数据库技术应运而生，经过 40 多年的迅速发展，取得了辉煌的成就。以数据库系统为核心的办公自动化系统、管理信息系统、决策支持系统等得到了广泛应用。数据库技术已成为计算机应用领域中的一个重要分支。

通过本章学习我们应了解数据模型、关系数据库基本理论、数据库系统的组成及体系结构和 Visual FoxPro 系统初步知识。

1.1　数据库基本概念

1.1.1　数据处理

数据（data）是对客观事物的某些特征及相互联系的一种抽象化、符号化表示，如图形符号、数字、字母等。在计算机科学中，数据是指所有能输入到计算机并被计算机程序处理的符号介质的总称，是用于输入电子计算机进行处理，具有一定意义的数字、字母、符号和模拟量等的通称。数据不仅包括数字、字母、文字和其他特殊字符组成的文本形式的数据，还包括图形、图像、动画、影像、声音等多媒体数据。但目前使用最多、最基本的仍然是文字数据。

现实世界中的数据往往是原始的、非规范的，但它是数据的原始集合，通过这些原始数据的处理，才能产生新的数据（信息）。这一处理包括对数据的收集、记录、分类、排序、存储、计算/加工、传输、制表和递交等操作，这就是数据处理的概念。从数据处理的角度而言，信息是一种被加工成特定形式的数据，这种数据形式对于数据接收者来说是有意义的。因此，人们有时说的"信息处理"，其真正含义应该是为了产生信息而处理数据。

1.1.2　数据模型

数据库需要根据应用系统中数据的性质、内在联系，按照管理的要求来设计和组织。人们把客观存在的事物以数据的形式存储到计算机中，经历了对现实生活中事物特性的认识、概念化到计算机数据库里的具体表示的逐级抽象过程。

1. 实体相关概念

客观存在并且可以相互区别的事物称为实体。实体可以是实在的事物，也可以是抽象事件。例如：商品、客户等属于实体，它们是实际事物，而销售、订购、比赛等活动也是实体，它们是比较抽象的事件。

描述实体的特征称为属性。例如，学生实体（学号、姓名、性别、出生日期、政治面貌）等若干属性来描述。

属性值的集合表示一个实体，而属性的集合表示一种实体的类型称为实体型。同类型的实体的集合称为实体集。

例如，在学生实体集当中，（060201，吴大伟，男，88/06/20，团员）表示学生名册中的一个具体人。

在 Visual FoxPro 中，用"表"来存放同一类实体，即实体集。例如：学生登记表。Visual FoxPro 中一个"表"包含若干个字段，"表"中所包含的"字段"就是实体的属性。字段值的集合组成表中的一条记录，代表一个具体的实体，即每一条记录表示一个实体。

2. 实体间联系及联系的种类

实体之间的对应关系称为联系，它反映现实世界事物之间的相互关联。如，一个学生可以有多个任课老师；一个任课老师可以教多个学生。实体间联系的种类是指一个实体型中可能出现的每一个实体与另一个实体型中多少个实体存在联系。两个实体间的联系可以归结为三种类型。

（1）一对一联系。实体集 A 中的每一个实体与实体集 B 中的一个实体对应，反之亦然。记为 1∶1。例如，学校和校长两个实体型，不包括副校长的情况下，学校和校长之间存在一对一的联系。

（2）一对多联系。实体集 A 中的每一个实体与实体集 B 中的多个实体对应，反之不然。记为 1∶n。例如班级和学生两个实体型，一个班级可以有多名学生，而一名学生只属于一个班级。

一对多联系是最普遍的联系。也可以把一对一的联系看作一对多联系的一个特殊情况。

（3）多对多联系。实体集 A 中的每一个实体与实体集 B 中的多个实体对应，反之亦然，记为 m∶n。例如，学生和课程两个实体型，一个学生可以选修多门课程，一门课程由多个学生选修。因此，学生和课程间存在多对多的联系。

3. 实体联系的表示方法

E-R 图又被称为实体—联系图，它提供了表示实体、属性和联系的方法，用来描述现实世界的概念模型。

构成 E-R 图的基本要素是实体、属性和联系，其表示方法如下。

实体：用矩形表示，矩形框内写明实体名；

属性：用椭圆形表示，椭圆形框内写明联系的名称并用无向边将其与相应的实体连接起来；

联系：用菱形表示，菱形框内写明联系名，并用无向边分别与有关实体连接起来，同时在无向边旁标上联系的类型（1∶1，1∶n 或 m∶n）。

如图 1.1 所示，为用 E-R 图表示教学实体模型。

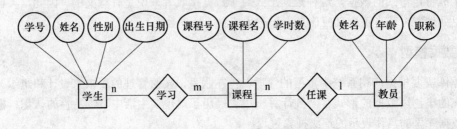

图 1.1　教学实体 E-R 图

4. 数据模型简介

为反映事物本身及事物之间的各种联系，数据库中的数据必须有一定的结构，这种结构用数据模型来表示。数据库不仅管理数据本身，而且要使数据模型表示出数据之间的联系。可见，数据模型是数据库管理系统用来表示实体及实体间联系的方法。一个具体的数据模型应当正确地反映出数据之间存在的整体逻辑关系。数据模型应满足 3 方面的要求：能比较真实地模拟现实世界；容易理解；便于在计算机上实现。

不同的数据模型实际上是提供模型化数据和信息的不同工具。根据模型应用的目的不同，可以将这些模型划分为两类，分属于两个不同的层次。

第一类：概念模型，也称信息模型，按用户的观点对数据和信息建模，主要用于数据库的设计。

第二类：数据模型，主要包括网状模型、层次模型、关系模型等，它是按计算机系统的观点对数据建模，主要用于 DBMS 的实现。

使用支持某种特定数据模型的数据库管理系统开发出来的应用系统相应地称为层次数据库系统、网状数据库系统、关系数据库系统。

关系模型对数据库的理论和实践产生很大的影响，成为当前最流行的数据库模型。为了使读者对数据模型有一个全面的认识，进而更深刻地理解关系模型，先对层次模型和网状模型作一个简单的介绍，再详细介绍关系数据模型。

1）层次模型

层次数据模型用树状结构来表示各类实体及实体间的联系。满足下面两个条件的基本层次联系的集合称为层次模型。

（1）有且只有一个结点没有父结点，这个结点称为根结点。

（2）根以外的其他结点有且只有一个结点。

在层次模型中，每个结点表示一个实体集，实体集之间的联系用结点之间的连线（有向边）表示，这种联系是父子之间的一对多的联系。同一父结点的子结点称为兄弟结点，没有子结点的结点称为叶结点。若需要子结点有很多父结点或不同父结点的子结点间联系，则无法使用层次模式，必须改用其他模式。

层次数据模型结构的优点：结构简单，易于操作；从上而下寻找数据容易；与日常生活的数据类型相似。其缺点：寻找非直系的结点非常麻烦，必须通过多个父结点由下而上，再向下寻找，搜寻的效率太低。

图 1.2 给出一个层次模型的例子。其中"专业系"为根结点；"教研室"和"课程"为兄弟结点，是"专业系"的子结点；"教师"是"教研室"的子结点；"教师"和"课程"为叶结点。

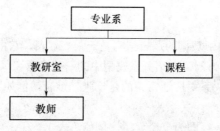

图 1.2　层次模型示例

2）网状模型

用网状结构表示实体及其之间联系的模型称为网状模型。网状模型是层次模型的扩张，去掉了层次模型的两个限制：允许结点有多于一个的父结点；可以有一个以上的结点没有父结点。因此，网状模型可以方便地表示各种类型的联系。

图 1.3 给出了一个简单的网状模型。每一个联系都代表实体之间一对多的联系，系统用单向或双向环形链接指针来具体实现这种联系。

网状模型的优点是表示多对多的联系，具有很大的灵活性，这种灵活性是以数据结构复杂化为代价的。缺点是路径太多，当增加或删除数据时，牵动的相关数据很多，重建和维护数据比较麻烦。

3

图 1.3　网状模型示例

网状模型与层次模型在本质上是一样的。从逻辑上看，它们都是用结点表示实体，用有向边表示实体间的联系，实体和联系用不同的方法来表示；从物理上看，每个结点都是一个存储记录，用链接指针来实现记录之间的联系。这种用指针将所有数据记录都"捆绑"在一起的特点，使得层次模型和网状模型存在难以实现系统修改与扩充等缺陷。

3）关系模型

针对层次模型和网状模型的这些缺陷，20 世纪 70 年代初提出了关系模型。关系模型是用二维表结构来表示实体以及实体之间联系的模型。在关系模型中，操作的对象和结果都是二维表，这种二维表就是关系。

关系模型与层次模型、网状模型的本质区别在于数据描述的一致性，模型概念单一。在关系型数据库中，每一个关系都是一个二维表，无论实体本身还是实体间的联系均用称为"关系"的二维表来表示，使得描述实体的数据本身能够自然地反映它们之间的联系。而传统的层次和网状模型是使用链接指针来存储和体现联系的。支持关系模型的数据库管理系统称为关系数据库管理系统，Visual FoxPro 系统就是一种关系数据库管理系统。

1.2　关系数据库

1.2.1　关系模型

1. 关系术语

在用户观点下，关系模型中数据的逻辑结构是一张二维表，它由行和列组成。

以表 1.1 学生基本情况表为例，介绍关系模型中的一些术语。

关系（Relation）：一个关系对应通常说的是一张二维表。例如，表 1.1 中这张学生基本情况表就是一个关系，可以命名为学生关系。

元组（Tuple）：表中的一行即为一个元组。例如，表 1.1 有 3 行，对应 3 个元组。

属性（Attribute）：表中的一列即为一个属性，给每一个属性起一个名称即属性名。例如，表 1.1 中有 7 列，对应的 7 个属性分别为学号、姓名、性别、出生年月、政治面貌、籍贯、入学时间。

关键字：属性或属性的组合，其值能够唯一地标识一个元组。例如，表 1.1 中学号可以唯一确定一个学生，也就可以作为本关系的关键字。

外部关键字：如果表中的一个字段不是本表的主关键字或候选关键字，而是另外一个表的主关键字或候选关键字，这个字段（属性）就称为外部关键字。

域（Domain）：属性的取值范围。例如，性别的域是（男，女）。

分量：元组中一个属性值。例如表 1.1 中第一个元组在学号属性上的取值为 33006101，则 33006101 就是第一个元组的一个分量。

关系模式：对关系的描述，一般表示如下：

4

关系名（属性 1，属性 2，...，属性 n）

例如，表 1.1 的学生关系可描述为：学生（学号，姓名，性别，出生年月日，政治面貌，籍贯，入学时间）。在关系模型中，实体以及实体间的联系都是用关系来表示的。

表 1.1　学生基本情况表

学号	姓名	性别	出生年月日	政治面貌	籍贯	入学时间
33006101	赵玲	女	1986.8.6	团员	黑龙江省哈尔滨市	2006.9.6
33006102	王刚	男	1985.6.5	党员	四川省自贡市	2006.9.6
33006104	李广	男	1986.3.12	团员	山东省荷泽市	2006.9.6
……	……	……	……	……	……	……

从集合论的观点来定义关系，可以将关系定义为元组的集合。关系模式是命名的属性集合。元组是属性值的集合。一个具体的关系模型是若干个有联系的关系模式的集合。

2. 关系的特点

关系模型看起来简单，但并不能把日常手工管理所用的各种表格，按照一张表一个关系直接存放到数据库系统中。在关系模型中对关系有一定的要求，关系必须具有以下特点。

（1）关系必须规范化。规范化是指关系模型中每个关系模式都必须满足一定的要求，最基本的要求是关系必须是一张二维表，每个属性值必须是不可分割的最小数据单元，即表中不能再包含表。

（2）在同一关系中不允许出现相同的属性名。Visual FoxPro 不允许同一个表中有相同的字段名。

（3）关系中不允许有完全相同的元组，即冗余。

（4）在同一关系中元组及属性的顺序可以任意。

3. 关系模型实例

一个具体的关系模型由若干个关系模式组成。在 Visual FoxPro 中，一个数据库中包含相互之间存在联系的多个表。这个数据库文件就代表一个实际的关系模型。为了反映出各个表所表示的实体之间的联系，公共字段名往往起着"桥梁"的作用。这仅仅是从形式上看，实际分析时，应当从语义上来确定联系。

【例 1.1】　学生基本情况—成绩—课程关系模型和公共字段名的作用。

学生学籍管理数据库中有以下 3 个表（如图 1.4 所示）：

学生基本情况（学号，姓名，性别，出生年月日，政治面貌，籍贯，入学时间，简历，照片）

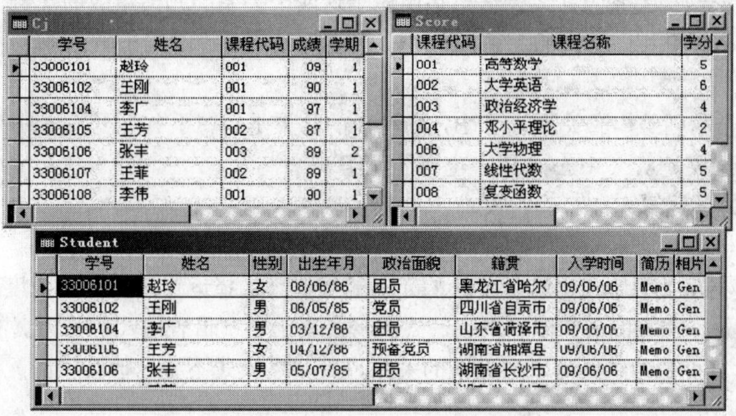

图 1.4　学生学籍管理数据库中的 3 个表

成绩（学号，姓名，课程代码，成绩，学期）

课程（课程代码，课程名称，学分）

由学生基本情况、成绩、课程 3 个关系模式组成的关系模型在 Visual FoxPro 中如图 1.5 所示。

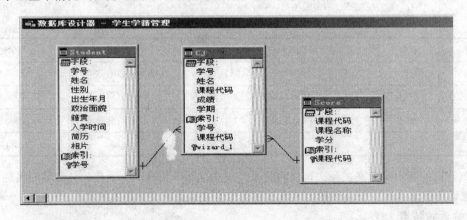

图 1.5　在 Visual FoxPro 中表示的联系

在关系数据库中，基本的数据结构是二维表，表之间的联系常通过不同表中的公共字段来体现。例如，要查询某学生某门课程的成绩，首先在课程表中根据课程名称找到课程代码，再到成绩表中，按照课程代码查找到某学生的成绩。如果要进一步查询该学生的基本情况，可以根据学号在学生基本情况表中查找到相关信息。在上述查询过程中，同名字段"学号"、"课程代码"起到了表之间的连接桥梁作用，这正是外部关键字的作用。

由以上示例可见，关系模型中的各个关系模式不是孤立的，它们不是随意堆砌在一起的一堆二维表，要使得关系模型正确地反映事物及事物之间的联系，需要进行关系数据库的设计。

1.2.2　关系运算

对关系数据库进行查询时，需要找到用户感兴趣的数据，这就需要对关系进行一定的关系运算。关系的基本运算有两类：一类是传统的集合运算（并、差、交等);另一类是专门的关系运算（选择、投影、连接），有些查询需要几个基本运算的组合。

1. 集合运算

进行并、交、差集合运算的两个关系必须具有相同的关系模式，即相同的结构。

并：两个相同结构关系的并运算结果是由属于这两个关系的元组组成的集合。

交：设有两个具有相同结构的关系 A 和 B，它们的交集是由既属于 A 又属于 B 的元组组成的集合。

差：设有两个相同结构的关系 A 和 B，A 差 B 的结果是由属于 A 但不属于 B 的元组组成的集合，即差运算的结果是从 A 中去掉 B 中也有的元组。

2. 专门的关系运算

1）选择

选择运算是指从关系中找出满足条件的元组的操作。选择运算是从行的角度进行运算，即从水平方向抽取记录，选择的条件以逻辑表达式的形式表示，逻辑表达式的值为真的元组被选取。

经过选择运算得到的结果可以形成新的关系，其关系模式不变，但其中的元组是原关系的一个子集。

例如，在表 1.1 中，想知道学号为 33006101 的学生籍贯，使用选择操作，可筛选掉学号为

33006101 以外的其他所有记录，从而得到籍贯为黑龙江省哈尔滨市。

2）投影

投影运算是从关系中选取若干属性（字段）组成新的关系。投影运算是从列的角度进行运算，相当于对关系进行垂直分解。投影运算可以得到一个新的关系，其关系模式所包含的属性个数往往比原关系少，或属性的排列顺序不同。

例如，在表 1.1 中，如果只想知道学生的姓名、政治面貌，投影可用于筛除其他属性，并建立一个只含姓名和政治面貌的关系。

3）连接

连接运算是将两个关系模式的若干属性拼接成一个新的关系模式的操作，对应的新关系中，包含满足连接条件的所有元组。

连接过程是通过连接条件来控制的，连接条件中将出现两个表中的公共属性名，或者具有相同语义、可比的属性。

例如，把学生基本情况表和成绩表组合起来，便可得到一张含学号、姓名、性别、出生年月日、政治面貌、籍贯、入学时间、简历、相片、课程代码、成绩、学期等字段的新表。

不同表中的公共字段（外部关键字）或者具有相同语义的字段是关系模型中体现事物之间联系的手段。

总之，在对关系数据库的查询中，利用关系的选择、投影、连接运算可以方便地分解或构造新的关系。这就是关系数据库具有灵活性和强大功能的关键之一。

1.3 数据库系统的基础知识

1.3.1 数据管理的发展

数据管理经历了从低级到高级的发展过程，这一过程大致可分为 3 个阶段：手工管理阶段、文件系统阶段、数据库系统阶段。

1. 手工管理阶段

在 20 世纪 50 年代中期以前，计算机主要用于科学计算，计算机上没有操作系统，没有管理数据的专门软件，也没有像磁盘这样的设备来存储数据。这个时期数据管理的特点是：

（1）数据不保存。

（2）数据和程序一一对应，即一组数据对应一个程序。不同应用程序的数据之间是相互独立、彼此无关的。

（3）没有软件系统对数据进行管理，程序员不仅要规定数据的逻辑结构，而且还要在程序中设计物理结构，包括存储结构、存取方法及输入输出方式等。也就是说数据对程序不具有独立性，数据是程序的组成部分，一旦数据在存储上有所改变，必须修改程序。

2. 文件系统阶段

数据管理从 20 世纪 50 年代后期进入文件系统阶段。操作系统中已经有了专门的管理数据的软件，一般称为文件系统。所谓文件系统是一种专门管理数据的计算机软件。在文件系统中，按一定的规则将数据组织成为一个文件，应用程序通过文件系统，对文件中的数据进行存取和加工。

文件系统数据管理的特点是：

（1）文件的逻辑结构与存储结构的转换由系统进行，使程序与数据有了一定的独立性。

（2）文件系统中的文件基本上对应于某个应用程序，即数据还是面向应用的。不同的应用程序可以实现以文件为单位的共享,但是当所需要的数据有部分相同时,也必须建立各自的文件。

(3)文件系统中的文件是为某个应用服务的,文件的逻辑结构对该应用程序来说是优化的。因此,要想对现有的数据再增加一些应用很困难,系统不易扩充。一旦数据的逻辑结构改变,必须修改程序。而应用程序的改变,也将影响文件的数据结构的改变。数据和程序缺乏独立性。

3. 数据库系统阶段

从 20 世纪 60 年代后期开始,需要计算机管理的数据量急剧增长,并且对数据共享的需求日益增强。文件系统的数据管理方法已无法适应开发应用系统的需要。为实现计算机对数据的统一管理,达到数据共享的目的,发展了数据库技术。

数据库技术的主要目的是有效地管理和存取大量的数据资源,包括:提高数据的共享性,使多个用户能够同时访问数据库中的数据;减少数据的冗余度,提高数据的一致性和完整性;提供数据与应用程序的独立性,从而减少应用程序的开发和维护代价。

为数据库建立、使用和维护而配置的软件成为数据库管理系统(DataBase Management System,DBMS)。数据库管理系统利用了操作系统提供的输入/输出控制和文件访问功能,因此它需要在操作系统的支持下运行。Visual FoxPro 就是一种在微机上运行的数据库管理系统软件。数据库系统中,数据与程序的关系如图 1.6 所示。

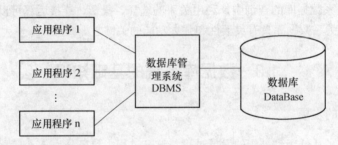

图 1.6 数据库系统中数据与程序的关系

1.3.2 数据库系统的组成

1. 数据库系统的组成

数据库系统是指引进数据库技术后的计算机系统,实现有组织地、动态地存储大量相关数据,提供数据处理和信息资源共享的便利手段。一般来说,数据库系统由 5 部分组成:计算机系统、数据库、数据库管理系统、数据库管理员和用户。它们之间的层次如图 1.7 所示。

1)计算机系统(Computer Systems)

计算机系统是指提供数据库系统运行的硬件、软件平台。硬件平台一般包括计算机中央处理器、足够大的内存、足够大容量的磁盘等联机直接存取设备和较高通道能力,以支持对外存的频繁访问,同时还包括足够多的联机存储介质。软件平台指计算机操作系统提供的运行环境及开发工具。计算机系统提供的运行环境不恰当,将会影响数据库系统的运行效率或者根本无法运行。

2)数据库(DataBase,DB)

数据库是指存储在计算机外存设备或网络存储设备上的、结构化的相关数据集合。它不仅包括描述事物的数据本身,而且还包括相关事务之间的联系。

数据库中的数据面向多种应用,可以被多个用户、多个应用程序共享。例如,某企业、组织或行业所涉及的全部数据的汇集。其数据结构独立于使用数据的程序,对于数据的增加、删除、修改和检索由系统软件统一控制。

3）数据库管理系统 （DBMS）

为了让多种应用程序并发地使用数据库中具有最小冗余度的共享数据，必须使数据与程序具有较高的独立性。这就需要一个软件系统对数据实行专门管理，即数据库管理系统。数据库管理系统是管理数据库的工具，是应用程序与数据库之间的接口，是为数据库的建立、使用和维护而配置的软件。

它是数据库系统的核心，建立在操作系统的基础上，实现对数据库的统一管理和控制。它需要解决两个问题：科学地组织和存储数据；高效地获取和维护数据。

它的主要功能包括以下 4 个方面。

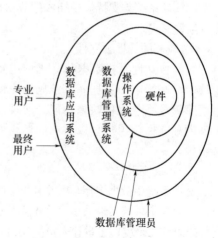

图 1.7　数据库系统层次示意图

数据定义功能：DBMS 提供数据定义语言（Data Definition Language，DDL），用户通过它可以方便地对数据库中的数据对象进行定义。

数据操作功能：DBMS 提供数据操作语言（Data Manipulation Language，DML），用户可以使用 DML 操作数据实现对数据库的基本操作，如查询、插入、删除和修改等。

数据库的运行管理功能：它包括并发控制、存取控制（安全性检查）、完整性约束条件的检查与执行等。所有数据库的操作都要在这些控制程序的统一管理下进行，以保证事务的正确运行和数据库数据的正确有效。

数据库的建立和维护功能：包括数据库初始数据的输入、转换功能、数据库的转储、恢复功能，数据库的重组织功能和性能监视、分析功能等。

4）数据库管理员（DBA）

数据库管理员（DataBase Administrator）是负责建立、维护和管理数据库系统的操作人员，他们应有丰富的计算机应用经验，对业务数据的性质、结构、流程有较全面的了解。DBA 的职责包括定义并存储数据库的内容、监督和控制数据库的使用、负责数据库的日常维护、必要时重新组织和改进数据库。

5）用户（User）

数据库系统的用户分为两类：一类是最终用户，主要对数据库进行联机查询或通过数据库应用系统提供的界面来使用数据库。如操作员、企业管理人员、工程技术人员，他们不必了解数据库系统的结构和模式；另一类为专业用户即程序员，他们负责设计应用系统的程序模块，对数据库进行操作。他们有较强的计算机专业知识，可对所授权使用到的数据库（或视图）进行查询、插、删、改操作，因此他们要了解到数据库的外模式。

2. 数据库系统的特点

数据库系统有如下主要特点。

1）数据共享

在数据库系统中，对数据的定义和描述已经从应用程序中分离出来，通过数据库管理系统来统一管理。数据库中的数据不仅可为同一企业或结构之内的各个部门所共享，也可为不同单位、地域甚至不同国家的用户所共享。

2）数据结构化

数据库中的数据是有结构的，这种结构由数据库管理系统所支持的数据模型表现出来，任何

9

数据库管理系统都支持一种抽象的数据模型。数据库中的数据文件是有联系的，在整体上服从一定的结构形式。

3）较高的数据独立性

数据独立性是指数据独立于应用程序而存在。在文件系统中，数据结构和应用程序相互依赖、相互影响。数据库系统则力求减少这种依赖，实现数据的独立性。在数据库系统中，数据库管理系统提供映像功能，实现了应用程序对数据的总体逻辑结构、物理存储结构之间较高的独立性。用户只以简单的逻辑结构来操作数据，无需考虑数据在存储器上的物理位置与结构。

4）冗余度可控

文件系统中数据专用，每个用户拥有和使用自己的数据，造成许多数据重复，这就是数据冗余。在数据库系统实现共享后，不必要的重复将删除，但为了提高查询效率，有时也保留少量重复数据，其冗余度可由设计人员控制。

5）数据统一控制

为保证多个用户能同时正确地使用同一个数据库，数据库系统提供以下 3 方面的数据控制功能。

安全性控制：数据库设置一套安全保护措施，保证只有合法用户才能进行指定权限的操作，防止非法使用所造成的数据泄密和破坏。

完整性控制：数据库系统提供必要措施来保证数据的正确性、有效性和相容性，当计算机系统出现故障时，提供将数据恢复到正确状态的相应机制。

并发控制：当多用户并发进程同时存取、修改数据库时，可能会发生相互干扰使数据库的完整性遭到破坏，因此，数据库系统提供了对并发操作的控制功能，对多用户的并发操作予以控制和协调，保证多个用户的操作不相互干扰。

1.3.3 数据库系统的体系结构

1972 年，美国国家标准协会计算机与信息处理委员会 ANSI/X3 成立了一个 DBMS 研究组，试图规定一个标准化的数据库系统结构，规定总体结构、标准化数据库系统的特征，包括数据库系统的接口和各部分所提供的功能，这就是有名的 SPARC（Standard Planning And Requirement Committee）分级结构。这三级结构以内模式、概念模式和外模式 3 个层次来描述数据库。

数据库系统的体系结构是数据库系统的一个总的框架，尽管实际的数据库系统的软件产品名目繁多，支持不同的数据模型、使用不同的数据库语言、建立在不同的操作系统环境之上、各有不同的存储结构，但数据库系统在总的体系结构上都具有三级模式的结构特征。

它们之间的联系经过两次转换，把用户所看到的数据变成计算机存储的数据，即三级模式两级映像，如图 1.8 所示。

1. 三级模式

1）外模式

外模式也称子模式或用户模式，它是用户（包括应用程序员和最终用户）看见和使用的局部数据的逻辑结构和特征的描述，是用户的数据视图，是与某一应用有关的数据的逻辑表示。一个应用只能启动一个外模式，一个外模式可以为多个应用启用，如图中的外模式 A 被应用 A1 和应用 A2 启用。对于同一个对象，因不同的需求，使用不同的程序设计语言，不同的用户外模式的描述可能各不相同，同一数据在外模式中的结构、类型、长度、保密级别都可能不同。

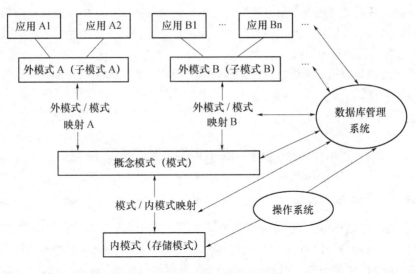

图 1.8　数据库的三级体系结构

外模式属于模式的子集。数据库系统提供外模式数据定义语言（Data Definition Language，外模式 DDL），用外模式 DDL 写出的一个用户数据视图的逻辑定义的全部语句称为此用户的外模式。

2）概念模式

概念模式简称为模式，是数据库中全体数据的逻辑结构和特征的描述，是所有用户的公共数据视图。

概念模式不同于外模式，它与具体的应用程序及高级语言无关，也不同于内模式，比内模式抽象，不涉及数据的物理存储结构和硬件环境。数据库系统提供概念模式描述语言(模式 DDL)来严格地定义模式所包含的内容，用模式 DDL 写出的一种数据库逻辑定义的全部语句，称为数据库的模式。模式是对数据库结构的一种描述，而不是数据库本身，它是装配数据库的一个框架。

3）内模式

内模式又称为存储模式，是全部数据在数据库系统内部的表示或底层描述，即为数据的物理结构和存储方法的描述。

内模式具体描述了数据如何组织并存入外部存储器上，一般由系统程序员根据计算机系统的软硬件配置决定数据存储方法，并编制程序实现存取，因而内模式对用户是透明的。内模式是用内模式描述语言（内模式 DDL）来描述或定义。

2. 二级映像

1）外模式/模式映像

它定义了某个外模式和模式之间的对应关系，是数据的全局逻辑结构和数据的局部逻辑结构之间的映像，这些映像定义通常包含在各自的外模式中。当系统要求改变模式时，可改变外模式/模式的映射关系而保持外模式不变。如数据管理的范围扩大或某些管理的要求发生改变后，数据的全局逻辑结构发生变化，对不受该全局变化影响的局部而言，最多改变外模式与模式之间的映像，基于这些局部逻辑结构所开发的应用程序就不必修改。这种特性称为用户数据的逻辑数据独立性。

2）模式/内模式映像

它定义了数据逻辑结构和存储结构之间的对应关系，当数据库的存储结构发生了改变，如存储数据库的硬件设备发生变化或存储方法变化，引起内模式的变化，由于模式和内模式之间的映像使数据的逻辑结构可以保持不变，因此应用程序可以不必修改。这种全局的逻辑数据独立于物理数据的特性称为物理数据独立性。

由于有了上述两种数据独立性，数据库系统就可将用户数据和物理数据结构完全分开，使用户避免繁琐的物理存储细节。由于用户程序不依赖于物理数据，也就减少了应用程序开发和维护的难度。

1.4 Visual FoxPro 关系数据库系统

1.4.1 Visual FoxPro 系统概述

Visual FoxPro 是 dBASE 数据库家族的最新成员，也是其前身 FoxPro 与可视化程序设计技术相结合的产物。Visual FoxPro 6.0（中文版）是 Microsoft 公司 1998 年发布的可视化编程语言集成包 Visual Studio 6.0 中的一员。Visual FoxPro 6.0 是可运行于 Windows 95/98、Windows NT 平台的 32 位数据库开发系统，能充分发挥 32 位微处理器的强大功能，是一种用于数据库结构设计和应用程序开发的功能强大的面向对象的微机数据库软件。它采用可视化的、面向对象的程序设计方法，大大简化了应用系统的开发过程，并提高了系统的模块性和紧凑型。

1. Visual FoxPro 发展历史

1981 年 Ashon-Tate 公司推出了微机关系型数据库 管理系统 dBASE Ⅱ，1984 年和 1985 年，又陆续推出了 dBASE Ⅲ和 dBASE Ⅲ PLUS，一直发展到 1989 年推 出的 dBASE Ⅳ。

1987 年 Fox Software 公司推出了与 dBASE 兼容的 FoxBASE+1.0。先后推出了 FoxBASE+2.0 、FoxBASE+2.1 版本。1989 年该公司开发了 FoxBASE+的后继产品 FoxPro。

1992 年 Microsoft 公司收购了 Fox Software 公司，1993 年 1 月，Microsoft 公司推出了 FoxPro 2.5 for DOS 和 FoxPro 2.5 for Windows 两种版本，使微机关系数据库系统由基于字符界面演变到基于图形用户界面。1994 年发布了 FoxPro 2.6。

随着可视化技术的迅速发展和广泛应用，Microsoft 公司将可视化技术引入了 FoxPro，于 1995 年推出了 Microsoft Visual Studio 组件，它包括 Visual Basic、 Visual C 和 Visual FoxPro 等编程工具。1998 年 Microsoft Visual Studio 6.0 组件发布，它包括 Visual Basic 6.0、 Visual C 6.0 和 Visual FoxPro 6.0 等编程工具。

2. Visual FoxPro 6.0 的特点

FoxPro 发展到 Visual FoxPro，功能日益强大，操作更加灵活。从数据库应用程序的设计方面看，已经从面向过程的结构化程序设计方法发展到面向对象的程序设计方法。下面介绍 Visual FoxPro 6.0 的几个显著特点。

1）面向对象的程序设计方法

Visual FoxPro 6.0 提供了面向对象的、由事件驱动的程序设计方法，允许用户对对象（Object）和类（Class）进行定义，并编写相应的代码。

Visual FoxPro 预先定义和提供了一批基类，用户可以在基类的基础上定义自己的类和子类（Subclass），利用类的继承性（Inheritance），减少编程的工作量，加快软件的开发。

2）提供可视化工具

Visual FoxPro 6.0 提供了 40 多个 3 类可视化设计和操作工具，包括向导（Wizard）、 设计器（Designer）、生成器（Builder）。

上述工具普遍采用图形界面，配置有工具栏和弹出式快捷菜单，能够帮助用户以简单的操作完成各种查询和设计任务，并自动生成程序代码，大大减轻了设计人员的工作量。

3）增强的项目和数据库管理功能

Visual FoxPro 项目管理器全面管理项目中的数据库、应用程序和各类文档资料，使数据库的应用和开发更加方便。

Visual FoxPro 提供了超出以往微机数据库管理系统的多种数据管理功能，例如，设置字段、记录的有效性规则、表间记录的参照完整性规则等，极大地保证了数据库的安全性和完整性。

4）支持网络应用

Visual FoxPro 6.0 的视图和表单，不仅可以访问本地数据库中的数据，还可以访问网络服务器中的数据。其网络应用主要包括：支持客户/服务器结构；对于来自本地、远程或多个数据库表中的异种数据，可通过本地或远程视图访问；Visual FoxPro 6.0 允许建立事务处理程序来控制对数据的共享，包括支持用户共享数据，或限制部分用户访问某些数据等。

1.4.2 Visual FoxPro 6.0 的用户界面

Visual FoxPro 采用图形用户操作界面，在其界面大量使用窗口、图标和菜单等可视化技术，主要通过以鼠标为代表的指点式设备来操作。

在正常启动 Visual FoxPro 系统后，首先进入的是 Visual FoxPro 系统的主界面窗口，如图 1.9 所示。

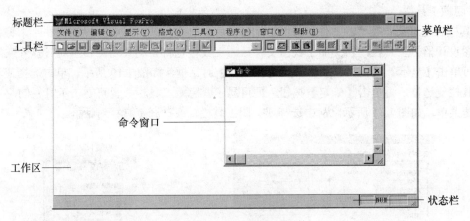

图 1.9 Visual FoxPro 界面

从图中可以看出，Visual FoxPro 的主界面窗口由标题栏、菜单栏、工具栏、工作区、状态栏和命令窗口组成，下面介绍各个部分的功能。

1. 标题栏

标题栏上有系统程序图标、主屏幕标题、控制按钮。

左起的第一个对象是系统程序图标，单击它可以打开窗口控制菜单，使用该菜单可以移动、最大化或最小化窗口和关闭系统。

主屏幕标题是系统定义的该窗口的名称，显示为 Microsoft Visual FoxPro。

2. 菜单栏

Visual FoxPro 提供的所有功能基本上可通过系统提供的相应菜单命令来完成。所有的菜单命令按其功能被分门别类地组织起来，单击菜单栏中的各菜单项均可打开对应的菜单。

在不同状态下，菜单项会有一些变化，例如在"表设计器"状态时，菜单栏中的"项目"菜

13

单就变成了"表"菜单。菜单栏包括多个菜单项，每个选项称为主菜单项，单击它时，即可显示一个下拉菜单。下拉菜单通常包含两个或多个菜单选项。

选择一个菜单的方法有多种，最常用的方法是用鼠标单击它们。按 F10 键能够激活菜单并显示第一个主菜单选项文件菜单。另一种方法是按下 Alt 键+菜单项中下划线的字母，例如 Alt+E 代表选择编辑菜单项。

有些菜单拥有专用的组合键，称为快捷键。使用快捷键，就不必经过主菜单选项，而是直接跳到该选项。例如，在"编辑"下拉菜单项中，在"复制"子菜单项旁边显示出"Ctrl+C"，这表示不必调出下拉菜单，直接按 Ctrl+C 键即可执行复制功能。

3. 工具栏

打开 Visual FoxPro 时工具栏位于菜单栏下面，默认的工具栏为常用工具栏。对于经常使用的功能，利用各种工具栏调用比通过菜单调用要方便快捷。

1）常用工具栏

Visual FoxPro 系统提供了不同环境下的 11 种常用工具栏，它们是报表控件工具栏、报表设计器工具栏、表单控件工具栏、表单设计器工具栏、布局工具栏、查询设计器工具栏、常用工具栏、打印预览工具栏、调色板工具栏、视图设计器工具栏、数据库设计器工具栏。激活其中一个工具栏，即在菜单栏下显示出一行工具栏按钮，所有工具栏中的按钮都设定文本提示功能，当鼠标指针停留在某个图标按钮上时，系统用文字的形式显示其功能。用户还可以将它们拖放到主窗口的任意位置。

2）隐藏工具栏

工具栏会随着某一类型的文件打开而自动打开。如当新建或打开一个视图文件时，将自动显示【视图设计器】工具栏，当关闭了视图文件后该工具栏也将自动关闭。要想随时打开或隐藏工具栏，可单击【显示】|【工具栏】，弹出【工具栏】对话框，如图 1.10 所示。单击选择或清除相应的工具栏复选框，再单击【确定】按钮，便可显示或隐藏工具栏。也可右击工具栏的空白处，打开快捷菜单，如图 1.11 所示。从中选择或关闭工具栏，或打开工具栏对话框。

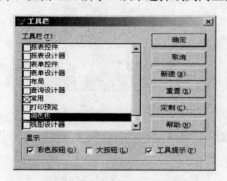

图 1.10　工具栏对话框

图 1.11　工具栏快捷菜单

3）定制工具栏

除系统提供的工具栏以外，为方便操作，用户可以改变现有的工具栏，或根据需要组建自己的工具栏，统称定制工具栏。如，在开发学生管理系统过程中，可以把常用的工具组合在一起，建一个【学生管理】工具栏。具体方法是：在工具栏对话框中单击【新建】按钮，打开【新工具栏】对话框，如图 1.12 所示。

键入工具栏名称，如，学生管理，单击【确定】按钮，弹出【定制工具栏】对话框，如图 1.13 所示，在主窗口上同时出现一个空的【学生管理】工具栏。

14

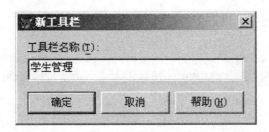

图 1.12　新工具栏对话框

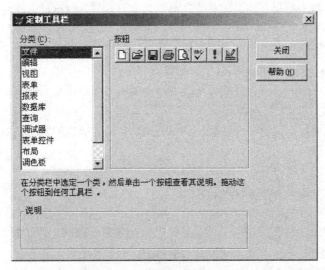

图 1.13　定制工具栏对话框

单击【定制工具栏】左侧【分类】列表框中的任何一类，右侧将显示该类中的所有按钮。再根据需要，选择自己需要的按钮，并将这些按钮拖放到【学生管理】工具栏上即可，如图 1.14 所示。最后单击【关闭】按钮。从而在工具栏中有了【学生管理】工具栏。

图 1.14　学生管理工具栏

4）修改现有工具栏

要修改现有的工具栏，需按以下几步操作：

（1）单击【显示】|【工具栏】，弹出【工具栏】对话框，如图 1.10 所示。

（2）单击【工具栏】|【定制】按钮，弹出【定制工具栏】对话框，如图 1.13 所示。

（3）向要修改的工具栏上拖放新的图标按钮可以增加新的工具按钮。

（4）从工具栏上用鼠标直接将按钮拖放到工具栏之外可以删除该工具按钮。

（5）修改完毕，单击【定制工具栏】对话框上的【关闭】按钮即可。

5）重置和删除工具栏

在【工具栏】对话框中，当选中系统定义的工具栏时，右侧有【重置】按钮，单击该按钮可以将用户定制过的工具栏恢复成系统默认的状态。

在【工具栏】对话框中，当选中用户创建的工具栏时，右侧出现【删除】按钮，单击该按钮并确认，则可以删除用户创建的工具栏。

4. 命令窗口

命令窗口位于菜单栏和状态栏之间的工作区内，是 Visual FoxPro 系统命令执行、编辑的窗口。在命令窗口中，可以输入命令实现对数据库的操作管理，也可以用各种编辑工具对操作命令进行修改、插入、剪切、删除、拷贝、粘贴等操作，还可以在此窗口建立命令文件并运行命令文件。在【窗口】菜单下，选择【隐藏】，可以关闭命令窗口；选择【命令窗口】，可以打开命令窗口。

在选择菜单命令时，对应的命令行将在命令窗口中显示出来。进入 Visual FoxPro 系统后，用户从菜单或命令窗口输入的命令到退出系统之前都具有有效性，用户只需要将光标移到命令行上，然后按 Enter 键，所选命令将再次执行。用户也可以在命令窗口中将本次进入 Visual FoxPro 系统后的任何一条已执行的命令加以修改，然后再次执行。

在 Visual FoxPro 中，系统可识别命令与函数的前 4 个字母，即命令和函数可以只输入前 4 个字母，系统也认为是正确的，但若可能会与其他命令或函数名混淆，则必须输入完整。

5. 主窗口工作区

主窗口工作区主要用于显示命令或程序的执行结构，或显示 FoxPro 提供的各种工具。例如在命令窗口执行以下命令：

?"HELLO! "

这时主窗口上就会出现"HELLO!"这些字符。

6. 状态栏

状态栏位于主窗口的最底部，用于显示某一时刻的数据管理的工作状态。状态栏可以通过命令 SET STATUS ON/OFF 进行设置，如果是 ON 状态，则屏幕上显示状态栏；如果是 OFF 状态，则屏幕上不显示状态栏，系统默认为 OFF 状态。

在当前工作区中，如果没有表文件打开，状态栏的内容是空白的；如有表文件打开，状态栏则显示表名、表所在的数据库名、表中当前记录的记录号、表中的记录总数、表中当前记录的共享状态等内容。

1.4.3　Visual FoxPro 6.0 的工作方式

Visual FoxPro 支持两类不同的工作方式：交互操作方式与程序执行方式。

1. 交互操作方式

交互操作方式即是指命令执行方式。用户只需记住命令的格式与功能，从键盘上发一条所需的命令，即可在屏幕上显示执行的结果。由于早期的语言命令较少，加上使用命令方式可省去编程的麻烦，曾一度为初学者所采用。

随着 Windows 的推广，越来越多的应用程序支持界面操作，把操作方式改变为基于 Windows 的综合运用菜单、窗口和对话框技术的图形界面操作。Visual FoxPro 也支持界面操作，提供的向导、设计器等辅助设计工具，其直观的可视化界面正被越来越多的用户所熟悉和欢迎。使交互操作方式的内涵逐渐从以命令方式为主转变为以界面操作为主、命令方式为辅。从而使 Visual FoxPro 成为能同时支持命令执行与界面操作两种交互操作方式的数据库管理系统。

2. 程序执行方式

交互操作虽然方便，但用户操作与机器执行互相交叉，会降低执行速度。为此在实际工作中常常根据需要解决的问题，将 Visual FoxPro 的命令编写成特定的序列，并将它们存入程序文件（或称命令文件）。用户需要时，只需通过特定的命令调用程序文件，Visual FoxPro 就能自动执行这一程序文件，把用户的介入减至最低限度。

程序执行方式不仅运行效率高,而且可重复执行。另一优点是,虽然编程序的人需要熟悉 Visual FoxPro 的命令和掌握编程的方法,但使用程序的人却只需了解程序的运行步骤和运行过程中的人机交互要求,对程序的内部结构和其中的命令可不必知道。

另外,Visual FoxPro 提供了大量的辅助设计工具,不仅可直接产生应用程序所需要的界面,而且能自动生成程序代码。因此,一般情况下仅有少量代码需要由用户手工编写。这就充分体现了"可视化程序设计"的优越性。

1.4.4 Visual FoxPro 的配置

Visual FoxPro 的配置决定其外观和操作。当安装 Visual FoxPro 后,系统自动用一些默认值来设置环境,为了使系统能满足个性化的要求,也可以定制自己的系统环境,如 1.4.2 节中定制工具栏,就是根据需要,定制自己的工具栏环境。环境设置包括主窗口标题、默认目录、项目、编辑器、调试器及表单工具选项、临时文件存储、拖放字段对应的控件和其他选项等内容。例如,可以建立 Visual FoxPro 所用文件的默认位置,指定如何在编辑窗口中显示源代码及日期与时间的格式等。

Visual FoxPro 可以使用"选项"对话框或 SET 命令进行附加的配置设定,还可以通过配置文件进行设置。在此仅介绍使用"选项"对话框进行设置的方法。

1. 使用"选项"对话框

单击【工具】|【选项】,打开【选项】对话框。【选项】对话框包括有一系列代表不同类别环境选项的 12 个选项卡,即显示、常规、数据、远程数据、文件位置、表单、项目、控件、区域、调试、语法着色和字段映像。表 1.2 列出了各个选项卡的设置功能。

表 1.2　"选项"对话框中的选项卡及其功能

选项卡	设 置 功 能
显示	显示界面选项,例如是否显示状态栏、时钟、命令结果或系统信息
常规	数据输入与编程选项,如设置警告声音,是否记录编译错误或自动填充新纪录,使用的定位键,调色板使用的颜色,改写文件之前是否警告等
数据	字符串比较设定、表选项,如是否使用 Rushmore 优化,是否使用索引强制唯一性,备注块大小,查找的记录计数器间隔以及使用什么锁定选项
远程数据	远程数据访问选项,如连接超时限定值,一次拾取记录数目以及如何使用 SQL 更新
文件位置	Visual FoxPro 默认目录位置,帮助文件以及辅助文件存储在何处
表单	表单设计器选项,如网格面积,所用的刻度单位,最大设计区域以及使用何种模板类
项目	项目管理器选项,如是否提示使用向导,双击时运行或修改文件以及源代码管理选项
控件	"表单控件"工具栏中的"查看类"按钮所提供的可视类库和 ActiveX 控件选项
区域	日期、时间、货币及数字的格式
调试	调试器显示及跟踪选项,例如使用什么字体与颜色
语法着色	区分程序元素所用的字体及颜色,如注释与关键字
字段映像	从数据环境设计器、数据库设计器或项目管理器向表单拖放表或字段时创建何种控件

在各个选项卡中均可以采用交互的方式来查看和设置系统环境。下面仅举几个常用的例子。

1)设置日期和时间的显示格式

在【区域】选项卡的【日期和时间】选项组中,可以设置日期和时间的显示方式。

Visual FoxPro 中的日期和时间有多种显示方式可供选择。例如,【年月日】显示方式为 98/11/23,

05:45:36 PM；【汉语】显示方式为 1998 年 11 月 23 日，17:45:36，同时还可以设置日期分隔符，选择显示年份等选项。在【货币和数字】选项组中，还可以设置货币格式、货币符号及小数位数等选项。

2）设置默认目录

为便于管理，用户开发的应用系统应当与系统自有的文件分开存放，因此，需要建立用户自己的工作目录。方法是在【选项】对话框中选择【文件位置】选项卡，如图 1.15（a）所示。

在【文件类型】列表中选中【默认目录】，单击【修改】按钮，或直接双击【默认目录】，弹出如图 1.15（b）所示的【更改文件位置】对话框。选中【使用默认目录】复选框，激活【定位默认目录】文本框。然后直接键入路径，或者单击文本框右侧的"…"按钮，打开【选择目录】对话框，如图 1.15（c）所示，选中文件夹后单击【选定】按钮。单击【确定】按钮关闭【更改文件位置】对话框。设置默认目录后，在 Visual FoxPro 中新建的文件将自动保存到该默认文件夹中。

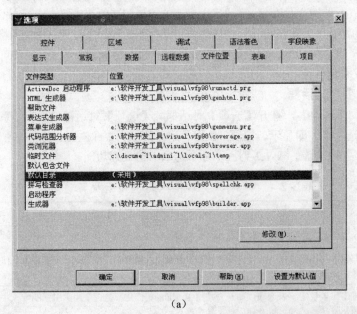

（a）

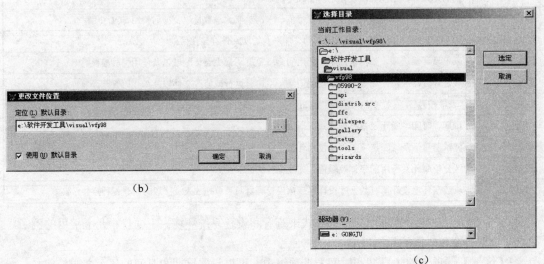

（b）

（c）

图 1.15　设置默认目录

2. 保存设置

对于 Visual FoxPro 配置所做的更改既可以是临时的，也可以是永久的。临时设置保存在内存中，并在退出 Visual FoxPro 时释放。永久设置将保存在 Windows 注册表中，作为以后再启动 Visual FoxPro 时的默认设置值。

1）将设置保存为仅在本次系统运行期间有效

在【选项】对话框中选择各项设置后，单击【确定】按钮，关闭【选项】对话框，所改变的设置仅在本次系统运行期间有效，它们一直起作用直到退出 Visual FoxPro 或再次更改选项，退出系统后，所做的修改将丢失。

2）保存为默认设置

要永久保存对系统环境所做的更改，应把它们保存为默认设置。对当前设置更改后，【设置为默认值】按钮被激活，单击【设置为默认值】按钮，然后单击【确定】按钮，关闭【选项】对话框。这将把它们存储在 Windows 注册表中，以后每次启动 Visual FoxPro 时所做的更改仍然有效。

1.5　Visual FoxPro 设计工具

Visual FoxPro 提供面向对象的设计工具，使用它的各种向导、设计器和生成器可以更简便、快速、灵活地进行应用程序开发。这些辅助工具全部使用图形操作界面，操作简单直观，而且设计结果都能自动产生程序代码。

1.5.1　向导

向导是一种交互式程序。用户通过系统提供的向导设计器，在向导屏幕上回答一些问题或选择选项，向导会根据用户的回答或选项，自动地生成文件或执行任务，使用户不用编程就可以创建良好的应用程序界面并完成许多对数据库的操作。

Visual FoxPro 系统提供 20 多种向导。表 1.3 列出了常用的向导名称及其简要说明。

表 1.3　常用向导一览表

向 导 名 称	功　　能
表向导	创建一个新表，包括所包含的字段
查询向导	创建一个查询
表单向导	创建操作数据的表单
报表向导	创建带格式的报表
标签向导	创建符合标准的邮件标签
邮件合并向导	创建一个数据源，此数据源可在字处理器用于邮件合并
导入向导	将数据导入到一个新的或已有的表
文档向导	格式化并分析源代码
安装向导	给应用程序创建安装向导
升迁向导	创建一个 Visual FoxPro 数据库的另外的数据库版本
应用程序向导	创建 Visual FoxPro 应用程序
数据库向导	创建包含指定表和视图的数据库
Web 发布向导	在 Web 上发布 Visual FoxPro 数据

向导运行时，系统将以系列对话框的形式向用户提示每步操作的详细操作方法，引导用户选定所需的选项，回答系统提出的询问。

向导工具操作简单，但结果相对简单平凡，通常先用向导创建一个较简单的框架，然后再用相应的设计器进一步对它修改。例如，先用表向导来创建一个新表，然后再用表设计器进行相应修改。

1.5.2 设计器

Visual FoxPro 的设计器比向导具有更强的功能，是创建和修改应用系统各种组件的可视化工具。利用各种设计器使得创建表、表单、数据库、查询和报表等工作变得非常容易，为初学者提供了方便。

表 1.4 列出了 Visual FoxPro 的 9 种设计器及用途。图 1.16 显示了查询设计器界面。

表 1.4　设 计 器 一 览 表

设计器名称	功　　能
表设计器	创建并修改数据库表、自由表、字段和索引。可以实现诸如有效性检查和默认值等高级功能
数据库设计器	管理数据库中包含的全部表、视图和关系。该窗口活动时，显示"数据库"菜单和"数据库设计器"工具栏
报表设计器	创建和修改打印数据的报表，当设计器窗口活动时，显示"报表"菜单和"报表控件"工具栏
查询设计器	创建和修改在本地表中运行的查询。当该设计窗口活动时，显示"查询"菜单和"查询设计器"工具栏
视图设计器	在远程数据源上运行查询；创建可更新的查询，即视图。当该设计器窗口活动时，显示"视图设计器"工具栏
表单设计器	创建并修改表单和表单集，当该窗口活动时，显示"表单"菜单、"表单控件"工具栏、"表单设计器"工具栏和"属性"窗口
菜单设计器	创建菜单栏或弹出式子菜单
数据环境设计器	数据环境定义了表单或报表使用的数据源，包括表、视图和关系，可以用数据环境设计器来修改
连接设计器	为远程视图创建并修改命名连接，因为连接时作为数据库的一部分存储的，所以仅在有打开数据库时才能使用"连接设计器"

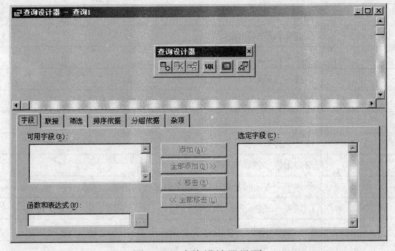

图 1.16　查询设计器界面

查询设计器由上、下两部分组成。上半部分为窗口工作区，在设计时用于显示查询所涉及的数据源。下半部分为选项卡区，共有 6 张选项卡，单击某一标题则该选项卡被激活，供用户在设计查询时与系统进行交互，完成查询设计。

1.5.3　生成器

生成器是带有选项卡的对话框，用于简化对表单、复杂控件和参照完整性代码的创建和修改的过程。每个生成器显示一系列选项卡，用于设置选中对象的属性。可使用生成器在数据库表之间生成控件、表单、设置控件格式和创建参照完整性。表 1.5 列出了各种不同生成器的名称和功能。

表 1.5　生成器一览表

生成器名称	功　能
表单生成器	方便向表单中添加字段，这里的字段用作新的控件。可以在该生成器中选择选项，来添加控件和指定样式
表格生成器	方便为表格控件设置属性。表格控件允许在表单或页面中显示和操作数据的行与列。在该生成器对话框中进行选项可以设置表格属性
编辑框生成器	方便为编辑框控件设置属性。编辑框一般用来显示长的字符型字段或者备注型字段，并允许用户编辑文本，也可以显示一个文本文件或剪贴板中的文本。可以在该生成器对话框中选择选项来设置控件的属性
列表框生成器	方便为列表框控件设置属性。列表框给用户提供一个可滚动的列表，包含多项信息或选项。可在该生成器对话框格式中选择选项设置属性
文本框生成器	方便为文本框控件设置属性。文本框是一个基本的控件，允许用户添加或编辑数据，存储在表中"字符型"、"数值型"或"日期型"的字段里。可在该生成器对话框格式中选择选项来设置属性
组合框生成器	方便为组合框控件设置属性。在该生成器对话框中，可以选择选项来设置属性
命令按钮组生成器	方便为命令按钮组控件设置属性。可在该生成器对话框中选择选项设置属性
选项按钮组生成器	方便为选项按钮组控件设置属性。选项按钮允许用户在彼此之间独立的几个选项中选择一个。可在该生成器对话框中选择选项设置属性
自动格式生成器	对选中的相同类型的控件应用一组样式，例如，选择表单上的两个或多个文本框控件，并使用该生成器赋予它们相同的样式；或指定是否将样式用于所有控件的边框、颜色、字体布局或三维效果，或者用于其中的一部分
参照完整性生成器	帮助设置触发器，用来控制如何在相关表中插入、更新或者删除记录，确保参照完整性
应用程序生成器	如果选择创建一个完整的应用程序，可在应用程序中包含已经创建了的数据库和表单或报表，也可使用数据库模板从零开始创建新的应用程序。如果选择创建一个框架，则可稍后向框架中添加组件

通常在 5 种情况下启动生成器：使用表单生成器来创建或修改表单；对表单中的控件使用相应的生成器；使用自动格式生成器来设置控件格式；使用参照完整性生成器；使用应用程序生成器为开发的项目生成应用程序。图 1.17 所示为【表单生成器】对话框。

上述辅助工具的具体操作方法将在以后章节陆续介绍。

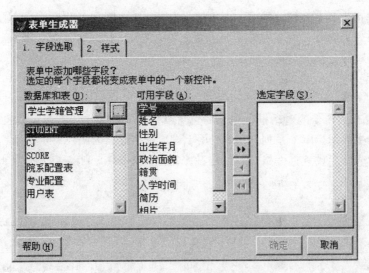

图 1.17 【表单生成器】对话框

1.6 项目管理器

在数据库应用系统的开发过程中,将会产生各种类型文件,包括数据库文件、表文件、表单文件、报表文件和程序文件等。项目管理器(Project Manager)是管理、控制这些文件的主要组织工具,它为系统开发者提供了极为便利的工作平台。用户通过项目管理器,可以方便地完成各种文件的建立、修改、运行、浏览等操作,还可以完成应用程序的编译,生成可脱离 Visual FoxPro 系统运行的可执行文件。

项目管理器的内容保存在带有.pjx 扩展名的文件中。项目管理器并不保存各种文件的具体内容,其只记录各种文件的文件名、文件类型、路径,以及编辑、修改或执行这些文件的方法。

1.6.1 项目管理器的功能特性

1. 采用目录树管理内容

项目管理器采用了目录树结构进行管理,其内容可详(目录树展开时)可略(目录树折叠时)。
图 1.18 为项目学生学籍管理.pjx 新建时项目管理器刚打开的界面。

项目管理器包含"全部"、"数据"、"文档"、"类"、"代码"、"其他"等 6 张选项卡,当前显示的是"全部"选项卡的内容。由图可见,一个项目实际上是数据、文档、类库、代码与其他一些对象的集合。

项目管理器中,各个项目均以图标方式组织和管理,用户可以展开或压缩某类文件的图标。如某类型的文件存在一个或多个,在其相应图标左边就会出现一个加号,表示可以展开该项目,单击加号可列出该类型的所有文件(即展开),此时加号将变成减号,单击该减号,可隐去文件列表(即压缩图标),同时减号变成加号,如图 1.19 所示。

项目管理器按大类列出包含在项目文件中的文件,在每一类文件的左边都有一个图标形象地表明该文件的类型。当展开文件列表后,可看到在有些文件的前面有排除标记,如图 1.19 所示,这说明该文件虽然属于项目文件,但不将其包含在编译后生成的运行文件内。

当在初始创建各种数据文件时,其默认状态为排除,而创建各种程序文件时其初始状态为包含。可以通过选择主菜单【项目】中的【排除】或【包含】来改变其状态。

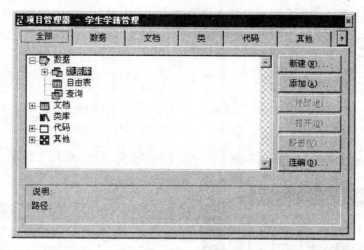

图 1.18　项目管理器界面

在项目文件中的程序、表单、查询或菜单文件中，如某一个文件的名字以黑体显示，则表明该文件是项目文件的主控文件，是项目文件编译后程序运行的入口点。

当生成第一个可运行的文件时，该文件自动成为主控文件，以后可以通过选择菜单【项目】|【设置主文件】命令来改变主控文件，也可以通过在需要设置的文件上单击鼠标右键，在弹出的快捷菜单中选择【设置主文件】命令来实现，如图 1.20 所示。

图 1.19　目录树的展开与折叠

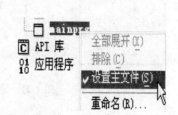

图 1.20　设置项目的主文件

2. 使用方便的功能按钮

新建按钮：该按钮可创建一个新文件或对象，新文件或对象的类型与当前选定的类型相同。从系统文件菜单中创建的文件不会自动包含在项目文件中，但由系统项目菜单的新文件或项目管理器上的新文件按钮创建的文件将自动包含在当前的项目文件中。

添加按钮：添加按钮可以在打开对话框中将已经建立好的数据库、表、查询或程序等添加到项目中。

修改按钮：修改按钮可打开相应的设计器或编辑窗口修改选定数据库、表、查询或程序。

打开、关闭、浏览或运行按钮：当选定数据库时，会变为打开或关闭功能；当选定表时，会变为浏览功能；当选定查询或程序时，会变为运行功能。

移去按钮：该按钮用于从项目中移去选定的文件或对象。此时系统会询问用户要从项目中移去此文件还是同时将其从磁盘中删除，用户可以根据需要进行选择。

连编按钮：用于访问连编的选项，可以连编一个项目或应用程序。

3. 支持建立数据字典

Visual FoxPro 将表分为数据库表和自由表两大类。对于同属于一个数据库的数据库表，在建表的同时也定义了它与库内的其他表之间的关系。

项目管理器根据用户对数据库的定义和设置，自动为每个数据库建立一个数据字典（Data Dictionary），用以存储各表之间的永久和临时关系，以及用户设置的对表内记录或字段进行有效性检查的一些规则。

1.6.2 项目管理器的基本操作

1. 创建项目

建立一个项目文件的操作步骤如下：

（1）执行菜单【文件】|【新建】命令，打开【新建】对话框，如图 1.21 所示。

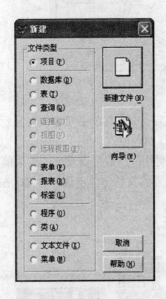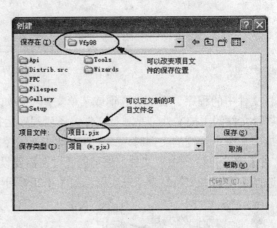

图 1.21　新建对话框和创建文件对话框

（2）选中【项目】单选钮后单击【新建文件】按钮，出现【创建】文件对话框，如图 1.21 所示。

（3）系统默认项目文件名为"项目 1"，以后再建则序号改变，并以此类推，项目文件的扩展名为.pjx。

如果要修改项目文件名，则在【项目文件】后的文本框中输入新的项目文件名。新建的项目文件按指定的位置保存在文件夹中，如果要开发一个应用程序系统，最好先建一个文件夹，然后将项目文件保存在这个文件夹中，以后该项目的其他文件也可以保存在这个文件夹中，这样便于对应用程序中的文件进行管理。在文件名和保存位置确定后，单击【保存】按钮，系统创建一个项目文件，并会自动打开该项目文件的项目管理器。

建立项目文件也可以通过命令来完成，命令格式为：

Create Project　[<项目文件名>]

如果省略项目文件名，则打开【创建】文件对话框。

2. 打开和关闭项目

在 Visual FoxPro 中可以随时打开一个已有的项目，也可以关闭一个打开的项目。用菜单方式打开项目的操作步骤如下：

（1）执行菜单【文件】|【打开】命令，打开【打开】对话框，如图 1.22 所示。通过单击工具条上的打开图标也可以打开【打开】对话框。

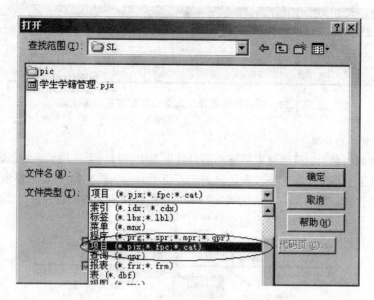

图 1.22 【打开】对话框

（2）在【打开】对话框中选择一个项目文件。如果文件类型不是默认的项目文件，可以在文件类型的下拉列表中选择项目文件，如图 1.22 所示。

（3）双击要打开的项目，或者选择它，然后单击"确定"按钮，即打开所选项目。

打开项目文件也可以通过命令来完成，命令格式为：

Modify Project　[<项目文件名>]

如果省略项目文件名，则打开【打开】文件对话框。

若要关闭一个项目，只需要单击项目管理器窗口右上角的关闭按钮或者执行菜单【文件】|【关闭】命令，即可关闭打开的项目管理器。

3. 项目管理器的折叠与分离

1）项目管理器的折叠

项目管理器右上角的"↑"按钮用于折叠或展开项目管理器窗口。该按钮正常时显示为"↑"，单击时，项目管理器窗口缩小为仅显示选项卡标签，同时该按钮变为"↓"，称为还原按钮，如图 1.23 所示。

图 1.23　压缩后的项目管理器

在折叠状态中，选择其中一个选项卡将显示一个较小窗口。小窗口不显示命令按钮，但是在选项卡中单击鼠标右键，弹出的快捷菜单增加了"项目"菜单中各命令按钮功能的选项。如果要恢复包括命令按钮的正常界面，单击"还原"按钮即可。

当双击项目管理器窗口的标题时，可使项目管理器窗口像工具条一样放置在屏幕的上方，如图 1.24 所示。这时单击任意一选项卡，系统会打开对应的选项卡窗口。若要恢复项目管理器窗口的原样，可以双击项目管理器工具条中除选项卡之外的任意空白区，或将鼠标放在项目管理器工具条中除选项卡之外的任意空白处，按住左键将项目管理器向下拖动即可。

图 1.24　项目管理器像工具条一样放置在屏幕上方

2）项目管理器的分离

当项目管理器折叠后，可通过鼠标拖动项目管理器中任何一个选项卡，使之离开项目管理器，此时在项目管理上的相应选项卡变成灰色（表示不可用），如图 1.25 所示。要恢复一个选项卡并将其放回原来的位置，可单击它上方的关闭按钮。单击选项卡上的图钉图标，该选项卡就会一直处于其他窗口的上面，再次单击将取消这种状态。

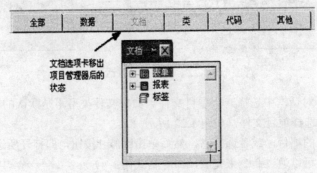

图 1.25　将选项卡移出项目管理器

习　题

1. 选择题

(1) 有关信息与数据的概念，下面哪种说法是正确的（　　）。

  A. 信息和数据是同义词   B. 数据是载荷信息可鉴别的符号

  C. 信息和数据毫不相关   D. 固定不变的数据就是信息

(2) 数据库系统的应用使数据与应用程序之间具有（　　）。

  A. 较高的独立性   B. 更加依赖性

  C. 数据与程序无关   D. 程序调用数据更方便

(3) 数据库系统的核心部分是（　　）。

  A. 数据模型 B. 数据库   C. 计算机硬件   D. 数据库管理系统

(4) 数据库系统与文件系统的主要区别是（　　）。

  A. 数据库系统复杂，而文件系统简单

  B. 文件系统不能解决数据冗余和数据独立性问题，而数据库系统可以解决

  C. 文件系统只能管理程序文件，而数据库系统能够管理各种类型的文件

  D. 文件系统管理的数据量较少，而数据库系统可以管理庞大的数据量

(5) 数据库系统依靠（　　）支持数据独立性。

  A. 具有封装机制   B. 定义完整性约束条件

  C. 模式分级，各级模式之间的映像 D. DDL 语言与 DML 语言互相独立

(6) 数据模型是（　　）的集合。

    A. 文件　　　　B. 记录　　　　　　C. 数据　　　　　　　　D. 记录及其联系

(7) 按所使用的数据模型来分，数据库可分为哪 3 种模型（　　）。

    A. 层次、关系和网状　　　　　　B. 网状、环状和链状

    C. 大型、中型和小型　　　　　　D. 独享、共享和分时

(8) 对关系模型叙述错误的是（　　）。

    A. 建立在严格的数学理论、集合论和谓词演算公式的基础之上

    B. 微机 DBMS 绝大部分采用关系数据型

    C. 用二维表表示关系模型是其一大特点

    D. 不具有连接操作的 DBMS 也可以是关系数据库系统

(9) 关系模型中，一个关键字是（　　）。

    A. 可由多个任意属性组成

    B. 至多由一个属性组成

    C. 可由一个或多个其值能惟一标识该关系模式中任何元组的属性组成

    D. 其他

(10) 关系数据库管理系统存储与管理数据的基本形式是（　　）。

    A. 关系树　　　B. 二维表　　　　　C. 结点路径　　　　　　D. 文本文件

(11) 关系数据库规范化是为解决关系数据库中什么问题而引入的（　　）。

    A. 插入、删除和数据冗余　　　　B. 提高查询速度

    C. 减少数据操作的复杂性　　　　D. 保证数据的安全性和完整性

(12) 关系数据库的任何检索操作都是由 3 种基本运算组合而成的，这 3 种基本运算不包括
（　　）。

    A. 投影　　　B. 比较　　　　　　C. 连接　　　　　　　　D. 选择

(13) 在概念模型中，一个实体集合对应关系模型中的一个（　　）。

    A. 元组　　　B. 字段　　　　　　C. 关系　　　　　　　　D. 属性

(14) 显示与隐藏命令窗口的操作是（　　）。

    A. 单击"常用"工具栏上的"命令窗口"按钮

    B. 通过"窗口"菜单下的"命令窗口"选项

    C. 直接按 Ctrl+F2 或 Ctrl+F4 组合键

    D. 以上方法都可以

(15) 下面关于工具栏的叙述，错误的是（　　）。

    A. 可以创建用户自己的工具栏　　B. 可以修改系统提供的工具栏

    C. 可以删除用户创建的工具栏　　D. 可以删除系统提供的工具栏

(16) 在"选项"对话框的"文件位置"选项卡中可以设置（　　）。

    A. 表单的默认大小　　　　　　　B. 默认目录

    C. 日期和时间的显示格式　　　　D. 程序代码的颜色

(17) 打开 Visual FoxPro "项目管理器"的"文档"选项卡，其中包含（　　）。

    A. 表单文件　　　　　　　　　　B. 报表文件

    C. 标签文件　　　　　　　　　　D. 表单文件、报表文件和标签文件

(18) "项目管理器"的"数据"选项卡用于显示和管理（　　）。

    A. 数据库、自由表和查询　　　　B. 数据库、视图和查询

C. 数据库、自由表、查询和视图　　　D. 数据库、表单和查询

2. 简答题

(1) 数据和信息有什么联系和区别？

(2) 什么是数据的逻辑独立性？什么是数据的物理独立性？

(3) Visual FoxPro 提供几种操作方式，各有何不同，其中效率最高且能系统的规模化的操作方式是什么？

(4) 简述向导、设计器、生成器的作用。

(5) 什么是项目管理器？项目管理器有什么作用？

第 2 章　数据与数据运算

本章介绍在数据库操作和应用软件系统开发过程中经常用到的重要概念和基本知识，包括数据类型、常量、变量、数组、函数、运算符与表达式，以及宏替换。只有正确地理解和掌握这些重要的概念和基本知识，才能正确地使用命令和界面操作，完成数据库的操作，以及进行数据库应用系统开发。

2.1　数据类型

信息是向人们提供现实世界新事实的知识，它反映了客观事物的物理状态；而数据是表现信息、记载信息的符号组合。数据类型是数据的基本属性，是非常重要的概念，因为只有类型相同的数据之间才能运算。

数据库是用来存放和处理数据的。一个数据库管理系统，根据其功能规定了数据库文件允许存放和处理的数据种类即它能处理的数据类型。Visual FoxPro 定义了 7 种基本数据类型：字符型、数值型、日期型、日期时间型、逻辑型、备注型和通用型。

字符型（Character）数据是描述不具有计算能力的文字字符数据类型，是常用的数据类型之一。字符型数据由汉字、ASCII 字符集中可打印字符、空格及其他专用字符组成。

数值型（Numeric）数据是描述数量的数据类型，是最常用的数据类型之一，在 Visual FoxPro 系统中被细分为 5 种类型：数值型、浮点型、货币型、双精度型、整型。

日期型（Date）数据是用于表示日期的数据类型，长度固定为 8 个字符。

日期时间型（Date Time）数据是描述日期和时间的数据类型，长度固定为 8 个字符。

日期时间型数据除包括日期数据的年、月、日外，还包括时、分、秒以及上午、下午标识等内容。

逻辑型（Logic）数据是描述客观事物真假的数据类型，用于表示逻辑判断结果。逻辑型数据只有真和假两种值，长度固定为 1 个字符。

备注型（Memo）数据用于存放较长的字符数据类型，可以把它看成是字符型数据的特殊形式。备注型数据没有数据长度限制，仅受限于现有的磁盘空间。

通用型（General）数据是用于存储 OLE 对象的数据类型。通用型数据中的 OLE 对象可以是电子表格、文档、图片等，它只用于数据表中的字段类型的定义。通用型字段长度固定为 4 个字符，实际数据长度仅受限于现有的磁盘空间。

数据既可作为常量使用，也可以作为数据库表文件中的字段变量内容（值）或内存变量的内容（值）。

2.2　常　量

常量是一个命名的数据项，是在命令或程序中直接引用的实际值，其特征是在所有的操作中其值不变。它具有字符型、数值型、日期型、日期时间型和逻辑型等多种类型。

2.2.1　字符型常量

字符型常量也叫字符串常量，由可印刷的文字和符号构成，包括英文字母、阿拉伯数字、各种符号、汉字和空格等。Visual FoxPro 中字符型常量是用单引号（''）、双引号（" "）、方括号（[ ]）等定界符扩起来的字符串。定界符内没有任何字符时也是字符串，称为空字符串，简称空串。

【例 2.1】　下面表示的字符型数据是正确的：

[学号]、"姓名"、'性别'、["家庭地址"]、"11.23"、"计算机成绩"

下面表示的字符型数据是不正确的：

"计算机"讲座、"电话号码'

2.2.2　数值型常量

整数、小数和科学计数表示的数据为数值型常量。数值型数据没有定界符，可以是整数或是小数，不能是分数。表示很大或很小的数时可用科学计数法，Visual FoxPro 中数值型数据的最大精度为 16 位有效数字。

【例 2.2】　下面表示的数值型数据是正确的：

5，5.1413，.4，+3.2，3.3E4（表示 $3.3*10^4$），5.2E−5（表示 $5.2*10^{-5}$）等。

下面表示数值型数据是不正确的：

1/3，π,e 等。

浮点型常量是数值型常量的浮点格式。货币型常量是以$或￥符号开头，并四舍五入到小数点后 4 位。例如，常量$123.456789 将存储为 $123.4568。

2.2.3　逻辑型常量

逻辑型常量只有两个值："真"和"假"。 Visual FoxPro 规定逻辑型数据的定界符为圆点（. .），用.T.、.T. 或. Y. 、. y. 表示逻辑真，用.F.、.F.或. N. 、. n. 表示逻辑假，长度固定为 1 个字节。

2.2.4　日期型和日期时间型常量

日期型、日期时间型常量在 Visual FoxPro 中规定的定界符为花括号。花括号内包括年、月、日三部分内容，各部分内容之间要用符号 "/" 分开。空白日期可表示为{ }或{/}。

Visual FoxPro 默认使用的是严格的日期格式。严格的日期型常量格式为：{^yyyy/mm/dd},例如:{^2009/11/19}。这种格式的日期常量在书写时要注意:花括号内第一个字符必须是脱字符(^)；年份必须用 4 位；年月日的次序不能颠倒、缺省。严格的日期时间型常量格式为：{^yyyy/mm/dd hh[:mm[:ss]][a|p]}，例如: {^2009/11/19 11:20:30p}。

如果要使用通常的日期格式，必须执行 SET STRICTDATE TO 0（取消严格日期格式检查）命令，此时可根据 SET DATE TO 命令设置使用{mm/dd/yy}、{mm-dd-yy}、{yy/mm/dd}等日期格式，如表 2.1 所示。若要设置严格日期格式必须用 SET STRICTDATE TO 1 命令设定。

表 2.1　SET DATE TO 命令设置

设　　置	日期格式	设　　置	日期格式
AMERICAN	mm/dd/yy	JAPAN	yy/mm/dd
ANSI	yy.mm.dd	USA	mm-dd-yy
BRITISH/FRENCH	dd/mm/yy	MDY	mm/dd/yy
GERMAN	dd.mm.yy	DMY	dd/mm/yy
ITALIAN	dd-mm-yy	YMD	yy/mm/dd

2.3　变　量

在命令操作和程序运行过程中其值允许变化的量称为变量。

2.3.1　变量分类

变量包括内存变量、字段变量、系统变量 3 种。

1. 内存变量

内存变量用来存储程序运行时的中间结果或用于存储控制程序执行时的各种参数，内存变量定义时需为其取名并赋初值，内存变量建立后存储于内存中，一般随程序运行结束或退出 Visual FoxPro 而释放。

内存变量按照其作用的范围可分为全局变量（也称公有变量）和局部变量（也称私有变量）。全局变量是指在所有程序模块中都能被使用和修改的内存变量，凡在命令窗口下所建立或用 PUBLIC 语句所定义的内存变量为全局内存变量，只要不退出 Visual FoxPro 系统，在程序或过程结束后，全局变量不会自动释放，它只能用 Release 等命令释放。局部变量则只局限于在建立它的程序模块以及被此程序模块调用的程序模块中起作用，当产生它的过程结束后，就会自动释放。未经特殊说明的内存变量均属于局部变量。

2. 字段变量

Visual FoxPro 的数据库表文件与一个二维表格相对应，表格的数据项叫字段。不仅不同记录的同一字段可以取不同的值，而且同一记录的同一字段在不同时刻也可取不同的值。由此可见，字段是一个变量，称为字段变量，而字段名就是字段变量名。字段变量在建立数据库表文件时生成，它只存在于数据库表文件中。要改变只有通过修改表结构来实现。另外，字段变量的赋值不能通过赋值语句进行，它的值在表数据录入时输入，也可以用命令来修改。

为叙述简便，内存变量常简称为变量，而字段变量则简称为字段。

3. 系统变量

系统变量是 Visual FoxPro 自动生成和维护的系统内存变量，以下划线开头，用于控制外部设备（如打印机、鼠标等），屏幕显示格式，或处理有关计算器、日历、剪贴板等方面的信息。

【例 2.3】 _DIARYDATE ：当前日期存储变量。

_CLIPTEXT：剪贴板文本存储变量。

更多的系统变量资料可查阅相关文献。

2.3.2　变量名

Visual FoxPro 规定变量名必须以字母、汉字或下划线开头，其后可以是字母（汉字）、数字和下划线，最多 254 个字符。例如：Name、姓名、Class_2 都是合法的内存变量名，2Class、*A 是非法的变量名。一个汉字占用两个字符的位置。

变量名不可与系统保留字同名。所谓系统保留字是指 Visual FoxPro 使用的固定字母、数字组合，包括命令关键字、子句、函数名和系统变量等。例如：USE、STORE、ABS 等。

内存变量名应尽量与字段变量名不同。如果内存变量与字段变量同名时，Visual FoxPro 规定字段变量优先于内存变量，此时如果要调用内存变量，则应在内存变量前加上符号"M."或"M→"以示区别。如：命令? M→姓名的执行结果为显示内存变量姓名的值。

2.3.3　变量类型

变量的类型由它所存放的数据类型决定。

内存变量的数据类型有字符型、数值型、日期型、日期时间型和逻辑型，内存变量的类型既不预先定义也不在变量名中标出，而是由给它赋值的数据类型决定。例如，给内存变量 a 赋值为 1，则 a 为数值型。当内存变量中存放的数据类型改变时，内存变量的类型也随之改变。

字段变量的数据类型在建立数据库表结构时定义，常用的有字符型、数值型、日期型、逻辑型、备注型等。

2.3.4　有关内存变量的操作

1. 内存变量的赋值

Visual FoxPro 也和其他高级语言一样，遵循先定义后使用的规则。Visual FoxPro 提供了两条赋值命令：

格式 1：store<表达式> to <内存变量名表>

功能：将<表达式>的值赋给一个或多个内存变量。当<内存变量名表>为多个变量时，变量名之间要用逗号隔开以示区别。

【例 2.4】　在命令窗口中执行下列命令：

store "a" to a1

store 1+2 to a2,a3

如图 2.1(a)所示，其执行结果为将字符"a"赋值给内存变量 a1，将表达式 1+2 的值 3 同时赋值给内存变量 a2，a3。

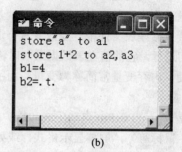

图 2.1　给变量赋值

格式 2：<内存变量名>=<表达式>

功能：将表达式的值赋给一个内存变量名。

【例 2.5】　执行下列命令：

b1=4

b2=.T.

如图 2.1(b)所示，其执行结果为将 4 赋值给内存变量 b1，将逻辑真（.T.）赋给内存变量 b2。

两者之间的共同点：如果指定的内存变量没有定义，则将建立这个变量并将<表达式>的值赋给它；如果命令中指定的内存变量已经存在，则将<表达式>的值代替它原来的值。

两者之间的不同点：格式 1 可以依次给一个或多个变量赋予同一个值，而格式 2 只能给一个变量赋值。

2. 内存变量的显示

命令格式：

?/??[<表达式表>]

命令功能：

依次计算<表达式表>中表达式的值，并将诸表达式表的值在屏幕上输出。

其中：使用 ? 命令，显示结果在下一行输出；使用??命令，显示结果在当前行输出；不选择<表达式表>，使用 ? 命令，输出一个空行。

【例 2.6】

Store 2*4 to a1,a2,a3

?a1   && 换一行显示 a1 的值

?? a2,a3   && 紧接着上一命令的显示结果后面显示 a2 和 a3 的值。

3. 内存变量的保存

由于内存变量是建立在内存中，因此，一旦用户退出 Visual FoxPro 或关机以后，所有内存变量都会立刻消失。若用户将来还要使用某些已定义的内存变量，可用下面的命令将内存保存起来，供以后调用。

格式：SAVE TO <内存变量文件名>[ALL LIKE/EXCEPT<内存变量名表>]

功能：将内存中的所有或部分变量以文件的形式存入磁盘，文件名由<内存变量文件名>指定，扩展名为.mem。

说明：

（1）SAVE 是命令动词，表示保存内存变量；

（2）<内存变量文件名>指定保存内存变量和数组的内存变量文件；

（3）若省略可选项，刚将当前内存中所有的内存变量存入指定的文件中；

（4）若使用 all like <内存变量名表>子句，刚将与通配符相匹配的变量存入指定的文件；

（5）使用 all except<内存变量名表>子句，刚将与通配符不相匹配的内存变量存入指定的文件；

（6）Save 命令不保存系统内存变量。

【例 2.7】 执行命令：

save to BL1

save to BL2 all like a*

save to BL3 all except a*

执行上述操作后，用户在磁盘上建立了 3 个内存变量文件：BL1、BL2 和 BL3，其中 BL1 的操作保存了内存中所有的内存变量（除系统的内存变量外）；BL2 保存了内存变量中变量名首个字符为 a 的所有内存变量，即变量 a1，a2，和 a3；BL3 中保存了除首个字符为 a 的所有内存变量以外的内存变量，也就是除 BL2 保存的变量以外的全部内存变量，即变量 b1 和 b2。

4. 内存变量的删除

由于用户能同时定义的内存变量个数受到限制，当运行程序所涉及的内存变量较多时，有可能超过限制。通常情况下，用户并不是在某一瞬间同时使用全部的内存变量，因此用户可以在引入新的内存变量之前，用下面的命令将一些不再使用的内存变量删除，以释放它们占用的内存空间，供其他内存变量使用。

格式1：release<内存变量名表>

功能：删除指定的内存变量

格式2：release all [Like/except<内存表变量名>]

功能：删除指定的内存变量。

说明：

（1）省略可选项时，删除所有的内存变量；

（2）all like/except<内存表变量名>的用法与 save to 命令相同。

格式3：clear memory

功能：删除所有内存变量，与 release all 相同。

【例2.8】 执行命令：

release　all　like　*1

release　all　except　*1

执行前一条命令，删除变量名最后一个字符为 1 的所有内存变量，即变量 a1 和 b1；执行后一条命令时，删除除了变量名最后一个字符为 1 的所有其他内存变量，即 a2、a3 和 b2。

5. 内存变量的恢复

如果用户想要使用先前已保存的内存变量时，可使用如下命令。

格式：RESTORE　FROM<内存变量文件名>[ADDITIVE]

功能：将指定内存变量文件中所保存的内存变量从磁盘中读回内存。

说明：

（1）RESTORE 是命令动词，表示执行恢复操作；

（2）FROM<内存变量文件名>指定恢复内存变量的来源；

（3）[ADDITIVE]子句表示保留当前内存中的所有内存变量，将指定文件中的内存变量添加到当前内存变量之后。

【例2.9】 执行命令：

restore　from　BL2

restore　from　BL3　additive

执行前一条命令后，将磁盘中保留在 BL2 中的内存变量读回内存。执行后一条命令后，将磁盘中保留的 BL3 中的内存变量添加到当前内存变量之后。

2.3.5　变量的显示

格式1：List memory[like<内存变量名>][to print/to file<文件名>][no console]

格式2：Display memory [like<内存变量名>][to print/to file<文件名>][no console]

功能：两者都用来显示当前内存变量在内存中定义的信息。

说明：

（1）LIST 和 DISPLAY 是命令动词，表示此命令用以显示。

（2）MEMORY 为子句，与 LIST 或 DISPLAY 一起构成复合命令，表示此命令用以显示内存变量。

（3）格式2在显示内存变量时能自动分屏显示，按任意键继续；格式1则以滚屏方式显示，信息在屏幕上一显而过，直至全部显示完毕，屏幕上只留下最后一屏的信息。

（4）可选项[like<内存变量名>]子句表示显示与通配符相匹配的内存变量的信息，通配符包括？（表示任意一个字符）和*（表示任意多个字符）。

（5）去向子句[to print/to file<文件名>]表示将显示的结果在打印机输出或输出到指定文件中，该文件为文本文件。

（6）选项[no console]子句表示不在屏幕上显示。

【例2.10】命令 List memo like a*是显示首个字符为 a 的所有内存变量的相关信息。命令 List memo like？1 是显示首个字符为任意字符，第二个字符为 1 的所有内存或系统变量的相关信息。

2.3.4 节和 2.3.5 节有关内存变量的操作及结果如图 2.2 和图 2.3 所示。

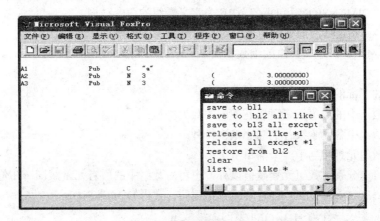

图 2.2　恢复内存变量文件 BL2

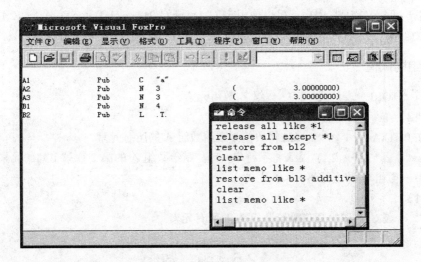

图 2.3　恢复内存变量文件 BL3

2.4　数　组

数组是一组有序内存变量的集合。或者说，数组是由同一个名字组织起来的通过下标加以区分的简单内存变量的集合。其中每一个下标不同的内存变量都是这个数组的一个元素。由若干单下标变量组成的数组称为一维数组，由若干双下标变量组成的数组称为二维数组。在 Visual FoxPro

中，只允许使用一维数组或二维数组。一个数组中的数据不必是同一种数据类型。

2.4.1 数组的定义

数组在使用前必须要通过 Dimension 或 Declare 定义。数组一旦定义，它的初始值是逻辑值.F.。在使用数组时，一定要对数组进行初始化，还要注意数组下标的起始值是 1。

定义数组的命令格式如下：

格式 1：Dimension ＜数组名 1＞(＜下标 1＞ [,＜下标 2＞])[,＜数组名 2＞(＜下标 1＞ [,＜下标 2＞])]…

格式 2：Declare ＜数组名 1＞(＜下标 1＞ [,＜下标 2＞])[,＜数组名 2＞(＜下标 1＞ [,＜下标 2＞])]…

功能：定义一个或多个一维或二维的内存变量数组。

参数描述：DIMENSION 和 DECLARE 为定义数组的命令动词。

＜数组名 1＞：指定数组的名称，其规定与内存变量名相同。

(＜行＞[, ＜列＞])：定义数组的维数和大小。

说明：

(1) 数组的下标的起始值为 1；

(2) 同一数组中的数组元素可以有不同的数据类型；

(3) 二维数组中各元素按行的顺序依次排列；

(4) 每个数组元素相当于一个简单变量；

(5) 除了可以分别对数组元素赋值以外，也可对数组中的所有元素赋同一初值；

(6) DIMENSION 和 DECLARE 功能完全相同，常用 DIMENSION。

【例 2.11】 定义一个含有 12 个元素的二维数组。

Dimension cc(3,4)

cc 数组一旦定义完成，用户就可以使用 cc (1,1)、cc (1,2)、cc (1,3)、cc (1,4)、cc (2,1)、 cc (2,2)、cc (2,3)、cc (2,4)、cc (3,1)、cc (3,2)、cc (3,3)、cc (3,4) 12 个内存变量单元存取数据。

2.4.2 数组的赋值

格式 1：STORE ＜表达式＞ TO ＜数组名/数组元素＞

【例 2.12】

STORE 0 TO A   &&将数值 0 赋给数组 A 的所有元素

STORE "李磊" TO A(2,1)   &&将字符串"李磊"赋给数组 A 的第 2 行第 1 列的元素

格式 2：＜数组名/数组元素＞=＜表达式＞

【例 2.13】

A=.T.   && 将逻辑真值赋给数组 A 的所有元素

2.5 函　数

函数是 Visual FoxPro 的重要组成部分。Visual FoxPro 有几百种标准函数用来支持各种计算，检测系统工作状态，或作某种判断标准。合理使用这些函数能增强命令或程序的功能，减少编写的程序量。函数实际上就是预先编制好的子程序，调用函数实际上就是执行函数子程序。

2.5.1 函数组成要素

函数由函数名、参数和函数值 3 个要素组成。

（1）函数名起标识作用，需要时用函数名调用。例如，求绝对值函数名为 ABS。

（2）参数是自变量，可以是常量、变量、其他调用或表达式，所有参数须写在括号内，参数之间用逗号分隔。

【例 2.14】

?ABS(-6.7)　　　　　&& 结果为 6.7

?DATE( )　　　　　　&& 显示当前日期

（3）函数值为函数经过运算后返回的结果，它决定了函数的类型。

2.5.2　函数类型

函数类型就是函数值的类型。调用函数时要了解函数的类型，尤其是在表达式中嵌入函数时更要保证与表达式的类型一致，否则会出现数据类型不一致的错误。

使用 TYPE 函数可以返回表达式的类型，也能测试出函数的类型。

TYPE 函数的参数需要用单引号、双引号或方括号作为定界符。

TYPE 函数值与被测试表达式类型的对应关系为：C，字符型；N，数值型；D，日期型；L，逻辑型。

【例 2.15】

?TYPE(("Test"+"type"))　　&& 结果为 C，表明表达式类型为字符型

?TYPE("DATE( )")　　　　&& 结果为 D，表明函数类型为日期型

2.5.3　常用函数

表 2.2–表 2.7 分类介绍了 Visual FoxPro 的常用函数，包括数值处理函数、字符处理函数、日期处理函数、转换函数、逻辑型测试函数、和其他类型函数。表中"示例"中&&符号后为命令显示结果。

1. 数值处理函数

表 2.2　数值型函数

函数名	类型	格　式	功　能	示　例
ABS	N	ABS(<数值表达式>)	求数值表达式的绝对值	?ABS (-8.6) &&8.6
SQRT	N	SQRT（<数值表达式>）	计算并返回数值表达式的平方根	?SQRT（9）&& 3.00
INT	N	INT（<数值表达式>）	计算一个表达式的值，然后返回它的整数部分	?INT（7.76）&& 7
EXP	N	EXP（<数值表达式>）	计算并返回 e 指数的值	?EXP（2）&& 7.39
LOG	N	LOG（<数值表达式>）	计算并返回指定数值表达式的自然对数值	?LOG（20）&& 3.00
LOG10	N	LOG10（<数值表达式>）	计算并返回指定数值表达式的常用对数值	?LOG10(100) && 2.00
ROUND	N	ROUND（<数值表达式 1>,<数值表达式 2>）	对<数值表达式 1>四舍五入，保留<数值表达式 2>的位数	?ROUND(3.14159,4) &&3.142
MOD	N	MOD（<数值表达式 1>,<数值表达式 2>）	以数值表达式 2 为模，取数值表达式 1 的余数	? MOD(4,5) && 4

37

函数名	类型	格　式	功　能	示　例
RAND	N	RAND（<数值表达式>）	产生 0~1 之间的伪随机数	? RAND(2) && 随机数，例如 0.05
PI	N	PI（）	返回圆周率数字常量	? PI( ) && 3.14
MAX	N	MAX(<数值表达式 1>,<数值表达式 2>[, <数值表达式 3>…]	计算一组表达式，然后返回其中的最大值	?MAX(10,3,5,7,8) &&10
MIN	N	MIN(<数值表达式 1>,<数值表达式 2>[, <数值表达式 3>…]	计算一组表达式的值，然后返回其中的最小值	?MIN(10,3,5,7,8) &&3

说明：

（1）函数 SQRT 的参数不能为负。

（2）RAND 函数的参数可以省略。该函数可以用来产生一组随机数，如产生 0~100 之间的随机整数可以用表达式：INT（100*RAND（））。

（3）取余数运算定义为 MOD（M，N）=M-n*N。

【例 2.16】

?MOD(21,4)　　　　　　&& MOD(21,4)=21-5*4=1，n=5

?MOD(-21,4)　　　　　 && MOD(-21,4)=-21-(-6)*4=3，n=-6

当 N<0 时，n 取 M<n*N 的最小整数。

?MOD(21,-4)　　　　　 && MOD(21,-4)=21-(-6)*(-4)=-3，n=-6

?MOD(-21,-4)　　　　 && MOD(-21,-4)=-21-(5)*(-4)=-1，n=-5

（4）显示数值型表达式的值时，可以用命令 SET DECIMALS TO 命令设置小数的位数，例如，SET DECIMALS TO 6 将小数设置为 6 位。

2. 字符处理函数

表 2.3　字符处理函数

函数名	类型	格　式	功　能	示　例
SUBSTR	C	SUBSTR(<字符表达式>, <数值表达式 1>, <数值表达式 2>)	从字符表达式中，由<数值表达式 1>确定的位置起截取<数值表达式 2>个字符	?SUBSTR("abcdef",2,3)　&& bcd
LEN	N	LEN(<字符表达式>)	返回<字符表达式>中的字符个数	?LEN("中华人民共和国") && 14
LEFT	C	LEFT(<字符表达式>, <N>)	从<字符表达式>的左端开始取 N 个字符，形成一个新的字符串	?LEFT("湖南工业大学",4) && 湖南
RIGHT	C	RIGHT（<字符表达式>，<N>）	从<字符表达式>的右端开始截取 N 个字符，形成一个新的字符串	?RIGHT（"湖南工业大学",4） && 大学
Replicate	C	Replicate（<字符表达式>，<数值表达式>）	重复<字符表达式>生成一个新字符串，重复次数为<数值表达式>的值	?Replicate（"a"，5） && aaaaa
SPACE	C	SPACE（<数值表达式>）	产生一个由空格组成的字符串，空格个数由<数值表达式>决定	? "湖南工业"+SPACE（5）+"大学" && 湖南工业　　　大学

函数名	类型	格 式	功 能	示 例
AT	N	AT（<字符表达式 1>，<字符表达式 2>[，<N>])	在<在字符表达式 2>中查找第 n 次出现<字符表达式 1>的位置	?AT("ABC"，"ABCABABC"，2) && 6
ALLTRIM	C	ALLTRIM(<字符表达式>)	删除并返回<字符表达式>首尾两端前导和尾随的空格字符的字符串	? "B"+ALLTRIM(" abcdef ")+"E" && BabcdefE
LOWER	C	LOWER(<字符表达式>)	把指定的<字符表达式>中的字母转变为小写字母	? LOWER("aBcDeF") && abcdef
UPPER	C	UPPER(<字符表达式>)	把<字符表达式>中的字母转变为大写字母	? UPPER("aBcDeF") &&ABCDEF
CHR	C	CHR(<数值表达式>)	将<数值表达式>表示的 ASCII 码转换为字符	?CHR(70) && F
ASC	N	ASC(<字符表达式>)	返回字符的 ASCII 码	?ASC("N") && 78

说明：AT（<字符表达式 1>，<字符表达式 2>[，<N>]）函数功能为在<在字符表达式 2>中查找第 n 次出现<字符表达式 1>的位置，若找到，函数值为<字符表达式 1>在<字符表达式 2>中的出现位置，一个汉字占两个字符位置（下同）。若找不到，函数值为 0。若省略可选项<n>，则在<字符表达式 2>中查找首次出现<字符表达式 1>的位置。

3. 日期时间函数

表 2.4　日期时间函数

函数名	类型	格 式	功 能	示 例
DATE	D	DATE（）	返回系统的当前日期	?DATE( ) && 11/20/09
TIME	C	TIME( )	以 HH:MM:SS 形式的字符串返回系统的当前时间	?TIME( ) &&17:18:36
DATETIME	T	DATETIME( )	返回当前日期和时间	?DATETIME( ) && 11/20/09 05:19:30 PM
DAY	N	DAY（<日期型表达式>）	返回日期表达式的日序号数值	?DAY(DATE( )) && 20
MONTH	N	MONTH(<日期型表达式>)	返回日期表达式的月份数值	?MONTH(DATE( )) && 11
YEAR	N	YEAR（<日期型表达式>）	返回日期表达式的年份数值	?YEAR(DATE( )) && 2009
WEEK	N	WEEK(<日期型表达式>)	从日期型表达式返回表示一年中第几个星期	?WEEK(DATE( )) && 47
MINUTE	N	MINUTE(<日期时间表达式>)	返回日期时间表达式的分钟值	?MINUTE(DATETIME( )) && 42
SEC	N	SEC(<日期时间表达式>)	返回日期时间表达式的秒值	? SEC(DATETIME( )) && 27

4. 类型转换函数

表 2.5　类型转换函数

函数名	类型	格式	功　　能	示　　例
CHR	C	CHR(<数值表达式>)	将<数值表达式>表示的 ASCII 码转换为字符	?CHR(70)　　&& F
ASC	N	ASC(<字符表达式>)	返回字符的 ASCII 码	?ASC("N")　　&& 78
CTOD	D	CTOD(<字符表达式>)	将<字符表达式>的值转换成日期常量	?CTOD("^2009/11/20") && 11/20/09
DTOC	C	DTOC(<日期表达式>[，1])	将日期型数据转换成字符型数据，如果使用可选项1，函数以 YYYY/MM/DD 格式输出	?DTOC(DATE( )) &&11/20/09
STR	C	STR(<数值表达式1>[, <数值表达式2> [, <数值表达式3>]])	将指定的<数值表达式1>，按<数值表达式2>指定的长度以及<数值表达式3>指定的小数据位数，转换成相应的数字字符串	?STR(456.265,5,1) && 456.3
VAL	N	VAL(<字符表达式>)	将<字符表达式>转换成一个数值常量	?VAL("12 ABC")　&&12.00

说明：

（1）ASC(<字符表达式>)函数返回的 ASCII 码为十进制数。

（2）CHR(<数值表达式>)函数参数中某些 ASCII 码不表示字符，是控制代码，只表示某种操作。

【例2.17】 执行命令：

?CHR(7)

屏幕不显示任何字符，但可以听到"铛"的声音。

（3）当函数 CTOD 参数字符串不符合日期表达式时，转换结果为空。

（4）STR(<数值表达式1> [, <数值表达式2> [,<数值表达式3>]])函数，<数值表达式2>规定<数值表达式1>转换成字符串后的总长度，包括符号位（正，负号）、小数点和小数位在内；省略<数值表达式3>时，只转换整数部分。<数值表达式2>和<数值表达式3>同时省略时，转换后的字符串长度为10，无小数部分。

如果<数值表达式2>大于<数值表达式1>，则字符串加前导空格以满足规定的长度要求；如果<数值表达式2>值大于等于<数值表达式1>值的整数部分位数（包括负号）但又小于<数值表达式1>，则优先满足整数部分而自动调整小数位数；如果<数值表达式2>值小于<数值表达式1>值的整数部分位数，则返回一串星号。

【例2.18】 X=456.265

?STR(x,5,1),STR(x,5,2), STR(x,2), STR(x,5,STR(x))

屏幕显示：

456.3 456.3 **　　　456　　　　　　456

（5）函数 VAL 的参数为非数值型字符串时，转换结果为 0.00。

【例2.19】

?VAL("ABC")　　&& 显示 0.00

5. 逻辑型测试函数

表 2.6　逻辑型测试函数

函数名	类型	格式	功　能
BOF	L	BOF([工作区])	记录指针指向首记录之前时返回.T.，否则返回.F.
EOF	L	EOF([工作区])	记录指针指向末记录之后时返回.T.，否则返回.F.
IIF	L	IIF(<逻辑表达式>,<表达式 1>,<表达式 2>)	<逻辑表达式>为.T.时返回<表达式 1>的值，否则返回<表达式 2>的值
FOUND	L	FOUND([工作区])	用 LOCATE,CONTINUE,SEEK 或 FIND 查找符合条件的记录时返回.T.，否则返回.F.
EMPTY	L	EMPTY([表达式])	[表达式]值为空时返回.T.，否则返回.F.

6. 其他函数

表 2.7　其他函数

函数名	类型	格式	功　能
DBF	C	DBF([工作区])	返回工作区中打开的表的名称
RECNO	N	RECEO([工作区])	返回工作区中打开的表的记录号
FCOUNT	N	FCOUNT([工作区])	返回工作区中打开的表的字段数

说明：RECNO（[<工作区号>/<表别名>]）函数如果指定工作区上没有打开表文件，函数值为 0。如果记录指针指向文件尾，函数值为表文件中的记录数加 1。如果记录指针指向文件首，函数值为表文件中第一条记录的记录号。

2.6　运算符与表达式

运算符即各种运算的符号，Visual FoxPro 提供了 5 种类型的运算符：算术运算符、字符串运算符、关系运算符、日期运算符和逻辑运算符。

2.6.1　算术运算符

Visual FoxPro 定义的算术运算符如表 2.8 所示。

表 2.8　算术运算符

运算符	+	−	*	/	** 或 ^	()	%
运算	加、正	减、负	乘	除	乘方	括号	求余

求余运算<数值表达式 1>%<数值表达式 2>和取余函数 MOD（<数值表达式 1>),<数值表达式 2>)的作用相同。

算术运算符的优先顺序是：

括号→函数→乘幂→乘/除→加减

优先级别从左至右依次进行。全部算术运算符适用于数值型数据（包括数值型常量、变量以及值为数值的函数），运算后的结果也是数值型数据。

【例2.20】 计算数学算式 $\left(\dfrac{1}{60}-\dfrac{3}{56}\right)\times18.45$ 和 $\dfrac{1+2^{1+2}}{2+2}$ 的值

? （1/60-3/56）*18.45

屏幕显示：0.6809

?(1+2^(1+2))/(2+2)

屏幕显示：2.25

2.6.2 字符串运算符

Visual FoxPro 定义的字符串运算符有如下两个。

+：字符串精确连接符，它将两个字符串按精确方式连接，即把两个字符串原封不动地连接起来，形成一个新的字符串。

-：字符串紧凑连接符，它将两个字符串按紧凑方式连接，即把第一个字符串尾部的空格移到第二个字符串尾部，位于字符串其他位置的空格不改变位置。

字符串运算符适用于字符型数据（包括字符型常量、变量以及值为字符的数据），运算结果也是字符型数据。

（1）+ 字符串精确连接（C+C→C）。

（2）-字符串紧凑连接（C-C→C）。

【例2.21】 执行命令

a="湖南工业∧∧"

b="大学"

?a+b

?a-b

屏幕显示：

湖南工业∧∧大学

湖南工业大学

2.6.3 关系运算符

Visual FoxPro 的关系运算符见表 2.9 所列。

表 2.9　关系运算符

运算符	>	>=	<	<=	=	<>或#或！=	$	==
运算	大于	大于等于	小于	小于等于	等于	不等于	子串比较	精确比较

关系运算符中除子串比较符$和精确比较符= =仅适用于字符型数据，其他均可适用于任何类型数据的运算，但前后两个运算对象的数据类型要一致（除日期和日期时间型可比较以外），运算的结果为逻辑值。关系成立时，运算结果为.T.，否则为.F.。

1. 数值型与货币型数据比较

按数值的大小比较，包括负号。

例如，0>0.1　￥100>￥50

2. 日期与日期时间型数据比较

越早的日期或时间越小，越晚的日期或时间越大。

例如，{^2008/10/10}>{^2008/10/06}

3. 逻辑型数据比较

.T.大于.F.。

4. 字符型数据比较

当比较两个字符串时，系统对两个字符串的字符自左向右逐个进行比较，一旦发现两个对应字符不同，就根据这两个字符的排列序列决定两个字符串的大小。对字符序列的排列设置有人机会话和命令两种方式。

在人机会话方式下设置：

在【工具】菜单下选择【选项】，打开【选项】对话框。

单击【数据】选项卡，出现如图 2.4 所示的界面。

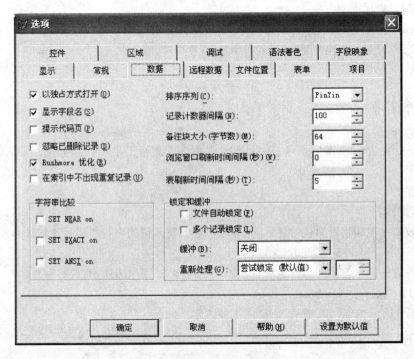

图 2.4　【选项】对话框

从右上方的【排列序列】下拉框中选择【Machine（机器）】、【Pinyin（拼音）】或【Stroke（笔画）】。

单击【选项】对话框上的【确定】按钮。

在命令方式下设置：

设置字符比较次序的命令是：SET COLLATE TO"<排序次序名>"

排序次序名必须放在引号当中。次序名可以是"Machine"、"Pinyin"或"Stroke"。

Machine（机器）次序：指定的字符排序次序与 xbase 兼容，按照机内码顺序排序，在微机中，西文字符是按照 ASCII 码值排列的：空格在最前面，其后是数字，接着是大写 ABCD 字母序列，最后是小写 abcd 字母序列。因此，大写字母小于小写字母。即：空格< "0" < "1" <...< "9" < "A" < "B" <...< "Z" < "a" < "b" <...< "z"。汉字的机内码与汉字国标码一致。对常用的一级汉字而言，根据它们的拼音顺序决定大小。

Pinyin（拼音）次序：按照拼音次序排列。对于西文字符而言，空格在最前面，其后是数字，

43

相同的字母其大写大于小写，不同的字母，按照字母表中的顺序排列在后的字母大于排列在前的字母。即：空格<"0"<"1"<...<"9"<"a"<"A"<"b"<"B"<...<"z"<"Z"。

Stroke（笔画）次序：无论中文、西文，按照书写笔画的多少排序。

5. 字符串比较符 "= =" 与 "=" 的区别

使用"=="表示精确比较，只有当两个字符串完全相同（包括字符个数相同，每个字符的位置相同，空格的顺序和位置也相同）时，结果为.T.，否则结果为.F.。比较结果不受环境参数设置命令 set exact on/off 的影响。"="表示不精确比较，运算结果受 set exact on/off 的命令影响。执行 set exact on 命令后，使用"="时，仅当两个字符完全相同时（但字符串尾部的空格不影响运算结果），才为.T.，当执行 set exact off 命令后，使用"="时，只要"="运算符右侧的字符串是从左侧字符串的第一个字符串开始的子串，即可得到逻辑值为.T.。

【例 2.22】 执行下例命令：

set exact off

?"湖南工业大学"="湖南", "湖南工业大学"="大学", "湖南工业大学"=="湖南"

屏幕显示：

.T..F..F.

继续执行命令：

set exact on

?"湖南工业大学"="湖南","湖南工业大学"=="湖南","湖南工业大学"="湖南工业大学"

屏幕显示：

.F. .F. .T.

6. 子串比较符

子串比较符（也叫字符串包含运算符）$是对运算符两侧的字符串进行比较。

格式为：<字符串 1>$<字符串 2>

若运算符右侧的字符串 2 包含运算符左侧的字符串 1，则结果是.T.否则为.F.。

【例 2.23】 执行下列命令

?"湖南工业大学"$"湖南","湖南"$"湖南工业大学"

屏幕显示：

.F. .T.

2.6.4 日期运算符

Visual FoxPro 规定的日期运算符有两个。

+：加号，用于一个日期与一个整数相加，其结果为一个新的日期。

-：减号，用于一个日期减去一个整数，其结果为一个新的日期，或者一个日期减去另一个日期，其结果为一个数值，表示两个日期之间相差的天数。

日期运算符适用于日期（包括日期型常量、变量以及值为日期的函数）和数值型数据，运算结果为日期或数值。

（1）+ 加（D+N→D）（N+D→D）

（2）-减（D-D→N）（D-N→D）

【例 2.24】 执行下列命令：

a={^2008/10/06}

?a+1，a-1，a-{^2008/10/01}

2.6.5 逻辑运算符

Visual FoxPro 规定的逻辑运算符有 3 种，见表 2.10 所列。

表 2.10　逻辑与、非、或

逻辑 A	逻辑 B	A.AND.B	A.OR.B	.NOT.A
.T.	.T.	.T.	.T.	.F.
.T.	.F.	.F.	.T.	.F.
.F.	.T.	.F.	.T.	.T.
.F.	.F.	.F.	.F.	.T.

.AND.：逻辑与，设 A 和 B 是两个逻辑型变量或表达式。逻辑表达式 A.AND.B 的值当且仅当 A、B 的值都为.T.时才为.T.，否则逻辑表达式的值为.F.。

.OR.：逻辑或，逻辑表达式 A.OR.B 的值当且仅当 A、B 的值都为.F.时，才为.F.，否则为.T.。

.NOT.：逻辑非，对一个逻辑型变量进行非运算结果为该变量值的"反"，例如，逻辑变量 A 的值是.T.，则.NOT.A 的值为.F.。

逻辑运算顺序的优先顺序是：

非→与→或

（1）.NOT. 逻辑非（单目运算符）（.NOT.L→L）

（2）!　　逻辑非（单目运算符）（! L→L）

（3）.AND. 逻辑与　　　　　　（L.AND.L→L）

（4）.OR . 逻辑或　　　　　　（L.OR.L→L）

【例 2.25】执行下列命令：

a=.T.

b=.F.

?a.AND.b, a.OR.b, .NOT.a

屏幕显示：

.F.　.T.　.F.

2.6.6 表达式

1. 表达式概述

把常量、变量、函数用运算符连接起来的式子称为数据运算表达式，简称表达式。单个常量、变量、函数可认为是表达式的特例。每个表达式经过运算后有确定的值，值的类型由操作数据和运算符的类型决定。

表达式按照运算结果的类型可分为 4 类：字符表达式、数值表达式、逻辑表达式和日期表达式。

字符表达式中的常量、变量、函数值必须是字符型，字符表达式的值为字符串，字符串运算符（"+"或"−"）用以连接字符串。

数值表达式又称为算术表达式，数值表达式中运算符只能是算术运算符，表达式中的常量、变量、函数值都必须是数值型。数值表达式的值为数值常量，不能无穷大或不确定。书写数值表达式时要特别注意数学上省略的乘号。

【例2.26】 数学式 b^2-4ac，其表达式是：b＾2-4*a*c。

在算术运算符中没有"＝"符号，因此含有"="的表达式为非法数值表达式。例如 x=(−b+SQRT(b*b−4*a*c))/(2*a)是非法的数值表达式。

逻辑表达式的值是逻辑常量。逻辑表达式分为关系表达式和逻辑表达式两种。关系表达式用关系运算符连接，逻辑表达式用逻辑运算符连接。

【例2.27】 判断某一年（年份用 y 表示）是否为闰年的条件："能被 4 整除但不能被 100 整除或能被 400 整除"用逻辑表达式表示为：

y%4=0.AND.y%100<>0.OR.y%400=0

日期表达式是以日期运算符（"+"或"−"）连接日期型常量、变量、函数或用日期运算符将日期常量、变量、函数与数值型常量、变量、函数连接构成的运算式，表达式是值是日期或数值。

2. 表达式优先级别

在表达式中，括号的优先级别最高（无大中小括号之分，一律用圆括号），内层括号优先，算术运算，字符串运算和日期运算次之，关系运算再次之，逻辑运算级别最低，如图 2.5 所示。

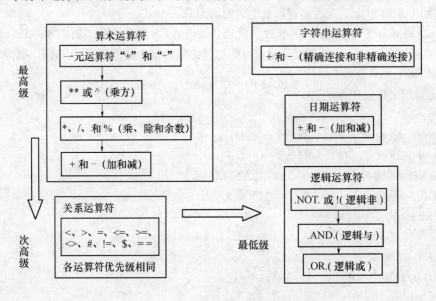

图 2.5　运算符的优先级别

【例2.28】执行写列命令：

store　3　to　a,b,c,d

?a=b.AND.c>d+1

屏幕显示：

.F.

?"aA"+"Bb"$"aAb"−"BaA"

屏幕显示：

.F.

3. 宏替换

"&"在 Visual FoxPro 中是一个具有特殊意义的符号，表示"宏替换"。

语法：& <字符型内存变量>[. <字符表达式>]

功能：宏替换，返回指定<字符型内存变量>中的字符串，或返回指定<字符型内存变量>中的字符串与<字符表达式>连接后的字符串。当带有[.<字符表达式>]可选项时，符号"."是起连接作用的符号，不能省略。

【例 2.29】宏替换示例。

a1="ABC"　　&& 字符型变量 a1 赋值为"ABC"

a2="a1"　　　&& 字符型变量 a2 赋值为"a1"

?&a2　　　　&& &a2 返回字符型变量 a2 的值"a1"，因此该命令实际作用为?a1，显示输出 ABC

习　题

1. 选择题

(1) 下列各种字符组合中，（　　）不是 FoxPro 中的字符型常量。

　　A. 计算机应用　　　B. "ABCD E"　　　　C. '1995'　　　　　　D. [10 86]

(2) 下列（　　）不能作为 VFP 中变量名。

　　A. EFG　　　　　　B. P000000　　　　　C. 89TWDDFF　　　　D. xyz

(3) 系统默认状态下，以下日期值正确的是（　　）。

　　A. {"2009-11-25"}　　　　　　　　　B. {^2009-11-25"}

　　C. {2009-11-25}　　　　　　　　　　D. {[2009-05-25]}

(4) 函数 SUBSTR("国际互联网",5,4)的值是（　　）。

　　A. 国际　　　　　　B. 互联　　　　　　C. 国际互　　　　　　D. 联网

(5) 函数 LEN(SPACE(3)-SPACE(2))的值是（　　）。

　　A. 5　　　　　　　B. 1　　　　　　　　C. -1　　　　　　　　D. -5

(6) 函数 INT(-3415)的值是（　　）。

　　A. -31415　　　　　B. 31415　　　　　　C. -3　　　　　　　　D. 3

(7) 函数 VA L("16YeAr")的值是（　　）。

　　A. 16.0　　　　　　B. 16. 00　　　　　　C. 16.000　　　　　　D. 16

(8) 函数 INT(RA ND ( )*10)是在（　　）范围内的整数。

　　A. (0，1)　　　　　B. (1，10)　　　　　C. (0，10)　　　　　　D. (1，9)

(9) 下列函数中返回值为数据型的是（　　）。

　　A. SUBSTR（）　　B. STR（）　　　　　C. AT（）　　　　　　D. SPACE（）

(10) EOF()是测试函数，当正使用的数据表文件的记录指针已达到尾部，其函数值为（　　）。

　　A. 0　　　　　　　B. 1　　　　　　　　C. .T.　　　　　　　　D. .F.

(11) STR(109.87,7,3)的值是（　　）。

　　A. 109.87　　　　　B. "109.87"　　　　　C. 109.870　　　　　　D. "109.870"

(12) 对于数组的定义，下列语句正确的是（　　）。

　　A. DIMENSION　A(2,4,3)　　　　　　B. DIMENSION　A(2)　A B (2,3)

　　C. DIMENSION　A(2,3)　　　　　　　D. DIMENSION　A(2)，AB(2,3)

(13) 逻辑运算符在运算时，其优先顺序是（　　）。

　　A. NOT—A ND —OR　　　　　　　　B. AND—NOT—OR

　　C. OR—NOT—AND　　　　　　　　　D. 从左至右按先后次序

(14) 运算符 "+" 号不可以作用于（　　）。

　　A. 两个 N 型数据　　　　　　　　　B. 两个 C 型数据

C. 两个 D 型数据　　　　　　　　　D. 一个 N 型数据

(15) 命令?"12+23"的结果为（　　　）。

A. 12+23　　　　　B. 41　　　　　　C. 18　　　　　　D. 23

(16) 表达式(15%2)*(15%4)+3*2 的值为（　　　）。

A. 0　　　　　　　B. 6　　　　　　　C. 9　　　　　　D. 24

(17) 系统默认设置下，表达式"湖工大"="湖南工业大学"和"湖南工业大学"= "湖工大"的值为
（　　　）。

A. .T. .T.　　　　B. .F. .F.　　　　C. .T. .F.　　　　D. .F. .T.

(18) 逻辑常量 A=.T. ,B=.T. ,C=.F.,下列各表达式中返回逻辑真的是（　　　）。

A.（NOT A 　OR B ）AND　　　　B. NOT（A OR B ）AND　C

C. A 　AND 　B 　OR NOT C　　　　D. NOT A 　OR 　B 　AND 　C

(19) 下列表达式中不符合 vfp 规则的是（　　　）。

A. 07/08/37　　　　B. T+t　　　　　C. VAL("1234")　　D. 3X>15

(20) 以下四条语句中，正确的是（　　　）。

A. A =1,B =2　　　B. A=B=1　　　　C. store 1 to A ,B　　D. store 1,2 to A,B

2．简答题

(1) 举例说明 VisuA. l FoxPro 的常量类型。

(2) 举例说明 VisuA. l FoxPro 的变量种类。如何给变量命名？

(3) 什么是函数的三要素？

(4) 表达式运算优先级是如何规定的？

3．应用题

将任意一个四位的正整数 N 的各位上的数字分别用含有 N 的表达式表示出来，并分别存入
thou（千位），hun（百位）,ten（十位），date（个位）4 个变量中，即分别写出各位数字的通项
式。

例如：thou=int(N/1000)

第3章 Visual FoxPro 数据库与表

Visual FoxPro 6.0 进行数据库应用系统开发的第一步是对问题中所涉及的大量数据进行分析，从中提取出对实现应用系统有用的、有价值的数据，然后再创建数据库表来存储数据。本章主要介绍数据库设计与操作、数据库表的创建与操作、多表之间的操作以及排序与索引的建立与使用等内容。

3.1 数据库的创建及其操作

对于一个数据库应用系统来说，如何组织好相关的数据，是数据库应用系统开发成功与否的关键。本节介绍 Visual FoxPro 数据库的创建和操作，包括数据库的一般设计步骤、建立和管理数据库等方面的内容。

3.1.1 基本概念

数据库（DataBase）是指按一定的组织结构存储在计算机内可共享使用的相关数据的集合。它以文件的形式组织管理一个或多个数据文件，并被多个用户所共享，它是数据库管理系统的重要组成部分。

Visual FoxPro 是从 dBASE、FoxBASE、FoxPro 历时多年发展过来的。在 FoxPro 2.x 及更早的版本中，都是直接建立、管理和使用扩展名为.dbf 的数据库文件，这些数据库文件彼此是孤立的，没有一个完整的数据库概念和管理方法。当发展到 Visual FoxPro 时才引入数据库的概念，才将扩展名为.dbf 的数据库文件组织在一起管理，使它们成为相互关联的数据集合。

在 Visual FoxPro 中，数据库是一个逻辑上的概念和手段，通过一组系统文件将相互联系的数据库表及其相关的数据库对象统一组织和管理。因此，在 Visual FoxPro 中应该把.dbf 文件称做数据库表，简称表，而不再称做数据库或数据库文件。

在建立 Visual FoxPro 数据库时，相应的数据库名称实际是扩展名为.dbc 的文件名，与之相关的还会自动建立一个扩展名为.dct 的数据库备注（memo）文件和一个扩展名为.dcx 的数据库索引文件，也就是在建立数据库后，用户可以在磁盘上看到主文件名相同，但扩展名分别为.dbc、.dct 和.dcx 的 3 个文件，这三个文件是供 Visual FoxPro 数据库管理系统管理数据库使用的，用户一般不能直接使用这些文件。

3.1.2 数据库设计的一般步骤

如果使用一个可靠的数据库设计步骤，就能够快捷、高效地创建一个设计完善的数据库，为用户访问所需的信息提供方便。

理解数据库设计过程的关键在于理解关系型数据库管理系统保存数据的方式。为了高效、准确地提供信息，Visual FoxPro 将不同主题的信息保存到不同的表中。例如，在一个学生学籍管理数据库中，一个表用于存储学生的基本信息，一个表用于存储学生的成绩，一个表用于存储课程的信息等。因此，在设计数据库时，首先分离那些需要作为单个主题而独立保存的信息，然后告诉 Visual FoxPro 这些主题之间有何关系，以便在需要时正确的信息组合在一起。通过将不同的信息分散在不同的表中，可以使数据的组织工作和维护工作更简单，同时也容易保证设计的应用程序具有较高的性能。

设计数据库的一般步骤如下。

（1）确定建立数据库的目的。这有助于确定 Visual FoxPro 保存哪些信息。

（2）确定需要的表。在明确了建立数据库的目的之后，就可以把信息分成各个独立的主题，每个主题都可以是数据库中的一个表。

（3）确定所需的字段。确定在每个表中要保存哪些信息，例如，在 Student 表中，可以有学号、姓名、性别出生年月等字段。

（4）确定关系。分析每个表，确定一个表中的数据和其他表中的数据有何关系。必要时，可在表中加入字段或创建一个新表来明确关系。

（5）设计求精。对设计进一步分析，查找其中的错误，需要时可调整设计。

在最初的设计中，不要担心发生错误或遗漏东西。这只是一个初步方案，可以在以后对设计方案进一步完善，Visual FoxPro 很容易在创建数据库时对原设计方案进行修改。可是在数据库输入了数据或连编表单和报表之后，再要修改这些表就困难得多。因此，在连编应用程序之前，应确保设计方案已经考虑得比较全面了。

（6）创建数据库。将表添加到数据库中去，形成数据库表，有助于发挥数据库表的优势。

3.1.3　创建数据库

1. 文件位置设定

本书约定用户文件均建立在 D:\VFP Exam 目录下。Visual FoxPro 启动后可指定此路径为缺省值，保证用户新建的文件集中在此目录下。文件位置设定操作步骤如下。

（1）选定【工具】|【选项】命令，弹出如图 3.1 所示界面。

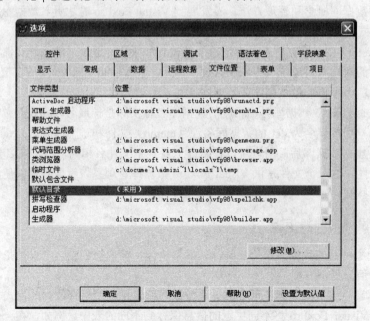

图 3.1　【选项】窗口

（2）选择【文件位置】选项卡，在列表中选定【默认目录】选项，单击【修改】按钮，弹出如图 3.2 所示的【更改文件位置】对话框。

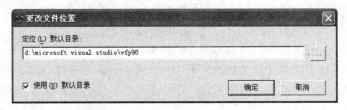

图 3.2　【更改文件位置】对话框

（3）选中【使用（U）默认目录】复选框，在"定位（L）默认目录"文本框中输入路径 D:\VFP Exam（或通过文本框右侧的 按钮选择路径）。

（4）单击【确定】按钮，返回【选项】窗口，继续单击【确定】按钮关闭该界面。

若在【选项】窗口关闭前，单击【设置为默认值】按钮，则每次启动 Visual FoxPro 后都设该路径为缺省值。文件位置除了可以使用上述交互方式设定外，还可以使用如下命令设定：

SET DEFAULT TO D:\VFP Exam

2. 创建数据库

创建数据库的常用方法有以下 3 种。

1）使用命令方式创建数据库

命令格式：CREATE DATABASE [<数据库名>]

功能：创建一个新的数据库同时打开它。

说明：在命令窗口中键入 CREATE DATABASE 后出现如图 3.3 所示的对话框。在【保存在】文本框中选择新建数据库所做的文件夹，在【数据库名】文本框中输入新建数据库的名称，如学生学籍管理，然后单击【保存】按钮，进入【Microsoft Visual FoxPro】窗口，如图 3.4 所示。在该窗口中，学籍管理数据库作为当前数据库，其名字会显示在工具栏中的下拉列表框中。数据库建立后形成基本文件 DBC、相关的数据库备份文件 DCT 和相关的索引文件 DCX 3 个文件。

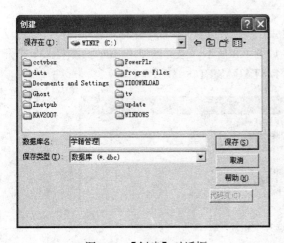

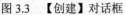

图 3.3　【创建】对话框

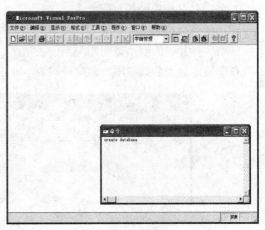

图 3.4　【Microsoft Visual FoxPro】窗口

2）使用菜单方式创建数据库

通过菜单方式创建数据库有两种方式，新建文件方式和向导方式。采用新建文件方式的操作步骤是：在 Visual FoxPro 系统主菜单下，单击【文件】菜单中的【新建】命令，打开如图 3.5 所示的【新建】对话框。在【新建】对话框中的【文件类型】组框中选择【数据库】选项，然后单击【新建文件】按钮，打开【创建】对话框，在【创建】对话框中，输入新建的数据库的名字，选择其所要保存的文件夹，然后单击【保存】按钮，向导方式不再述及。

3）在项目管理器中创建数据库

在项目管理器中创建数据库的界面如图 3.6 所示，首先在【数据】选项卡中选择【数据库】，然后单击【新建】按钮并选择【新建数据库】，打开【创建】对话框，接下来的操作就与菜单方式相同，不再复述。在完成数据库创建之后，打开【数据库设计器】窗口，如图 3.7 所示。

图 3.5　【新建】对话框　　图 3.6　项目管理器中的【数据】选项卡　　图 3.7　【数据库设计器】窗口

3.1.4　打开与关闭数据库

1．打开数据库

在数据库中建立表或使用数据库中的表时，都必须先打开数据库。与创建数据库类似，常用的打开数据库的方法也有 3 种，通常在交互操作方式下使用后两种，在应用程序方式下使用命令方式。

1）使用命令方式打开数据库

命令格式：OPEN DATABASE [<数据库名>]

功能：打开指定的数据库文件。

说明：可以打开多个数据库，所有打开的数据库名字都列在主工具栏的下拉列表中，可通过下拉列表选择其中的一个数据库为当前数据库，如图 3.8 所示。也可以使用 SET 命令将某一打开的数据库指定为当前数据库。命令格式为：SET DATABASE TO <数据库名>。

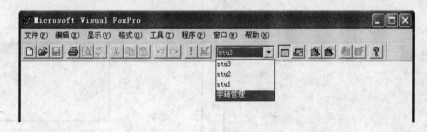

图 3.8　选择数据库

打开学籍管理数据库的命令如下：

OPEN DATABASE 学籍管理

2）使用菜单方式打开数据库

选择【文件】菜单下的【打开】命令，屏幕上弹出【打开】对话框，如图 3.9 所示。在【文件

52

类型】下拉列表框中选择【数据库（*.dbc）】，然后选择或在【文件名】文本框中输入数据库文件名，单击【确定】按钮打开数据库。在【打开】对话框中还有【以只读方式打开】和【独占】复选框可供选择。

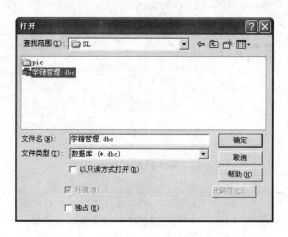

图 3.9 【打开】对话框

3）在项目管理器中打开数据库

在项目管理器中选择了相应的数据库时，数据库将自动打开，所以此时用户可能没有打开数据库的感觉，但不必再手工执行打开数据库的操作。

2. 关闭数据库

数据库文件操作完成后，必须将其关闭，以确保数据安全。关闭数据库的命令如下。

命令格式：CLOSE DATABASE [ALL]

功能：关闭当前的数据和它的表。

说明：选择 ALL 表示关闭所有打开的数据库和它们的表、所有的自由表以及索引文件，返回1·号工作区。

关闭当前的学籍管理数据库的命令如下：

CLOSE DATABASE

3.1.5 修改数据库

在 Visual FoxPro 中，修改数据库实际上就是打开数据库设计器，用户可以在数据库设计器中完成各种数据库对象的建立、修改和删除等操作。

数据库设计器是交互修改数据库对象的界面和工具，能够显示出数据库中包含的全部表、视图和联系。我们将在后续章节中介绍使用设计器完成各种数据库对象的建立、修改和删除等操作的方法，这里先介绍数据库设计器打开的方法：

1. 从项目管理器中打开数据库设计器

从项目管理器中打开数据库设计器的界面如图 3.10 所示。单击数据库名称后，选择【修改】按钮即可打开数据库设计器。

2. 使用菜单方式打开数据库设计器

单击【文件】菜单下的【打开】命令，在弹出的对话框中选择文件类型下拉列表框中的【数据库（*.dbc）】，并指定数据库文件名，单击【打开】按钮即可打开数据库设计器。

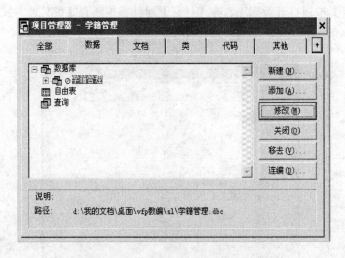

图 3.10　在项目管理器中打开数据库设计器

3. 使用命令方式打开数据库设计器

命令格式：MODIFY DATABASE <数据库名>[NOWAIT][NOEDIT]

功能：打开【数据库设计器】窗口，对数据库进行修改。

说明：

（1）NOWAIT 选项只在程序中使用，在交互使用的命令窗口中无效。其作用是在【数据库设计器】窗口打开后程序继续执行，即继续执行 MODIFY DATABASE NOWAIT 之后语句。如果不使用该选项，在打开【数据库设计器】窗口后，应用程序会暂停，直到【数据库设计器】窗口关闭后应用程序才会继续执行。

（2）NOEDIT 选项指明了在打开【数据库设计器】窗口之后禁止对数据库进行修改。

3.1.6　删除数据库

1. 从项目管理器中删除数据库

从项目管理其中删除数据库比较简单，直接选择要删除的数据库，然后单击【移去】按钮（如图 3.10），这时会出现如图 3.11 所示的提示对话框，可以选择：

移去：从项目管理器中删除数据库，但并不从磁盘上删除相应的数据库文件。

删除：从项目管理器中删除数据库，并从磁盘上删除相应的数据库文件。

取消：取消当前的操作，即不进行删除数据库的操作。

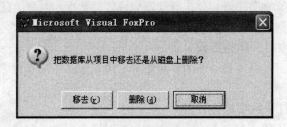

图 3.11　提示对话框

2. 使用命令方式删除数据库

命令格式：DELETE DATABASE <数据库名>[DELETE TABLES] [RECYCLE]

功能：从磁盘中删除指定的数据库文件。

说明：

（1）在执行本命令时，被删除的数据库文件必须处于关闭状态。

（2）DELETE TABLES：如果选择此选项，则数据库中所有的数据表将被一起从磁盘上永久删除；如果缺省此选项，则只删除数据库，而数据库中的数据库表都将成为自由表。

（3）RECYCLE：如果选择此选项，则将删除的数据库文件和表文件等放入 Windows 回收站，如果需要的话，还可以还原它们。

从磁盘中删除学籍管理数据库的命令如下：

CLOSE DATABASE ALL

DELETE DATABASE 学籍管理

3.2　数据库表的创建

前面介绍了 Visual FoxPro 数据库的基本概念及与之相关的一些基本操作，但一直还没有真正地与数据打交道，数据库在有表之前是没有实际用途的。本节将详细介绍数据库表的创建。

3.2.1　基本概念

在关系数据库中，一个关系就是一个二维表。将一个二维表以文件形式存入计算机中就是一个表文件，常称为表（Table），在 VFP 中称为数据库表，其扩展名是.dbf。如果表中有备注或通用型的字段，则在磁盘上还会同时创建一个与数据库表文件同名且扩展名为.fpt 的备注文件。表是组织数据、建立关系数据库的基本元素。

表是 Visual FoxPro 存储数据的文件，可分为数据库表和自由表两种，属于某一个数据库的表称为数据库表，不属于任何数据库而独立存在的表称为自由表。两种表在操作上基本相同，两种表是可以相互转换的，当一个自由表添加到某一个数据库中后，自由表就变成了数据库表；相反，若将数据库表从某一个数据库中移出，该数据库表就变成了自由表。从而可知，一个数据库由一个或多个数据表组成，各个数据表之间可以存在某种关系。借助于【表向导】或使用【表设计器】可以创建新表。

3.2.2　数据库表的创建

1. 使用数据库设计器创建数据库表

在数据库中建立表最简单和直接的方法就是使用数据库设计器。假若已经建立了学籍管理数据库，初始的数据库设计器界面如图 3.7 所示，在系统菜单栏中有【数据库】菜单，在数据库设计器中任意空白区域单击鼠标右键也会弹出【数据库】快捷菜单，从中选择【新建表】菜单命令，则弹出如图 3.12 所示的【新建表】对话框，从中选择【新建表】按钮，系统将弹出【创建】对话框，如图 3.13 所示，用户可以在此选择保存表的目录和输入表名（如：Student），然后单击【保存】按钮，打开表设计器，如图 3.14 所示。

在表设计器中依次输入数据库表的结构，如字段名、字段类型、字段宽度等，这些是建立表所需要的最基本的内容。最后单击【确定】按钮则完成了表结构的创建。此时在数据库设计器中将显示新创建的表，同时会出现对话框提示是否立即输入数据记录。

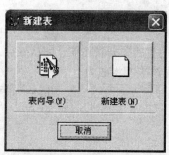

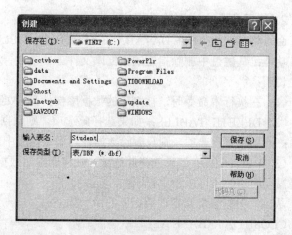

图 3.12 【新建表】对话框　　　　　　　图 3.13 【创建】对话框

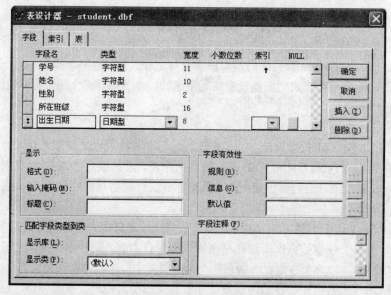

图 3.14 表设计器

按照上述步骤，创建 Student 表，见表 3.1 所列。

表 3.1　Student 表的结构

字段名	字段类型	字段宽度	小数位	NULL
学号	字符型	11		否
姓名	字符型	10		否
性别	字符型	2		否
所在班级	字符型	16		否
出生日期	日期型	8		否
政治面貌	字符型	8		否
联系电话	字符型	12		否
简历	备注	4		是
相片	通用型	4		是

这里对图 3.14 中的一些基本内容和概念作一解释。

1）字段名

字段名即关系的属性名或表的列名。一个表有若干列构成，表中每一列的名字称为字段名。字段名必须以字母、汉字或下划线开头，由字母、汉字、数字或下划线组成，但不能包含空格。自由表中的字段名最多为 10 个字符，数据库表中的字段名最多为 128 个字符。当数据库表转化为自由表时截去字段名超长部分的字符。

在为一个表的字段命名时，应注意字段名要简洁，而且含义明确。注意，同一个表中字段名不能相同。

2）字段类型

字段的数据类型决定存储在字段中的值的数据类型，不同数据类型的字段中可以存储不同特征的数据。在实际应用中确定数据类型，要与应用系统的需求相一致。Visual FoxPro 定义了 13 种字段数据类型，常用的字段类型有 11 种，见表 3.2 所列。

表 3.2　Visual FoxPro 常用的字段类型

类型	代号	最大宽度	说　明
字符型	C	254	存放从键盘输入的可显示或打印的字符或汉字，1 个字符占 1 个字节，最大可存储 254 个字节
货币型	Y	8	存储货币数据，与数值型不同的是数值保留 4 位小数 范围：$-922337203685477.5808 \sim 922337203685477.5807$
数值型	N	20	存放由正负号、数字和小数点且能参加数值运算的数据 范围：$-0.9999999999E+19 \sim 0.9999999999E+20$
浮点型	F	20	与"数值型"相同，为与其他软件兼容目的而设计
整型	I	4	用于存储介于 $-2147483647 \sim 2147483647$ 之间的整数
双精度型	B	8	存放精度要求较高的数值
日期型	D	8	可以存储日期（年、月、日） 范围：{^0001/01/10}~{^9999/12/31}
日期时间型	T	8	存放由年、月、日、时、分、秒组成的日期和时间 范围：{^0001/01/10 00:00:00AM}~{^9999/12/31 11:59:59PM}
逻辑型	L	1	存放 1 字节的逻辑数据：T（真）或 F（假）
备注型	M	4	用于存放不定长的字符型数据，数据保存在与表的主名相同的备注文件（扩展名为.fpt）中，数据量只受存储空间限制。表中存储 4 个字节的地址指针（指出数据在.fpt 文件中的位置）
通用型	G	4	用来存放图形、电子表格、文档、声音等 OLE 对象（对象链接与嵌入），数据保存在与表的主名相同的备注文件（扩展名为.fpt）中，数据量只受存储空间限制。表中存储 4 个字节的地址指针（指出数据在.fpt 文件中的位置）

3）字段宽度

字段宽度表明准许字段存储的最大字符数。在表 3.2 中，只有字符型、数值型和浮点型 3 种类型的字段宽度可以改变，其他类型的字段宽度由系统统一规定，不能改变。字符型字段宽度在 1~254 个字节之间，数值型和浮点型字段的宽度为 1~20 个字节。

备注型和通用型的 4 个字节的字段宽度用于存放相关内容在备注文件中的实际地址，而实际内容是存储在一个与表文件主名相同的备注文件（扩展名为.fpt）中。

在创建表结构时，要根据存储数据的实际需要设定合适的宽度。

字符型字段宽度定义时应考虑所存放字符串的最大长度，例如，定义人的姓名字段，考虑到中国人的姓名绝大多数为 3 个汉字，再顾及到少数人的姓名为 4 个或 5 个汉字，可以设定姓名字段的宽度为 10（1 个汉字占 2 个字符位置）。

在定义数值型和浮点型字段宽度时，应考虑到正负号和小数点，例如，数值型字段宽度为 8，小数位数为 2 位，则能存放的最大数值为 99999.99，最小数值为 -9999.99。一般来说，带小数的数值型字段宽度计算如下：

字段宽度=1（正负号）+整数位数+1（小数点）+小数位数

4）空值（NULL）

"NULL"选项表示是否允许该字段接受空值（NULL）。空值是关系数据库中的一个重要的概念，是指缺值或无确定的值，它与空字符串、数值 0 等是不同的。比如，学生的成绩字段，空值表示还没有成绩，而数值 0 则表示 0 分。

一个字段是否允许为空值与实际应用有关，比如作为关键字的字段是不允许为空值的，而那些在插入记录时允许暂缺的字段往往允许为空值。

5）显示组框

在显示组框下可以定义字段显示的格式、输入的掩码和字段的标题。

（1）【格式】用于确定一个字段在表单、浏览窗口或报表中的显示格式，它实际上相当于字段的输出掩码。格式字符及其功能见表 3.3 所列。

表 3.3　格式字符表

格式码	功　　能	格式码	功　　能
A	只允许英文字母，不允许空格、标点符号和汉字等字符	R	显示文本框的格式掩码，但不保存到字段中
D	使用当前系统设置的日期、时间格式	T	删除字段的前置与结尾空格
E	使用英国日期格式	!	把输入的小写字母转换成大写字母
K	光标移至该字段时选择所有内容	^	用科学计数法表示数值数据
L	在数值前显示前导 0	$	将数值型数据以货币格式表示

（2）【输入掩码】用以限制或控制用户输入的格式。使用输入掩码可减少人为的数据输入错误，提高输入准确性，保证输入的字段数据格式统一。例如，规定学号的格式由字母 GD 和 9 位数字组成，则掩码可以定义为 GD999999999。输入掩码字符及功能见表 3.4 所列。

表 3.4　输入掩码字符表

格式码	功　　能	格式码	功　　能
A	只允许输入英文字母	#	只能输入数字、空格、正负号（+、-）和英文句点（.）
X	允许输入任意字符	9	允许输入数值和正负号
L	只能输入英文字母 T 或 F	!	将所有输入的英文字母转换成大写
.	指定小数点位置	,	用逗号分隔小数点左边的整数部分
*	在指定宽度的数值数据前显示*	$	将数值型数据以货币格式显示

【格式】代码和【输入掩码】使用的主要区别是：【格式】代码对当前字段的整体格式控制；而【输入掩码】的使用是对当前字段按位来指定格式的。

（3）【标题】用于字段显示时的标题。如果不指定标题则显示字段名。当字段名是英文或缩写时，则通过指定标题可以使界面更友好。

6）字段注释

用于说明该字段的用途、特性、使用说明等补充信息，便于今后其他人对数据库进行维护，输入框中的文字不需要加引号。

7）字段有效性组框

用于对当前字段输入数据的有效性、合法性进行检验。

（1）【规则】栏输入一个逻辑表达式，如对于性别字段输入：性别="男"OR 性别="女"，对该字段输入数据时，Visual FoxPro 将根据表达式对其进行检验，如不符合规则，则要修改输入数据，直到符合规则才允许光标离开该字段。

（2）【信息】栏指定输入有误时的提示信息，如"性别只能是男或女"。

（3）【默认值】栏用于指定当前字段的默认值，在增加新记录时，默认值会在新记录中显示出来，当该字段为默认值时，不用输入，从而提高输入速度。

字段有效性组框中的 3 个栏目均可单击其右边的按钮，在弹出的【表达式生成器】对话框中输入信息。

8）记录有效性组框

记录有效性验证指建立一规则对同一记录中不同字段之间的逻辑关系进行验证。在数据库表的表设计器中，【表】选项卡【记录有效性】中的【规则】和【信息】框，可以为数据库表设置记录有效性规则和违反该规则时显示的错误提示信息。

【规则】和【信息】两栏值的指定均可单击其右边的按钮，在弹出的【表达式生成器】对话框中输入信息。

9）触发器

字段级有效性和记录级有效性规则主要限制非法数据的输入，而数据输入后还要进行修改、删除等操作。若要控制对已经存在的记录所做的非法操作，则应使用数据库表的记录级触发器。触发器是在某些事件发生时触发执行的一个表达式或一个过程。这些事件包括插入记录、修改记录和删除记录。当发生了这些事件时，将引发触发器中所包含的事件代码。

触发器包括插入触发器、更新触发器和删除触发器。指定一规则，当对数据库表进行插入（包括追加）、更新和删除记录时，验证规则，只有当规则成立才能进行相应操作。

2. 使用命令方式创建数据库表

在数据库中也可以直接使用命令来创建数据库表。

（1）先使用 OPEN DATABASE 命令打开数据库。

（2）再使用 CREATE 命令创建数据库表。

例如：在学籍管理数据库中创建 Student 表，则可以使用下列命令。

OPEN DATABASE 学籍管理

CREATE Student

然后在弹出的表设计器中完成对表的创建。

注意：如果没有用 OPEN DATABASE 命令先打开数据库，而是直接使用 CREATE 命令来创建表也是可以的，只是此时创建的是自由表，其界面比图 3.14 所示的界面要简单，功能也远不及数据库表强大。

3.2.3　数据库表记录的输入

刚创建好的数据库表处于打开状态，可以直接进入编辑状态输入记录。在表设计器状态下，设计好表结束后，按【确定】按钮，将弹出如图 3.15 所示的对话框，询问"现在输入数据记录吗？"，若选择【是】，则立即进入编辑状态，如图 3.16 所示，若选择【否】，则退出建表工作，以后需要时再打开该表输入记录。

图 3.15　输入提示

图 3.16　记录输入窗口

在 Visual FoxPro 中，可以通过多种方法输入数据。

1. 创建表结构时输入

当表中所有字段定义完成后，单击【确定】按钮，出现如图 3.6 所示的【Microsoft Visual FoxPro】对话框，单击【是】按钮，进入数据输入编辑窗口，便可以向表中输入数据了，如图 3.8 所示。

在如图 3.8 所示的窗口中，显示了当前表中记录的所有字段名，可依次输入这些字段的数据，当完成输入时，单击【关闭】按钮即可，或按【Ctrl+W】组合键保存数据并退出数据输入编辑窗口。

如果需要输入备注型字段的内容，可在备注型字段 memo 上双击、或按【Ctrl+PgUp】或【Ctrl+PgDn】键，进入备注字段编辑窗口。在这里可以编辑备注型字段的内容。输入和编辑好备注型字段的内容后，可单击【关闭】按钮，或按【Ctrl+W】组合键，将输入数据保存到备注文件中，并退出输入编辑状态；若按 Esc 键或【Ctrl+Q】组合键则输入数据不保存，并退出输入编辑状态。退出备注字段编辑窗口后，回到记录数据输入编辑窗口，继续输入其他数据。

通用型字段数据输入与备注型字段类似，在通用型字段 Gen 上双击、或按【Ctrl+PgUp】或【Ctrl+PgDn】键，进入通用型字段编辑窗口。在系统主菜单的【编辑】菜单中选择【插入对象】命令，出现【插入对象】对话框。若插入的对象是新建的，单击【新建】按钮，然后从【对象类型】列表框中选择要创建的对象类型。若插入的对象已经存在，单击【由文件创建】按钮，在【文件】文本框中直接输入文件的路径即文件名，也可单击【浏览】按钮，选择需要的文件。若不是将已存在的文件实际插入到表中，而是建立一种链接的关系，则需单击【链接】复选框。若需要将插入的对象显示为一个图标，则单击【显示图标】复选框。

最后，单击【确定】按钮，所选定的对象将自动插入到表中。

2. 使用菜单命令输入数据

单击【显示】|【浏览】命令，这时【菜单】栏中增加了【表】菜单项，单击【表】|【追加记录】命令，这时在文件尾部新增一条空白记录，光标跳至该记录，输入记录内容，此时还可对该

60

记录之前的记录进行编辑，当还要追加记录时，再单击【表】|【追加记录】命令，依此类推，直至所有记录输入完毕。

3. 具体操作时应注意的几个问题

（1）在数据输入编辑窗口中，记录数据按逐个字段输入。一旦在最后一条记录的任何一个字段输入数据，Visual FoxPro 将自动提供下一记录的输入位置。

（2）若输入的数据充满了整个字段，则光标自动移到下一字段，否则，需要按 Enter 键才能将光标移到下一字段。

（3）逻辑型字段只能接收 T、t、Y、y（表示"真"），F、f、N、n（表示"假"）中的任何一个字符。

（4）日期型字段应注意日期格式和日期的有效性，日期型数据的输入应按默认的严格日期格式进行输入，格式为：{^yyyy/mm/dd}。

（5）备注型字段标记若为 memo 则表示该字段为空，若为 Memo 则表示该字段输入了备注数据。同样，通用型字段标记若为 gen 则表示该字段为空，若为 Gen 则表示该字段已经插入了对象。

3.3 表的基本操作

表创建好之后，如果数据正确，那么可能经过很长的时间也不会改变。但事实上，有些数据是需要不断更新和修改的。例如，增加或删除某些记录、更改某条记录中某一字段的值，甚至对表结构进行修改等。在 Visual FoxPro 中，所有这些操作都可以通过命令或菜单的方式完成。

3.3.1 表文件的打开与关闭

在 Visual FoxPro 中，大部分表操作都是针对当前打开的表进行操作，因此，在进行各种表操作之前必须先打开表。刚创建的表则自动处于打开状态，在其他情况下可以按如下方法打开表。

1. 命令方式打开和关闭表

命令格式：USE [<表文件名>][ALIAS <别名>][NOUPDATE][EXCLUSIVE|SHARED]

功能：在当前工作区中打开或关闭表。

说明：

（1）命令中<表文件名>表示被打开的表名字；缺省<表文件名>表示关闭当前工作区中已经打开的表。

（2）ALIAS <别名>是为打开的表文件设定一个别名，便于多个表操作时进行访问，缺省时别名为表文件名本身。

（3）NOUPDATE 为只读方式打开表，EXCLUSIVE 为独占方式打开表，SHARED 为共享方式打开表。

（4）打开表时，若表含有备注型字段，则该表的备注文件也同时被打开。

（5）在任意时刻，每个工作区最多允许打开一个表。如果指定工作区已有表打开，则在打开新表时，系统总是先关闭原来打开的表。

（6）已打开的一个表有一个指针与其对应，指针所指的记录称为当前记录。打开表时，记录指针指向第一条记录。

（7）USE 命令只是针对表文件的打开操作，因此，在键入表文件名时可以省略扩展名.dbf，系统默认的扩展名为.dbf。

（8）表操作结束后应及时关闭，以便将内存中的数据保存到外存的表中。

【例 3.1】 打开学籍管理数据库中的 Student 表，然后将其关闭。

    OPEN DATABASE 学籍管理

    USE Student

    USE

2. 关闭表的其他方法

可以用以下命令之一关闭已打开的表。

CLEAR ALL：关闭所有的表，并选择工作区 1，释放所有内存变量、用户定义的菜单和窗口。

CLOSE ALL：关闭所有打开的数据库和表，并选择工作区 1，关闭各种设计器和项目管理器。

CLOSE DATABASE [ALL]：关闭当前数据库和其中的表，若无打开的数据库，则关闭所有自由表，并选择工作区 1。带 ALL 则关闭所有数据库和其中的表，以及所有已经打开的自由表。

CLOSE TABLES [ALL]：关闭当前数据库中所有的表，但不关闭数据库。若无打开的数据库，则关闭所有自由表。带 ALL 则关闭所有数据库中所有的表和所有自由表，但不关闭数据库。

除以上命令之外，还有通过退出 Visual FoxPro 来关闭已打开的表。选定【文件】菜单中的【退出】命令，或在【命令】窗口键入命令 QUIT 后按 Enter 键。

3. 菜单方式打开和关闭表

1）打开表

使用【文件】菜单中的【打开】命令，弹出如图 3.17 所示的【打开】对话框。

在【打开】对话框中，若选定【以只读方式打开】复选框，则对于打开的表不能进行任何编辑修改操作；若要对表进行编辑修改操作，则必须选定【独占】复选框→在【文件类型】列表框中选取"表（*.dbf）"，选定所要打开的表文件→单击【确定】按钮。

2）关闭表

关闭表文件以保证更新后的内容能写入相应的表中。关闭表的具体操作方法是：选择【窗口】菜单中的【数据工作期】命令，弹出如图 3.18 所示的【数据工作期】窗口，在数据工作期窗口中选择【关闭】按钮即可关闭表。

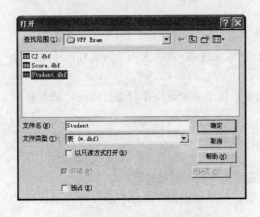

图 3.17 【打开】对话框

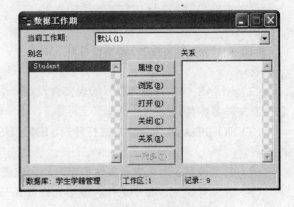

图 3.18 【数据工作期】窗口

注意：不能使用【文件】菜单中的【关闭】命令关闭表文件，【关闭】命令仅仅关闭当前窗口。

3.3.2 表结构的显示与修改

建好表结构以后，可以通过显示表结构命令查看表中各字段的名字、类型、宽度等信息。若需要更改字段名、字段类型或删除、增加字段，可以使用修改表结构命令。

1. 表结构的显示

表文件结构的显示方法由两种：命令方式和菜单方式。

1）命令方式

命令格式：LIST|DISPLAY STRUCTURE [TO PRINTER [PROMPT]|TO FILE <文件名>]

功能：显示当前已经打开表的结构。

说明：

（1）若选择 TO PRINTER 子句，则为边显示边打印；若包括 PROMPT 命令，则在打印前显示一个对话框，用于设置打印机，包括打印份数、打印的页码等。

（2）若选择 TO FILE <文件名>，则在显示的同时将表结构信息保存到指定的文本文件中。

（3）LIST 命令和 DISPLAY 命令的功能类似，都是显示当前打开的表文件的结构。区别是 LIST 命令为连续显示，即显示表文件结构超过一屏时自动向上滚屏，直到显示完为止。而 DISPLAY 命令为分屏显示，即显示满一屏信息后自动暂停，按任意键可继续显示下一屏的信息。

【例3.2】 显示学籍管理数据中的 Student.DBF 表文件结构。

```
OPEN DATABASE 学籍管理        &&打开学籍管理数据库
USE Student                  &&在当前工作区中打开 Student 表
LIST STRUCTURE               &&显示 Student 表的结构
```

在主窗口显示如下。

表结构:	D:\VFP EXAM\STUDENT.DBF
数据记录数:	8
最近更新的时间:	10/18/09
备注文件块大小:	64
代码页:	936

字段	字段名	类型	宽度	小数位	索引	排序	Nulls
1	学号	字符型	11		升序	PINYIN	否
2	姓名	字符型	10				否
3	性别	字符型	2				否
4	所在班级	字符型	16				否
5	出生日期	日期型	8				否
6	政治面貌	字符型	8				否
7	联系电话	字符型	12				否
8	简历	备注型	4				是
9	相片	通用型	4				是
** 总计 **			77				

上面显示结果的第 1 行至第 3 行显示的信息中给出了当前表文件的盘符、路径、表文件名、记录个数及最后更新日期。在最后一行给出了字段的总字节数。需要说明，总字节数比实际总字节数多 1，用于存储记录的逻辑删除标记"*"。

2）菜单方式

选择【显示】菜单中的【表设计器】命令，进入表设计器对话框即可查看表文件结构，如图 3.14 所示。

2. 表结构的修改

表文件结构定义以后可以根据需要进行修改，修改表文件结构包括修改字段名、字段类型、字段宽度、小数位数，还可以增加、删除、移动字段或修改索引标记。修改表文件结构的操作有两种方式，即命令方式和菜单方式。

1）命令方式

命令格式：MODIFY STRUCTURE

功能：打开【表设计器】窗口，修改当前所打开表的结构。

在如图 3.14 所示的【表设计器】窗口出现后，可以根据需要修改字段属性，也可以利用【插入】按钮在任何位置（在第一字段之前或任意两个字段之间）增加字段，或利用【删除】按钮删除选定的字段。

表结构修改完成后，可选择窗口的【确定】按钮或【取消】按钮对所做的修改进行确认或取消。

若选【确定】按钮，将出现"结构更改为永久性更改？"的询问信息窗口。单击【是】按钮表示修改有效，结果存储并关闭表设计器。单击【否】按钮则意义相反，重新返回【表设计器】窗口。

与【取消】按钮作用相同的是【Ctrl+Q】键、【Esc】键和窗口的关闭按钮。

2）菜单方式

选择【显示】菜单中的【表设计器】命令，打开【表设计器】窗口，如图 3.14 所示，即可在查看表文件结构的同时修改表结构。

3.3.3 记录的显示

记录显示命令有 LIST/DISPLAY，BROWSE 等，BROWSE 也可通过菜单方式完成。

1. LIST/DISPLAY 命令

命令格式：LIST|DISPLAY [<范围>][[FIELDS] <表达式表>][FOR <条件>][WHILE <条件>][OFF] [TO PRINTER[PROMPT]|TO FILE <文件名>]

功能：显示当前已打开表中内指定范围内满足条件的记录，或送到指定的目的地。

说明：

（1）命令动词 LIST 和 DISPLAY 的功能有所不同，LIST 以滚动方式显示，DISPLAY 为分屏显示。

（2）单独使用 LIST 显示的是所有的记录，而 DISPLAY 则显示的是当前记录。若要用 DISPLAY 显示所有记录，须给它指定范围为 ALL。

（3）为了让用户了解显示内容所在的记录，命令自动显示记录号，若不需要显示记录号，则在命令中使用[OFF]选项。

（4）选项 TO PRINTER 是将显示结果送到打印机打印，选项 TO FILE <文件名>是将显示结果同时保存到指定的文本文件中。

（5）FIELDS 子句指定要显示的字段，相当于关系运算的"投影"操作。该子句的保留字 FIELDS 可以省略，<表达式表>用来列出需要显示的内容，表达式中包含有字段变量，表达式之间用"，"号分隔。

【例 3.3】 显示 Student 表中的学号、姓名、性别和年龄。

可在命令窗口键入如下命令：

OPEN DATABASE 学籍管理

USE Student

LIST FIELDS 学号,姓名,性别,YEAR(DATE())-YEAR(出生日期)

主窗口显示如下:

记录号	学号	姓名	性别	YEAR(DATE())-YEAR(出生日期)
1	09303940101	张三	男	21
2	09303940102	李四	男	20
3	09303940103	王二五	男	20
4	09303940104	李力	女	21
5	09303920101	肖红兰	女	20
6	09303920102	刘军	男	20
7	09303920104	赵强	男	22
8	09303920105	许云	女	20

（6）[范围]子句用来确定该命令涉及的记录，范围有4种形式。① ALL：所有记录。② NEXT <n>：从当前记录开始的连续的n条记录。③ RECORD <n>：第n条记录。④ REST：从当前记录开始到最后一条记录为止的所有记录。

【例3.4】 显示第1条—第6条记录的指定字段。

可在命令窗口中键入如下命令：

OPEN DATABASE 学籍管理

USE Student

LIST FIELDS 学号,姓名,性别,出生日期 NEXT 6

主窗口显示如下:

记录号	学号	姓名	性别	出生日期
1	09303940101	张三	男	02/14/88
2	09303940102	李四	男	03/10/89
3	09303940103	王二五	男	02/20/89
4	09303940104	李力	女	01/25/88
5	09303920101	肖红兰	女	05/10/89
6	09303920102	刘军	男	06/15/89

（7）FOR 子句。FOR 子句的<条件>为逻辑表达式或关系表达式，它指定记录选择的条件，相当于关系运算的"选择"操作，在指定的范围内筛选出符合条件的记录。

【例3.5】 显示1989年5月1日之前出生的指定字段。

OPEN DATABASE 学籍管理

USE Student

LIST FIELDS 学号,姓名,性别,出生日期,联系电话 FOR 出生日期<{^1989/05/01}

主窗口显示如下:

记录号	学号	姓名	性别	出生日期	联系电话
1	09303940101	张三	男	02/14/88	0742-4852687
2	09303940102	李四	男	03/10/89	0732-5623489
3	09303940103	王二五	男	02/20/89	0733-2649854
4	09303940104	李力	女	01/25/88	0733-2749536
7	09303920104	赵强	男	07/10/87	0746-5698234

（8）WHILE 子句。WHILE 子句也用于指定操作条件，但仅在当前记录符合<条件>时才开始依次筛选记录，一旦遇到不满足<条件>的记录就停止操作。

【例 3.6】 显示 1989 年 5 月 1 日之前出生的指定字段。

可在命令窗口键入如下命令：

OPEN DATABASE 学籍管理

USE Student

LIST FIELDS 学号,姓名,性别,出生日期,联系电话 WHILE 出生日期<{^1989/05/01}

主窗口显示如下：

记录号	学号	姓名	性别	出生年月	联系电话
1	09303940101	张三	男	02/14/88	0742-4852687
2	09303940102	李四	男	03/10/89	0732-5623489
3	09303940103	王二五	男	02/20/89	0733-2649854
4	09303940104	李力	女	01/25/88	0733-2749536

当筛选到第 5 条记录时，不满足条件出生日期<{^1989/05/01}，则停止操作。

注意：若一条命令中同时带有 FOR 子句和 WHILE 子句时，WHILE 子句优先处理。

【例 3.7】 显示 1989 年 5 月 1 日之前出生的男学生信息。

可在命令窗口键入如下命令：

OPEN DATABASE 学籍管理

USE Student

LIST FIELDS 学号,姓名,性别,出生日期 FOR 性别="男" WHILE 出生日期<{^1989/05/01}

主窗口显示如下：

记录号	学号	姓名	性别	出生年月
1	09303940101	张三	男	02/14/88
2	09303940102	李四	男	03/10/89
3	09303940103	王二五	男	02/20/89

2. BROWSE 命令

命令格式：BROWSE [FIELDS <字段名表>][<范围>][FOR|WHILE <条件>][FREEZE <字段名>][LOCK <数值表达式>][NOAPPEND][NODELETE][NOEDIT|NOMODIFY]

功能：以浏览窗口方式显示记录，同时还能输入和修改记录。

说明：

（1）本命令能接子句可达到 40 多个，上述子句是较常用的。

（2）子句[FIELDS <字段名表>], [<范围>], [FOR|WHILE <条件>]的功能与 LIST 或 DISPLAY 命令中的相同。

（3）[FREEZE <字段名>]使光标冻结在某字段上，只能修改该字段，其他字段只能显示，不能修改。

（4）[LOCK <数值表达式>]指定在窗口的左分区看到的字段数。

（5）[NOAPPEND]禁止使用【Ctrl+N】键向表中追加记录。

（6）[NODELETE]禁止使用【Ctrl+T】键从表中删除记录。

（7）[NOEDIT|NOMODIFY]只能显示记录，不能作任何其他修改。

3. 【浏览】窗口显示记录

打开表后，在【显示】菜单中选择【浏览】命令，则打开【浏览】窗口，如图 3.19 所示，表的内容将出现在【浏览】窗口中。也可以在打开表后，在命令窗口中键入 BROWSE 命令打开【浏览】窗口。

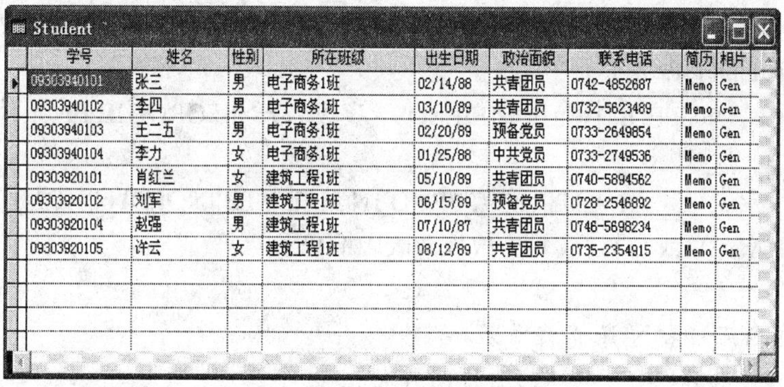

图 3.19 【浏览】窗口

在【浏览】窗口中，可以单击【浏览】窗口的滚动条或滚动块查看未出现在窗口中的信息，也可用键盘的光标控制键 PgUp、PgDn 来查看。

【浏览】窗口显示表记录的格式分为编辑和浏览两种，编辑显示格式如图 3.16 所示，一个字段占一行，记录按字段竖直排列；浏览显示格式如图 3.19 所示，一条记录占一行。

【浏览】窗口左下角有一黑色小方块，可用于窗口的分割。用鼠标将小方块向右拖动，便可把窗口分为两个分区。两个分区显示同一表的内容，显示方式可根据需要任意设置。光标所在的分区称为活动分区，只有活动分区的内容才允许改变。单击某分区可使它成为活动分区，【表】菜单中的切换分区命令也可用于改变活动分区，如图 3.20 所示。

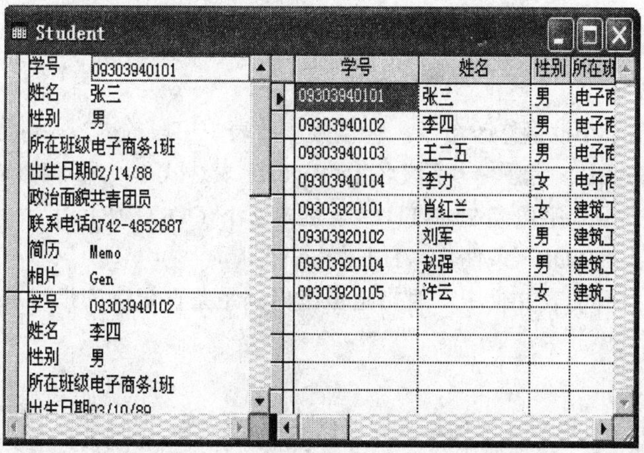

图 3.20 【浏览】窗口的分割

经分割后的两个分区通常是同步的，也就是说，当在一个分区选定某记录时，另一分区中也会显示该记录。这样，同一记录必然在两个分区同时看到。【表】菜单项中的链接分区命令可以解除这种同步（取消该命令前的"√"）。此后当记录在一个窗口中滚动时，另一个窗口的记录保持不变，这样就能在一幅屏幕上查看到更多的记录内容，也便于在表的前后记录之间进行对照。重新在该命令前打"√"后，又能恢复同步。

3.3.4　记录的修改

CHANGE、EDIT、BROWSE 命令用于记录修改时，修改的数据均必须由用户从键盘输入，是以手工方式进行的。当需要对记录做批量修改时，可采用非常有用的替换修改命令 REPLACE。

1. CHANGE/EDIT 命令

命令格式：CHANGE|EDIT[<范围>][FIELDS <字段名表>][FOR|WHILE <条件>][FREEZE <字段名>]

[LAST][NOAPPEND][NODELETE][NOEDIT][NOMODIFY]

功能：以 CHANGE 或 EDIT 窗口方式修改表中的记录。

说明：

（1）EDIT 命令与 CHANGE 命令等效。

（2）缺省[<范围>]选项时，默认为所有记录。

（3）[FIELDS <字段名表>]指定需要修改的字段名，缺省此选项时，默认为所有记录。

（4）[FOR <条件>]指定只有满足条件的记录在修改窗口中显示。

（5）[WHILE <条件>]表示只要<条件>为真，就一直在修改窗口中显示记录。

（6）[LAST]指示用最近一次窗口形式来打开【浏览】窗口。

（7）[NOAPPEND]禁止使用【Ctrl+N】键向表中追加记录。

（8）[NODELETE]禁止使用【Ctrl+T】键从表中删除记录。

（9）[NOEDIT][NOMODIFY]用于禁止记录的修改。

【例 3.8】　用 CHANGE 命令修改 Student 表中的内容。

可在命令窗口键入如下命令：

OPEN DATABASE　*学籍管理*

USE Student

CHANGE FIELDS　*学号,姓名,性别,所在班级,政治面貌,联系电话*

2. REPLACE 命令

REPLACE 命令是一个批量修改命令，它直接修改表中字段的内容，并不显示编辑界面。

命令格式：REPLACE [<范围>] <字段名 1> WITH <表达式 1> [ADDITIVE]

[,<字段名 2> WITH <表达式 2>[ADDITIVE]…]

[FOR <条件>][WHILE <条件>]

功能：在当前已打开的表文件中，对指定范围内满足条件记录的指定字段用对应表达式的值来替换。

说明：

（1）REPLACE 命令可以对表中任意字段的内容进行替换，但替换内容与对应字段的类型要保持一致。

（2）如果表达式值的长度比数值型字段定义的宽度大，此命令首先截去多余的小数位，剩下小数部分四舍五入；如还达不到要求，则以科学计数法保存此字段的内容；如果还不满足，此命令将用星号（*）代替该字段内容。

（3）[ADDITIVE]选项，只适用于备注型字段的修改，若有此选项，则表示将 WITH 后面的<表达式>的内容添加在原来备注内容的后面；否则，WITH 后面<表达式>的内容将会覆盖原来的备注内容。

（4）当缺省[<范围>]和[FOR <条件>]两个选项时，则仅对当前记录进行替换。

【例 3.9】 将 Student 表中第 6 条记录的刘军的联系电话改为 15077072580，而其发展为预备党员可在命令窗口键入如下命令：

OPEN DATABASE 学籍管理

USE Student

Go 6

REPLACE 联系电话 WITH "15077072580",政治面貌 with "预备党员"

3.3.5 记录指针的定位

在表文件中，系统有一个用来指示记录位置的指针，称为记录指针，指针当前所指向的记录称为当前记录。记录指针的定位，就是根据操作需要移动表中的记录指针。记录指针的定位有绝对定位和相对定位，操作方式有命令和菜单两种。

1. 记录定位命令

在 VFP 中，每条记录都有一个记录号，记录在输入时就已按顺序编号了。对记录进行定位的方法有 4 种：绝对定位、相对定位、条件定位和快速定位，快速定位方式将在后面章节中介绍。

1）指针的绝对定位

命令格式：[GO|GOTO][RECORD] <数值表达式>|TOP|BOTTOM

功能：在当前已打开的表文件中，移动记录指针到指定的记录上。

说明：

（1）[RECORD] <数值表达式>：指定一个物理记录号，将记录指针移到该记录上。GO 或 GOTO 可以省略，但只能在当前工作区中移动。<数值表达式>的值必须大于 0，且不大于当前表文件中的记录数。

（2）TOP：将记录指针移到表文件的首记录上。如果该表使用升序索引，则首记录是关键值最小的记录；如果该表使用降序索引，则首记录是关键值最大的记录。

（3）BOTTOM:将记录指针移到表文件的尾记录上。如果该表使用升序索引，则尾记录是关键值最大的记录；如果该表使用降序索引，则尾记录是关键值最小的记录。

【例 3.10】 将记录指针分别定位在第 5 条记录和尾记录上并显示结果。

OPEN DATABASE 学籍管理

USE Student

GO 5

DISPLAY

结果显示为：

记录号	学号	姓名	性别	所在班级	出生日期	政治面貌	联系电话	简历	相片
5	09303920101	肖红兰	女	建筑工程1班	05/10/89	共青团员	0740-5894562	Memo	Gen

GOTO BOTTOM

DISPLAY

结果显示为：

记录号	学号	姓名	性别	所在班级	出生日期	政治面貌	联系电话	简历	相片
8	09303920105	许云	女	建筑工程1班	08/12/89	共青团员	0735-2354915	Memo	Gen

2）指针的相对定位

命令格式：SKIP [<数值表达式>]

功能：在当前已打开的表文件中，记录指针从当前位置向前（记录号减小的方向）或向后（记录号增大的方向）移动。

说明：

（1）<数值表达式>可以是常量，也可以是已赋过值的变量，但该值必须为整数，表示相对当前位置要移动的记录个数。<数值表达式>的值既可以是正数，表示是记录指针从当前位置向后移动，也可以是负数，表示是记录指针从当前位置向前移动。

（2）若省略<数值表达式>，则系统使用默认值为1。

（3）SKIP 命令上移不能超过首记录，下移不能超过尾记录。

（4）记录指针移动以后，计算当前记录号的方法是：

[当前记录号]$_{移动后}$= [当前记录号]$_{移动前}$+<数值表达式>

【例3.11】 若表中有若干条记录，要求显示该表中的最后4条记录。

OPEN DATUBASE 学籍管理

USE Student

GO BOTTOM

SKIP -3

DISPLAY REST

3）条件定位

命令格式：LOCATE FOR <逻辑表达式>

功能：在当前表中将记录指针定位满足条件的第一条记录上。

说明：

（1）本命令可以多次使用 CONTINUE 命令将记录指针移动到满足条件的第二条记录和第三条记录等。

（2）可以用 FOUND 函数判断 LOCATE 或 CONTINUE 命令是否找到了满足条件的记录。在应用程序中，使用 LOCATE 命令的程序结构通常为：

LOCATE FOR <逻辑表达式>

DO WHILE FOUND( )

　// 处理 //

　CONTINUE

ENDDO

2. 记录定位的菜单操作

选择【显示】菜单中的【浏览】命令，再选择【表】菜单下的【转到记录】，将显示如图3.21所示的子菜单。

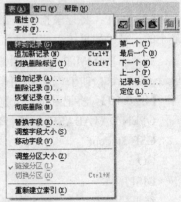

图3.21 【转到记录】菜单

通过选择该子菜单中的某一子命令即可将记录指针定位在相应的记录上。

3.3.6 记录的增加

向当前已经打开的表中增加记录，有两种方法：一种是在表的尾部追加记录；另一种是在表中的任意位置插入记录。

1. 追加记录

追加到当前已打开的表中的记录可直接从键盘输入，也可将其他数据文件中的数据追加到当前表中。

1）直接追加记录

命令格式：APPEND [BLANK]

功能：在当前表文件的尾部追加一条或多条新记录。

说明：

（1）使用 APPEND 命令时，应先打开需要添加记录的表。如果没有任何表处于打开状态，则执行 APPEND 命令后，则会弹出一个打开对话框，要求给出一个表文件。

（2）在命令窗口中输入 APPEND 命令并按回车后，将会出现一个编辑窗口，如图 3.16 所示，可以输入新记录的内容。

（3）若选择可选项[BLANK]，则是在表的尾部追加一条空白记录，然后再用 EDIT、CHANGE、BROWSE 命令交互修改空白记录的值，或用 REPLACE 命令直接修改空白记录的值。

打开表文件，并在 Visual FoxPro 主窗口中选择【显示】|【浏览】命令，此时在主窗口上显示打开的表文件的记录内容。

（1）选择【表】|【追加新记录】命令（或 Ctrl+Y），只追加一条新的空白记录。

（2）选择【显示】|【追加方式】命令，输入内容后，可自动再添加一条新记录。

2）从其他表中追加记录

命令格式：APPEND FROM <表文件名>[FIELDS <字段名表>][FOR <条件>]

功能：将指定表文件（源文件）中的记录追加到当前表文件（目的文件）中。

说明：

（1）<表文件名>是指要追加记录的源文件，必须处于关闭状态。

（2）若选择可选项[FIELDS <字段名表>]，则将源文件中<字段名表>所指定的字段追加到目的文件中；若缺省，则追加全部字段，备注型字段也一同被追加。

（3）若选择可选项[FOR <条件>]，则只追加满足条件的记录；若缺省，则追加全部记录。

打开表文件，选择【显示】|【浏览】命令后，在菜单栏中会增加一个【表】菜单，选择【表】|【追加记录】命令，弹出【追加来源】对话框，在【来源于】处选择需要追加的表文件（源文件），如图 3.22 所示，然后单击【选项】按钮，将弹出【追加来源选项】对话框，如图 3.23 所示，然后再单击【字段(D)】按钮，弹出【字段选择器】对话框，选择好要追加的字段，如图 3.24 所示，单击【For(F)】按钮，弹出【表达式生成器】对话框，设置好追加记录需满足的条件，如图 3.25 所示，一切设置好后，在【追加来源选项】对话框中单击【确定】按钮，回到【追加来源】对话框，再次单击【确定】按钮，即可实现数据的追加。

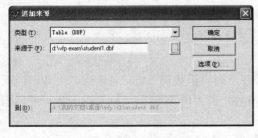

图 3.22　【追加来源】对话框

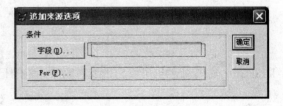

图 3.23　【追加来源选项】对话框

2. 插入记录

使用插入命令在当前表中指定的记录之前或之后插入记录。

命令格式：INSERT [BEFORE] [BLANK]

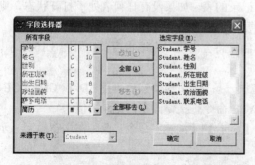

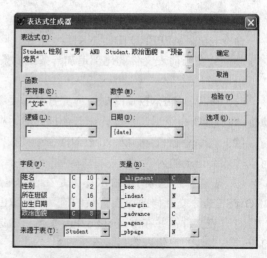

图 3.24　【字段选择器】对话框　　　　　图 3.25　【表达式生成器】对话框

功能：在表中当前记录之前或之后插入一条新的记录。

说明：

（1）如果缺省可选项[BEFORE]，则在当前记录之后插入一条新记录，否则在当前记录之前插入一条新记录。

（2）如果缺省可选项[BLANK]，则出现记录编辑窗口等用户输入记录，否则在当前记录之后（或之前）插入一条空白记录。然后再用 EDIT、CHANGE 或 BROWSE 命令交互式输入或修改空白记录的值，或用 REPLACE 命令直接修改该空白记录值。当表建立主索引或使用完整性约束时，本命令不能使用。

（3）插入记录后，其后所有记录的记录号加 1。

3.3.7　记录的删除与恢复

对用户确认已经没有用的记录可以进行删除。删除记录一般需要两步，第一步是给不再需要的记录加逻辑删除标记，称为逻辑删除；第二步再将带有逻辑删除标记的记录从表中删除，称为物理删除。逻辑删除的记录是可以恢复的（去掉逻辑删除标记），而物理删除的记录将无法恢复。

1．逻辑删除

1）命令方式

命令格式：DELETE [<范围>] [FOR <条件>] [WHILE <条件>]

功能：对当前表中指定范围内满足条件的记录加逻辑删除标记"*"。

说明：

（1）本命令只给记录加上了逻辑删除标记"*"，并没有真正从表中将记录删除，用 LIST 或 DISPLAY 命令显示仍可看到带逻辑删除标记的记录存在，需要时可用 RECALL 命令去掉逻辑删除标记。

（2）若可选项都缺省，则只给当前记录加逻辑删除标记。

（3）在执行 SET DELETE ON 命令后，带逻辑删除标记的记录将不参加操作；SET DELETE OFF 命令可以使它们重新显示出来，系统默认状态是 SET DELETE OFF。

【例 3.12】　将 Student 表中 1988 年 1 月 1 日之前出生的学生记录进行逻辑删除。

可在命令窗口键入如下命令：

OPEN DATABASE 学籍管理

USE Student

DELETE FOR 出生日期<{^1988/01/01}

2）菜单方式

选择【表】菜单下的【删除记录】命令，弹出【删除】对话框，如图3.26所示，在该对话框中设置范围和条件，然后单击【删除】按钮，即可将指定范围内满足条件的记录加上逻辑删除标记。

另外，还可在【浏览】窗口中用单击要删除记录行的最左端的删除标记列，就会出现删除标记"■"，如图3.27所示，对第7条记录作逻辑删除标记。

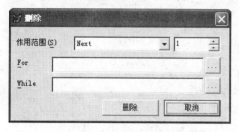

图3.26　【删除】对话框　　　　　图3.27　删除记录列

2. 记录的恢复

记录的恢复是指去掉逻辑删除标记，但已经被物理删除的记录是不可恢复的。如果想去掉记录上的逻辑删除标记"*"，可以使用下面的RECALL命令。

命令格式：RECALL [<范围>] [FOR <条件>] [WHILE <条件>]

功能：将当前表中指定范围内带逻辑删除标记且满足条件的记录去掉逻辑删除标记。

说明：若可选项都缺省，则只将当前记录的逻辑删除标记去掉；若缺省<范围>而有<条件>选项时，则<范围>的默认值是全部记录。

【例3.13】　恢复例3.12中已经逻辑删除的记录。

可在命令窗口中键入如下命令：

OPEN DATABASE 学籍管理

USE Student

RECALL FOR 出生日期<{^1988/01/01}

也可以用菜单方式去掉记录上的逻辑删除标记，其操作方法是：在【浏览】窗口中单击记录的删除标记列，删除标记"■"消失即可；或者选择【表】菜单中的【恢复记录】命令，弹出【恢复记录】对话框，如图3.28所示，在该对话框中设置范围和条件，然后单击【恢复记录】按钮，即可将指定范围内满足条件的记录去掉逻辑删除标记。

3. 物理删除

物理删除就是把表中已做了逻辑删除标记的记录彻底删除掉。进行了物理删除的记录，是不能够恢复的。

命令格式：PACK

功能：将当前表中所有带逻辑删除标记的记录彻底删除，并重新整理记录的排列顺序。

说明：PACK命令不受SET DELETE ON/OFF状态的影响，必须与DELETE命令连用。

也可以采用菜单方式物理删除表中的记录，其操作方法是：选择【表】菜单下的【彻底删除】命令，弹出提示对话框，如图3.29所示，单击【是】按钮，带有逻辑删除标记的记录就被彻底地清除掉了。

图 3.28 【恢复记录】对话框

图 3.29 提示对话框

4. 删除表中的所有记录

如果要物理删除当前表中的所有记录，则可以使用如下命令：

命令格式：ZAP

功能：物理删除当前表中的所有记录，只保留表的结构。

说明：

（1）执行 ZAP 命令等价于执行 DELETE ALL，然后再执行 PACK 命令。

（2）如果 SET SAFETY 处于 ON 状态，系统将会弹出如图 3.21 所示的 "Microsoft Visual FoxPro" 对话框，询问是否要从当前表中移去记录，单击【是】按钮，将删除所有记录。

3.4 排序与索引

记录在表文件中是按照录入时的顺序，即物理顺序排列的，而该物理顺序取决于数据记录输入时的顺序，Visual FoxPro 使用记录号予以标记。除非进行了记录的插入或删除，否则已输入记录的记录号是不会改变的。如果希望表文件中的数据记录按照用户所希望的顺序来排列，如按照学生学号由小到大排列、按照成绩由大到小排列等，就需要采取一些有效的方法对文件中的记录重新组织，使其按照用户希望的顺序排列。Visual FoxPro 中的排序和索引功能能够为用户实现此目的。

3.4.1 排序

排序就是根据表文件的某些字段重新排列记录顺序。排列将产生一个新的表文件，其记录按新的顺序排列，但原表文件并不改变。排序改变了记录录入的先后顺序，即排序改变了记录的物理顺序。

命令格式：SORT TO <新表文件名> ON <字段名 1>[/A|/D][/C][,<字段名 2>[/A|/D][/C]…][ASCENDING|DESCENDING][<范围>][FOR <条件>][WHILE <条件>][FIELDS <字段名表>]

功能：将当前表文件按指定的一个或多个字段名值由小到大或由大到小的顺序进行重新排列，并生成一个新的表文件。

说明：

（1）ON 子句的字段名表示排序字段，记录将按字段值的增大（升序）或减小（降序）来排列。[/A|/D][/C]为指定的字段选择排序的方式，/A 为升序，/D 为降序，系统默认为升序，/C 表示排序时不区分字符型字段值中字母的大小写。排序字段不能是备注型或通用型字段。

（2）如果 ON 子句中使用多个字段名表示多重排序，即先按主排序字段<字段名 1>排序，当

74

<字段名 1>值相同时再按第二排序字段<字段名 2>排序，以此类推。

（3）[ASCENDING|DESCENDING]选项：当对多重字段进行排序时，可用 ASCENDING（升序）或 DESCENDING（降序）对所有排序的字段统一按升序或降序排序。

（4）<范围>、FOR <条件>和 WHILE <条件>子句表示对指定范围内所有满足条件的记录排序；若都缺省，则表示对所有记录排序。

（5）FIELDS 子句指定新表中包含的字段，默认包含原表所有字段。

（6）排序后生成的新表文件是关闭的，使用时必须先打开。

【例 3.14】 把 Score.DBF 按成绩从高到低排序。

可在命令窗口键入如下命令：

OPEN DATABASE 学籍管理

USE Score

SORT TO SC1 ON 成绩 /D

USE SC1

LIST

结果显示为：

记录号	学号	课程编号	成绩
1	09303940102	12001	90.0
2	09303940104	11001	88.0
3	09303940101	12001	86.5
4	09303940102	11001	85.0
5	09303940103	11003	83.0
6	09303920102	13001	83.0
7	09303920101	13001	79.0
8	09303940101	11001	77.0
9	09303940103	11001	70.0
10	09303940102	11003	60.0
11	09303940102	11002	45.0

3.4.2 索引

排序虽然实现了数据记录的有效排列，但每种排序都要生成一张新的表文件，造成了大量的数据冗余，浪费了存储空间，特别是当表较大时，问题尤为突出。而且，如果对原表文件内容进行了增删和修改，那又得重新排序各表，如果遗漏容易造成数据的不一致。Visual FoxPro 提供了另一种排序方法，即建立索引，可以很好地解决上述问题。

1. 索引的概念

索引是按索引表达式使表文件中的记录有序地进行逻辑排列的技术。索引并不是重新排列表记录的物理顺序，而是另外形成一个索引关键字表达式值与记录号之间的对照表，这个对照表就是索引文件。索引文件中记录的排列顺序称为逻辑顺序。索引文件发生作用后，对表进行操作时将按索引表中记录的逻辑顺序进行操作，而记录的物理顺序只反映了录入记录的历史，不会发生改变。

对于用户来说，索引不但可以使数据记录重新组织时节省磁盘空间，而且还可以提高表的查询速度。

2. 索引类型

1）按文件扩展名来分类

索引文件扩展名分为两类：单索引文件（.idx）和复合索引文件（.cdx）。

单索引文件只包含一个关键字表达式索引，这类索引是为了与旧版本 FoxBASE 和开发的应用程序兼容而保留的，现在已很少使用。

复合索引文件又分为结构复合索引和非结构复合索引两种，结构复合索引的文件名与表文件同名，扩展名为.cdx，在打开表文件时会自动打开，在增删和修改记录时会自动维护，使用最为简单；非结构复合索引的文件名与表文件名不同，扩展也为.cdx，打开非结构索引的文件需要使用 SET INDEX 命令或 USE 命令中的 INDEX 子句。

2）按索引功能分类

按索引功能来分，可分为 4 类：主索引、候选索引、惟一索引和普通索引。

（1）主索引：主索引能够惟一地确定表文件中一条记录的关键字表达式，即关键字表达式的值在表文件的全部记录中是惟一的，不能出现重复。有重复值的索引关键字表达式不能作为表文件的主索引，否则，Visual FoxPro 会给出出错信息。每个表仅能有一个主索引，只有数据库表才能建立主索引。

（2）候选索引：候选索引也是一个不允许在指定字段和表达式中出现重复值的索引。数据库表和自由表都可以建立候选索引，一个表可以建立多个候选索引。

（3）惟一索引：惟一索引是指表文件记录在排序时，相同关键字值的第一条记录收入索引中。数据库表和自由表都可以建立惟一索引。

（4）普通索引：普通索引是表文件最基本的索引方式，表记录排序时，会把关键字表达式值相同的记录排列在一起，并按自然顺序的先后排列。数据库表和自由表都可以建立普通索引，一个表可以建立多个普通索引。

主索引和候选索引都是存储在.cdx 结构复合索引文件中，不能存储在独立复合索引文件和单索引文件中，因为主索引和候选索引都必须与表文件同时打开和同时关闭。而普通索引和惟一索引可以存储在.cdx 独立复合索引文件和.idx 单索引文件中。

3. 索引的建立

1）用命令建立索引

命令格式：INDEX ON <索引关键字表达式> TO <单索引文件名>|TAG <索引标识名>

              [OF <复合索引文件名>][FOR <条件>][ASENDING|DESCENDING]

              [COMPACT][UNIQUE|CANDIDATE][ADDITIVE]

功能：对当前表建立一个索引文件或建立索引标识。

说明：

（1）索引关键字表达式可以是一个字段或字段表达式。

（2）TO 子句用于建立单索引文件。TAG 子句用于建立复合索引标识或复合索引文件。

（3）OF<复合索引文件名>选项用指定非结构复合索引文件的名字，缺省该选项表示建立结构复合索引。

（4）FOR <条件>选项指定只有满足条件的记录才出现在索引文件中。

（5）ASENDING|DESCENDING 分别用于指定升序或降序，缺省该选项系统默认为升序。

（6）COMPACT 选项用来指定建立一个压缩的单索引文件，复合索引文件自动采用压缩方式。

（7）UNIQUE|CANDIDATE 用于表示索引类型，UNIQUE 表示建立惟一索引，CANDIDATE 表示建立候选索引，缺省该选项系统默认为普通索引。

（8）ADDITIVE 表示建立索引文件时不关闭先前打开的索引文件。

【例3.15】 对 Score 表按成绩降序建立单索引文件 sc.idx。

可在命令窗口中键入如下命令：

OPEN DATABASE 学籍管理

USE Score

INDEX ON 成绩 TO sc

LIST

【例3.16】 为 Student 表按下列要求建立结构复合索引文件。

（1）记录以姓名降序排列，索引标识 xm，索引类型为普通索引。

（2）记录以出生日期升序排列，索引标识 csrq，索引类型为惟一索引。

可在命令窗口中键入如下命令：

OPEN DATABASE 学籍管理

USE Student

INDEX ON 姓名 TAG xm DESCENDING

LIST

INDEX ON 出生日期 TAG csrq UNIQUE

INDEX 命令可以建立普通索引、惟一索引和候选索引，不能建立主索引。

2）在表设计器中建立索引

在表设计器中建立索引的操作方法如下。

（1）打开表设计器窗口，选择【索引】选项卡，如图 3.30 所示。

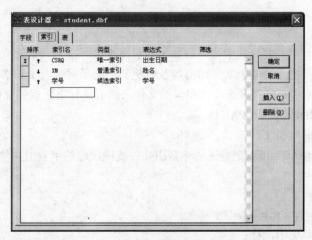

图 3.30　student.dbf 表设计器【索引】选项卡

（2）在索引名中输入索引标识名，在类型的下拉列表框中选择一种索引类型，在表达式框中输入索引关键字表达式，在筛选框中输入确定参加索引的记录条件，在排序序列下默认的是升序按钮，单击可改变为降序按钮。

（3）确定好各项后，单击【确定】按钮，关闭表设计器，同时索引建立完成。

注意：使用表设计器建立的索引都是结构复合索引文件。

4．索引的使用

要使用已建立的索引文件，则必须打开表文件和索引文件。一个表可以打开多个索引文件，同一个复合索引文件中也可能包含多个索引标识。但任何时候只有一个索引文件或索引标识起作用。当前起作用的索引文件称为主控索引文件，当前起作用的索引标识称为主控索引。

1）打开和关闭索引

（1）表和索引文件同时打开。

命令格式：USE <表文件名> INDEX <单索引文件名表>

功能：在打开表文件的同时打开一个或多个索引文件。如果索引文件有多个，文件名之间用逗号分隔，并确定第一个索引文件为主控索引文件。

（2）打开表后在打开索引文件。

命令格式：SET INDEX TO [<单索引文件名表>][ADDITIVE]

功能：打开当期表的一个或多个单索引文件比确定第一个单索引文件为主控索引文件。

说明：若缺省 ADDITIVE 选项，则在打开单索引文件的同时关闭其他前面打开的单索引文件。

（3）单索引文件的关闭。

表文件关闭时单索引文件也随之关闭，也可以使用如下命令来关闭：

CLOSE INDEXS 或 SET INDEX TO

2）确定主控索引

复合索引文件建立时，当前新建立的索引会自动称为主控索引。表文件重新打开时，尽管结构复合索引文件会自动打开，但还需确定主控索引。

命令格式：SET ORDER TO [<索引文件顺序号>|TAG <索引标识名>][OF <复合索引文件名>][ASCENDING|DESCENDING][ADDITIVE]

功能：为当前表指定主控索引。结构复合索引不用指定索引文件名。

说明：SET ORDER TO 0 或 SET ORDER TO 命令表示取消主控索引，表文件中的记录按物理顺序排列输出。

3）重新索引

对单索引文件和非结构复合索引文件，如果对表文件进行插入、删除或修改操作时没打开它们，那么这些索引文件就无法随表文件的内容及时更新，为了保持表文和索引数据的完整性，就必须重新索引。重新索引必须打开表文件和索引文件，然后执行重新索引命令。

命令格式：REINDEX [COMPACT]

功能：重新打开的索引文件。

说明：使用 COMPACT 可以把普通的单索引文件变成压缩的单索引文件。

4）删除索引

（1）删除索引文件。

命令格式：DELETE FILE <索引文件名>

功能：删除一个单索引文件。

说明：使用该命令时，必须遵守"先关闭后删除"的原则。

（2）DELETE TAG ALL|<索引标识名表>[OF <复合索引文件名>]

功能：删除打开的复合索引文件的索引标识。

说明：ALL 子句用于删除所有的索引标识。如果所有的索引标识都被删除，则该复合索引文件也将自动被删除。

3.5 多表操作

在数据库的实际应用中，经常要对多个数据表的数据进行操作，为解决这一问题，Visual

FoxPro 提供了多工作区的工作模式，可以对多个数据表同时进行操作。前面所介绍的对表的操作命令，实际上都是在 1 号工作区对单个数据表进行操作。

3.5.1 多工作区

1. 工作区的概念

工作区是用来保持表及其相关信息的内存空间。平时所讲打开表实际上就是将它从磁盘调入到内存的某一个工作区。在每一个工作区中只能打开一个表文件，但可以同时打开与表相关的其他文件，如索引文件、查询文件等。若在一个工作区中打开新表，则该工作区中原来的表将自动被关闭。

有了工作区的概念，就可以同时打开多个表，但在任何时刻用户只能选择一个工作区进行操作。当前正在操作的工作区成为当前工作区。

2. 工作区号和别名

不同工作区可以用其编号或别名来加以区分。

Visual FoxPro 可以在内存使用 32676 个工作区，编号为 1～32767。用户还可以给工作区命名（称为别名），使用别名作为工作区的标识。

系统规定 1 号～10 号工作区对应的别名为字母 A～J；也可以是在打开表的同时定义的，命令格式为：USE <表文件名> ALIAS <别名>。如果打开表时没有指定别名，则表文件名被默认为别名。

3. 工作区的选择

用 SELECT 命令选择工作区为当前工作区（或称为主工作区）。

命令格式：SELECT <工作区号>|<别名>|0

功能：选择由工作区号或别名所指的工作区为当前工作区，以便打开一个表或把该工作区中已经打开的表作为当前表进行操作。

说明：

（1）系统启动后默认 1 号工作区为当前工作区。

（2）工作区号取值为 1～32767.函数 SELECT()能够返回当前工作区号。

（3）SELECT 0 表示选择当前没有被使用的最小号工作区为当前工作区。使用本命令开辟新的工作区，不用考虑工作区号已经用到了多少，使用最为方便。

对非当前工作区的表的字段进行操作时，必须在该字段名前面加上前缀，表示为：别名.字段名或别名->字段名。

【例 3.17】 工作区操作示例。

可在命令窗口键入如下命令：

```
CLOSE ALL
?SELECT()                    &&显示当前工作区号 1
OPEN DATABASE 学籍管理       &&在当前工作区打开学籍管理数据库
USE Student ALIAS stu        &&在当前工作区打开 Student 表，并指定其别名为 stu
LIST
SELECT 0                     &&2 号工作区是未被使用的最小号工作区，选取 2 号工作区
USE Score                    &&在 2 号工作区打开 Score 表
LIST
?学号,stu.学号
```

在多工作区的操作过程中，也可在当前工作区使用 USE 命令在其他工作区打开表。

命令格式：USE <表文件名> IN <工作区号>|<别名>

功能：在指定工作区号或别名所指的工作区打开指定的表，当前工作区不变。

【例 3.18】 用 USE 命令在其他工作区打开表。

可在命令窗口键入如下命令：

CLOSE ALL   &&关闭所有打开的表返回 1 号工作区
OPEN DATABASE 学籍管理
USE Student IN 3   &&在 3 号工作区打开 Student 表，当前工作区还是 1 号工作区
USE Score IN B ALIAS kc   &&在 2 号工作区打开 Score 表，当前工作区是 1 号工作区

3.5.2 表之间的关联

在通常情况下，各工作区是相互独立、互不关联的，一个工作区中的记录指针移动对其他工作区的记录指针无任何影响。所谓关联，就是使不同工作区的记录指针建立一种联动关系，当一个表的记录指针移动时，与它相关联的表的记录指针也随之移动。建立关联后，称当前表为父表，与父表建立关联的表为子表。

1. 一对一关联

命令格式：SET RELATION TO [<关键字表达式 1>/<数值表达式 1> INTO <工作区号 1>/<别名 1>][,<关键字表达式 2>/<数值表达式 2> INTO <工作区号 2>/<别名 2>...][ADDITIVE]

功能：使当前工作区中的表文件与 INTO 子句所指定的工作区中的表文件按<关键字表达式>建立关联。

说明：

（1）INTO 子句指定子表所在的工作区，<关键字表达式>用于指定关联的条件。

（2）<关键字表达式>的值必须是相关联的两个表文件共同具有的字段，并且<别名>表文件必须已经按<关键字表达式>建立了索引文件并处于打开状态。

（3）[ADDITIVE]选项表示用本命令建立关联时仍然保留该工作区与其他工作区已经建立的关联，如果要建立多个关联，则必须使用 ADDITIVE 选项。

（4）当两个表文件建立关联后，当前表文件的记录指针移到某一记录时，被关联的表文件的记录指针也自动指向关键字值相同的记录上，如果被关联的表文件具有多个关键字值相同的记录，则指针只指向关键字值相同的第 1 条记录。如果被关联的表文件中没有找到匹配的记录，指针指向文件尾，即函数 EOF()的值为.T.。

（5）如果命令中使用了<数值表达式>，则两个表文件按钮记录号进行关联，这时<别名>表文件可以不用建立相关的索引文件。

（6）执行不带参数的 SET RELATION TO 命令，删除当前工作区中所有关联。

（7）如果需要切断当前数据表与特定数据表之间的关联可以使用如下命令。

SET RELATION OFF INTO <工作区号>/<别名>

【例 3.19】 通过"学号"索引建立 Score 表与 Student 表之间的关联。

可在命令窗口键入如下命令：

SELECT 2
USE Student ORDER 学号
SELECT 1
USE Score ORDER 学号
SET RELATION TO 学号 INTO Student

2. 一对多关联

前面介绍了一对一的关联，这种关联只允许访问子表满足关联条件的第 1 条记录。如果子表有多条记录和父表的某条记录相匹配，当需要访问子表的多条匹配记录时，就需要建立一对多的关联。

命令格式：SET SKIP TO [<别名 1>,<别名 2>…]

功能：使当前表和它的子表建立一对多的关联。

说明：

（1）<别名>指定在一对多关联中的多方子表所在的工作区。如果缺省所有选项，则取消主表建立的所有一对多关联。

（2）一个主表可以和多个子表分别建立一对多的关联。因为建立一对多关联的表达式仍是建立一对一关联的表达式，所以建立一对多的关联应分两步完成：① 使用命令 SET RELATION 建立一对一的关联；② 使用命令 SET SKIP 建立一对多的关联。

3.5.3 表之间的联接

表之间的联接也称为表之间的物理联接，是指将两个表文件联接生成一个新的表文件，新表文件中的字段是从不同的两个表中选取的。此项操作前后有 3 个表文件，在使用此命令时一定要注意。

命令格式：JOIN WITH <工作区号>/<别名> TO <新表文件名>[FIELDS <字段名表>] FOR <条件>

功能：将当前表与指定工作区中的表按指定的条件进行联接，生成一个新的表文件。

说明：

（1）新的表文件生成后，扩展名仍为.dbf，并且处于关闭状态。

（2）FIELDS <字段名表>指定新表文件中所包含的字段，但该表中的字段必须是原来两个表文件中所包含的内容。如果缺省此选项，新表文件中的字段将是两个表中的所有字段，字段名相同的只保留一项。

（3）FOR <条件>指定两个表文件进行联接的条件，只有满足条件的记录才能实现联接。

（4）联接过程：当前表文件自第 1 条记录开始，每条记录与被联接表的全部记录逐个比较，联接条件为真时，就把这两条记录联接起来，作为一条记录存储到新表文件中。如果条件为假，则进行下一条记录的比较。然后当前表文件的记录指针下移一条记录，重复上述过程，直到当前表文件全部记录处理完毕。联接过程中，如果当前表文件的某一条记录在被联接表中找不到相匹配的记录，则不在新表文件中生成记录。

【例 3.20】 把 Score 表和 Student 表联接起来，生成新的表文件"学生成绩"，新表文件中包含如下字段：学号、姓名、性别、所在班级、课程编号、成绩。

可在命令窗口键入如下命令：

OPEN DATABASE 学籍管理

SELECT A

USE Student

SELECT B

USE Score

JOIN WITH A FOR 学号=A.学号 TO 学生成绩 FIELDS 学号,A.姓名,A.性别,A.所在班级,课程编号,成绩

USE 学生成绩

LIST

结果显示为：

记录号	学号	姓名	性别	所在班级	课程编号	成绩
1	09303940101	张三	男	电子商务 1 班	11001	77.0
2	09303940102	李四	男	电子商务 1 班	11001	85.0
3	09303940103	王二五	男	电子商务 1 班	11001	70.0
4	09303940104	李力	女	电子商务 1 班	11001	88.0
5	09303940102	李四	男	电子商务 1 班	11002	45.0
6	09303940103	王二五	男	电子商务 1 班	11003	83.0
7	09303940102	李四	男	电子商务 1 班	11003	60.0
8	09303940101	张三	男	电子商务 1 班	12001	86.5
9	09303920101	肖红兰	女	建筑工程 1 班	13001	79.0
10	09303920102	刘军	男	建筑工程 1 班	13001	83.0
11	09303940102	李四	男	电子商务 1 班	12001	90.0

3.6 数据的完整性

在数据库中，数据的完整性是指保证数据正确的特性。完整性控制的主要目的在于防止不正确的数据进入数据库。在对数据库操作时一般包括 3 类完整性规则来保证数据库中数据的正确性，它们是"实体完整性"、"域完整性"和"参照完整性"。Visual FoxPro 提供了实现这些完整性的方法和手段。

3.6.1 实体完整性

实体完整性是保证表中记录惟一的特性，即在一个表中不允许有重复的记录。在 Visual FoxPro 中利用主关键字或候选关键字来保证表中记录的惟一，即保证实体惟一性。

如果一个字段的值或几个字段的值能够惟一标识表中的一条记录，则这样的字段称为候选关键字。在一个表上可能会有几个具有这种特性的字段或字段组合，这时从中选择一个作为主关键字。

在 Visual FoxPro 中将主关键字称为主索引，将候选关键字称为候选索引。综上所述，在 Visual FoxPro 中主索引和候选索引有相同的作用。

3.6.2 域完整性

域完整性是指限制字段取值的有效性规则。例如，在创建表时用户定义字段的类型、宽度等都属于域完整性的范畴。除此之外，Visual FoxPro 还在表设计器中提供了【字段有效性】规则和【显示】规则进一步保证域的完整性。

3.6.3 参照完整性

参照完整性是指当插入、更新和删除一个表中的数据时，需要参照引用另一个表中的数据，借以检查数据操作是否正确。例如学籍管理数据库中，有 Student、Score 和 Course 表，它们之间有一对多的联系。当在 Score 表中插入记录时，须检查 Student 表和 Course 表中相关的记录是否存在，若不存在则禁止插入该记录。从而保证了修改数据时的正确性、合法性。

参照完整性是关系数据库关系系统的一个很重要的功能。在 Visual FoxPro 中为了建立参照完整性，必须首先建立表之间的联系（或称为关系），然后才可以设置参照完整性规则。

最常见的联系类型是一对多的联系，在关系数据库中通过联接字段来体现和表示联系。联接字段在父表中一般是主关键字，在子表中是外部关键字。如果一个字段或字段的组合不是本表的关键字，而是另外一个表的关键字，则称为外部关键字。

1. 建立表之间的联系

在数据库设计器中设计表之间的联系时，要在父表中建立主索引，在子表中建立普通索引，然后通过父表的主索引和子表的普通索引建立起两个表之间的联系。现以 Student、Score 和 Course 为例，介绍建立表之间的联系的操作步骤如下。

（1）在 Student 表中以学号字段为索引关键字建立主索引；在 Course 表中以课程编号字段为索引关键字建立主索引；在 Score 表中以学号、课程编号字段为索引关键字分别建立普通索引。

（2）打开数据库设计器，选中 Student 表的主索引（学号）拖至 Score 表的普通索引（学号）上，即可建立两表之间的联系；同样，选中 Course 表的主索引（课程编号）拖至 Score 表的普通索引（课程编号）上，即可建立两表之间的联系，如图 3.31 所示。

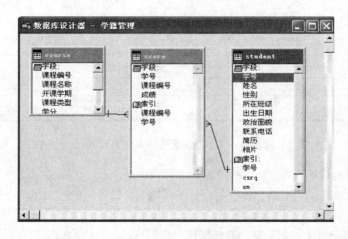

图 3.31　表之间的联系

从图中可以看到，主关键字边是一条线，说明它们是一对多的关系。

如果要删除表之间的联系，可以右击要删除的联系，连线变粗，在弹出的快捷菜单中选择【删除关系】即可。

如果在建立联系时操作有误，随时可以进行编辑修改联系。方法是右击要修改的联系，连线变粗，从弹出的快捷菜单中选择【编辑关系】，打开如图 3.32 所示的【编辑关系】对话框。

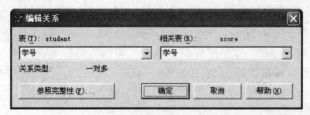

图 3.32　【编辑关系】对话框

在该对话框中，通过下拉列表框中重新选择表或相关表的索引名，则可以达到修改联系的目的。

2. 设置参照完整性规则

至此，只是建立了表之间的联系，Visual FoxPro 默认没有建立任何参照完整性规则。在建立参照完整性规则之前必须首先清理数据库，所谓清理数据库就是物理删除数据库各个表中所有带删除标记的记录。具体操作是：执行【数据库】菜单中的【清理数据库】命令即可。该操作与命令 PACK DATABASE 功能相同。

在清理完数据库后，右击表之间的联系，连线变粗，在弹出的快捷菜单中选择【编辑参照完整性】，打开如图 3.33 所示的参照完整性生成器对话框。注意，无论单击的是哪个联系，所有联系将都出现在参照完整性生成器中。

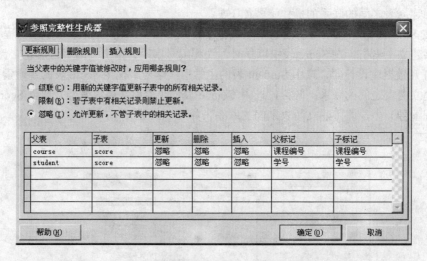

图 3.33 【参照完整性生成器】对话框

参照完整性规则包括更新规则、删除规则和插入规则。

（1）更新规则规定了当更新父表中的联接字段（主关键字）值时，如何处理相关的子表中的记录：

- 如果选择【级联】，则用新的联接字段值字段修改子表中的相关所有记录。
- 如果选择【限制】，若子表中有相关的记录，则禁止修改父表中的联接字段值。
- 如果选择【忽略】，则不做参照完整性检查，可以随意更新父表中的联接字段值。

（2）删除规则规定了当删除父表中的记录时，如何处理子表中的相关记录：

- 如果选择【级联】，则自动删除子表中的相关所有记录。
- 如果选择【限制】，若子表中有相关的记录，则禁止删除父表中的记录。
- 如果选择【忽略】，则不作参照完整性检查，可以随意删除父表中的记录。

（3）插入规则规定了当子表中插入记录时，是否进行参照完整性检查：

- 如果选择【限制】，若父表中没有匹配的联接字段值，则禁止在子表中插入相关记录。
- 如果选择【忽略】，在不作参照完整性检查，可以随意在子表中插入记录。

【例 3.21】 为学籍管理数据库的 Student、Score 和 Course 3 个表设计参照完整型。

（1）首先在学籍管理数据库中建立表之间的联系，如图 3.31 所示。

（2）执行清理数据库操作。

（3）将插入规则设定为"限制"，即在 Score 表中插入成绩记录时检查相关的 Student 和 Course 表是否存在，如果不存在则禁止插入成绩记录。

（4）将它们的删除规则设定为"级联"，即在删除 Student 表中的学生记录和 Course 表中的课程记录时，自动删除相关的成绩记录。

（5）将它们的更新规则也设定为"级联"，即当修改 Student 表中学生的学号或 Course 表中课程的课程编号时，也自动修改相关的成绩记录。

3.7 自 由 表

在 Visual FoxPro，以下简称 VFP 中，表可分为数据库表和自由表，之前所介绍的表都是数据库表，不属于任何数据库的表就是自由表。

3.7.1 数据库表与自由表

所谓自由表就是那些不属于任何数据库的表。所有由 FoxBASE 或早期版本的 Visual FoxPro 创建的数据库文件（.dbf）都是自由表。在 VFP 中创建表时，若当前没有打开数据库，则创建的表都是自由表。可以将自由表添加到数据库中，使其成为数据库表；也可以将数据库表从数据库中移出，使其成为自由表。

创建自由表的方法有以下几种：

（1）在项目管理器中，从【数据】选项卡选择【自由表】，然后单击【新建】按钮，打开表设计器。

（2）确认当前没有打开数据库，选择【文件】菜单下的【新建】命令，从【新建】对话框中的【文件类型】组框中选择【表】，然后单击【新建文件】按钮打开表设计器创建自由表。

（3）确认当前没有打开数据库，使用 CREATE 命令打开表设计器创建自由表。

创建自由表的表设计器界面如图 3.34 所示。

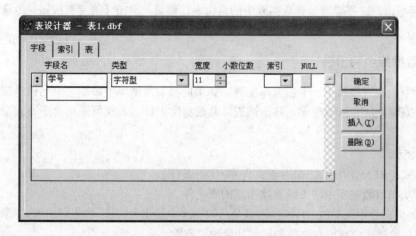

图 3.34 创建自由表的表设计器界面

数据库表与自由表相比，它具有以下特点：

（1）数据库表可以使用长表名和长字段名。

（2）可以为数据库表的字段指定标题和添加注释。

（3）可以为数据库表的字段指定默认值和输入掩码。

（4）数据库表的字段有默认的控件类。

（5）可以为数据库表规定字段级规则和记录级规则。

（6）数据库表支持参照完整性的主关键字索引和表间关系。

（7）支持 INSERT、UPDATE 和 DELETE 事件的触发器。

3.7.2 将自由表添加到数据库

当数据库创建好后，可以将建好的自由表添加到数据库中。添加表的操作既可以通过命令方式进行，也可以通过菜单方式来完成。

1. 命令方式

命令格式：ADD TABLE <表文件名>[NAME <长表名>]

功能：向当前数据库中添加一个指定的自由表，并可给其制定一个长表名，最多可达 128 个字符。

向数据库"学籍管理.dbc"添加自由表 student1.dbf（为 Student.dbf 的复制表）和 SC1.dbf（为 Score.dbf 的复制表），并给出具体说明意义的长表名。

OPEN DATABASE 学籍管理

ADD TABLE student1 NAME 土木工程学院学生基本信息表

ADD TABLE SC1 NAME 2008 年上学期成绩单

CLOSE DATABASE

2. 菜单方式

在菜单方式下，通常使用项目管理器来添加自由表。先打开项目管理器，在其中的【数据】选项卡中，选定需要添加表的数据库文件的【表】选项，单击【添加】按钮，进入【打开】对话框，如图 3.9 所示，在【打开】对话框中，选项要添加到数据库中的自由表，如学生成绩表，单击【确定】按钮，所选定的自由表就添加到了打开的数据库中，此时的表就成了数据库表。

也可在数据库设计器中选择【数据库】菜单中的【添加表】命令，进入【打开】对话框，在【打开】对话框中，选择要添加到数据库中的自由表，最后，单击【确定】按钮，所选定的自由表就被添加到了数据库中。

3.7.3 从数据库中移出表

数据库中的表只能属于一个数据库文件，如果向当前数据库中添加一个已被添加到其他数据库中的表，需要先从其他数据库中移出该表。从数据库中移出表既可采用命令方式，也可采用菜单方式。

1. 命令方式

命令格式：REMOVE TABLE <表文件名>[DELETE]

功能：从当前数据库中移去或删除指定的表文件。

说明：如果命令中无 DELETE 选项，只是从数据库中移出表文件，称为自由表；如果有 DELETE 选项，表示从数据库中移出表文件的同时从磁盘上删除该表。

从数据库"学籍管理.dbc"中移出表 Student1.dbf：

OPEN DATABASE 学籍管理

REMOVE TABLE Student1

CLOSE DATABASE

2. 菜单方式

使用 Visual FoxPro 主菜单中的【数据库】菜单实现表的移去和删除操作。方法是：在【数据库设计器】窗口中，先激活要删除的表，然后选择【数据库】菜单中的【移去】命令，弹出如图 3.35 所示的提示对话框，然后再单击【移去】或【删除】按钮即可。

图 3.35　提示对话框

利用项目管理器也可以实现表的移去和删除操作。方法是：在项目管理器中，选择需要移出的表文件，单击【移去】按钮，在图 3.35 所示的对话框中单击【移去】或【删除】按钮即可。

对于在数据库中新建、添加和删除表的操作还可以通过快捷菜单实现。对于新建和添加表的操作，右击【数据库设计器】窗口，则会弹出快捷菜单，选择所需选项即可；对于删除表的操作，右击要删除的表，在弹出的快捷菜单中选择删除选项即可。

3.8　表文件的复制

复制表文件是指对一个已经存在的表文件进行复制，以得到它的一个副本（备份）。这是保护数据常用的安全措施之一。除此之外，通过复制还能在已建表文件的基础上，灵活方便地产生新的表文件或表文件结构。

3.8.1　复制任何文件

命令格式：COPY FILE <文件名 1> TO <文件名 2>

功能：从<文件名 1>复制到<文件名 2>。

说明：

（1）本命令能够复制任何类型的文件，但在<文件名 1>和<文件名 2>中不能省略其扩展名。

（2）对表文件进行复制时，该表必须处于关闭状态。

（3）<文件名 1>和<文件名 2>中可以使用通配符*和?号。如：

COPY FILE *.dbf TO D:*.*　　　　&&复制所有的表文件至 D 盘根目录下

（4）用本命令复制带有备注文件的表时，除安排一条命令复制表文件之外，还要安排一条命令复制备注文件，否则，在 Visual FoxPro 环境下将不能打开复制所得到的新表。

【例 3.22】　复制带有备注文件的 Student 表。

可在命令窗口中键入如下命令：

OPEN DATABASE　学籍管理

COPY FILE Student.dbf TO stu.dbf　　　&&复制得 stu.dbf 表文件

COPY FILE Student.fpt TO stu.fpt　　　&&复制得 stu.fpt 备注文件

3.8.2　表内容复制

表内容包括表文件的结构和数据记录。

命令格式：COPY TO <文件名> [<范围>][FIELDS <字段名表>][FOR <条件>][WHILE <条件>]

功能：将当前表中指定的部分记录和部分字段复制成一个新表。

说明：

（1）对于含有备注型、通用型字段的表，在复制扩展名为.dbf 的表文件的同时，自动复制扩展名为.fpt 备注文件。

【例 3.23】 复制 Student 表。

可在命令窗口中键入如下命令：

OPEN DATABASE 学籍管理

USE Student &&打开被复制的表

COPY TO stu1 &&原样复制得 stu1.dbf

COPY TO stu2 FIELDS 学号,姓名,性别 FOR ALLTRIM(政治面貌)="党员"

&&只复制政治面貌为党员的学生记录的学号，姓名和性别字段

USE stu1

LIST

USE stu2

LIST

（2）FIELDS <字段名表>选项不仅指明了新的表文件所包含哪些字段，同时这些字段在新表文件结构中的排列次序可与原表文件不同。

（3）复制后，新表文件处于关闭状态。

3.8.3 表结构复制

命令格式：COPY STRUCTURE TO <文件名>[FIELDS <字段名表>]

功能：仅复制当前表的结构，不复制其中的数据记录。

说明：若使用 FIELDS 选项，则新表的结构只包含其指明的字段，同时也决定了这些字段在新表中的排列次序。

【例 3.24】 对 Score.dbf 表进行复制示例。

可在命令窗口中键入如下命令：

OPEN DATABASE 学籍管理

USE Score

COPY STRUCTURE TO SC2

USE SC2 &&把复制所得的新表文件设置为当前表文件

LIST STRUCTURE &&可看到 SC2 与 Score 的结构相同，但数据记录为 0

USE Score

COPY STRUCTURE TO SC3 FIELDS 姓名,成绩,学号

USE SC3

LIST STRUCTURE &&SC3 只含有 3 个字段并且学号字段已被排在最后

3.8.4 文件重命名

命令格式：RENAME <原文件名> TO <新文件名>

功能：对一个未打开的文件进行重命名，文件的内容和格式不变。

说明：两个文件名都必须带上各自的扩展名，若缺省扩展名则默认为.dbf 文件。

习 题

1．选择题

(1) 工资按降序排列，建立索引文件 DSGZ.IDX 的命令是（　　）。

A. INDEX ON 工资/D TO DSGZ　　　　　　B. SET INDEX ON-工资 TO DSGZ

C. INDEX ON -工资 TO DSGZ　　　　　　D. REINDEX ON 工资 TO DSGZ>IDX

(2) 在 Visual FoxPro 中，不能修改备注字段内容的命令是（　　）。

A. REPLACE　　　　B. BROWSE　　　　　　C. CHANGE　　　　　　D. EDIT

(3) 在 Visual FoxPro 中，一个关系对应一个（　　）。

A. 字段　　　　　　B. 记录　　　　　　　C. 数据库文件　　　　　D. 索引文件

(4) 把一个数据库表从数据库移出时（　　）。

A. 一旦移出，将从磁盘中消失。

B. 丢失了表中的数据。

C. 变成了一个自由表，仍保留原来在数据库中定义的长表名。

D. 丢失了在数据库中建立的表间的关系。

(5) 命令 SELECT 0 的功能是（　　）。

A. 选择区号最大的空闲工作表　　　　B. 选择当前工作区的区号加 1 的工作区

C. 随机选择一个工作区的区号　　　　D. 选择区号最小的空闲工作区

(6) 一个数据库表文件中多个备注(Memo)字段内容存放在（　　）。

A. 这个数据库表文件中　　　　　　　B. 一个备注文件中

C. 多个备注文件中　　　　　　　　　D. 一个文本文件中

(7) 两个数据库表的结构完全相同，要将 STD(1).DBF 中的记录追加到 STD(2).DBF 之后，应
使用命令组（　　）。

A. USE STD2　　　　　　　　　　　　B. USE STD2

　 COPY FROM STD1　　　　　　　　　 APPEND FROM STD1

C. USE STD1　　　　　　　　　　　　D. USE STD1

　 COPY TO STD2　　　　　　　　　　 APPEND TO STD2

(8) 要为当前表中所有学生的成绩都增加 5 分，应该使用命令（　　）。

A. CHANGE 成绩 WITH 成绩+5　　　　B. REPLACE 成绩 WITH 成绩+5

C. CHANGE ALL 成绩 WITH 成绩+5　　D. REPLACE ALL 成绩 WITH 成绩+5

(9) 与命令 LIST FIELDS 姓名,性别,出生日期 不等效的命令是（　　）。

A. LIST 姓名,性别,出生日期

B. LIST ALL FIELDS 姓名,性别,出生日期

C. DISPLAY FIELDS 姓名,性别,出生日期

D. DISPLAY ALL 姓名,性别,出生日期

(10) 相继执行以下命令：

USE STUDENT

LIST NEXT 10 FOR 性别="男"

LIST WHILE 性别="男"

先后显示了两个各包含 10 个记录的记录清单,这说明当前表文件中（　　）。

A. 至少有 10 个记录,并且这头 10 个记录被显示了两遍

B. 至少有 19 个记录,并且这头 19 个记录的"性别"字段值都为"男"

C. 只有 20 个记录,并且所有记录的"性别"字段值都为"男"

D. 至少有 19 个记录,并且这头 19 个记录的"性别"字段的值为"男"

(11) 已知执行了如下命令序列:

```
SELECT 0
USE FF
SELECT 0
USE   GG
```
现欲转回到数据库表文件 FF.DBF 所在工作区,能够确保完成这一任务的命令是(   )。

A. SELECT 0 B. SELECT 1   C. SELECT A   D. SELECT FF

(12) 以下各种说法中,正确的是 (   )。

  A. DELETE ALL、ZAP 和 PACK 的功能各不相同

  B. ZAP 和 PACK 的功能相同

  C. DELETE ALL 和 ZAP 的功能相同

  D. DELETE ALL 和 PACK 的功能相同

(13) 对当前数据库表文件执行完 LIST OFF 命令之后,记录指针指在(   )。

  A. 逻辑首记录   B. 物理首记录

  C. 尾记录   D. 尾记录之后(文件结束)

(14) 在没有设置任何筛选条件的情况下,要显示当前数据库表文件中职称是工程师的所有记录,应使用的命令 (   )。

  A. LIST 职称="工程师"   B. LIST FOR 职称="工程师"

  C. LIST WHILE 职称="工程师" D. LIST REST 职称="工程师"

(15) 对两个数据表文件进行物理连接操作的命令是(   )。

  A. LINK   B. JOIN   C. SET RELATION D. RELATION

(16) Visual FoxPro 参照完整性规则不包括(   )。

  A. 更新规则   B. 删除规则   C. 查询规则   D. 插入规则

(17) 若所建立索引的字段值不允许重复,并且一个表中只能创建一个, 则应该是 (   )。

  A. 惟一索引   B. 主索引   C. 候选索引   D. 普通索引

(18) 假定表中有 10 条记录,执行下列命令后记录指针指向(   )。

```
GO BOTTOM
SKIP -7
LIST NEXT 5
```

  A. 7 号记录   B. 8 号记录   C. 9 号记录   D. 10 号记录

(19) 要想对一个打开的数据库增加新字段,应当使用命令 (   )。

  A. APPEND   B. MODIFY STRUCTURE

  C. INSERT   D. CHANGE

(20) 命令 ZAP 的作用是(   )。

  A. 将当前工作区内打开的表文件中所有记录加上删除标记。

  B. 将当前工作区内打开的表文件删除。

  C. 将当前工作区内打开的表文件中所有记录作物理删除。

  D. 将当前工作区内打开的表文件结构删除。

2. 填空题

(1) 定义表结构时,要定义表中有多少个字段,同时还要定义每一个字段的_____、_____、_____等。

(2) 要删除表中的记录时必须分两步进行, 第一步是进行_____, 第二步再进行

　　　　　　　　　。

　　(3) Visual FoxPro 将表分为两种，即_____和_____。

　　(4) 对于表中需要成批修改的那些数据，只要有一定规律，就可以使用_____命令自动完成修改操作。

　　(5) 在 Visual FoxPro 中，最多同时允许打开_____个数据库表和自由表。

　　(6) 数据库表之间的一对多关系通过父表的_____索引和子表的_____索引来实现。

　　(7) 实现表之间临时联系的命令是_____。

　　(8) 在定义字段有效性规则时，在规则文本框中输入的表达式类型是_____。

　3. 根据要求写命令

　　假设在表文件"职工工资表.dbf"有如下字段：职工编号、姓名、性别、出生年月、职称、基本工资、岗位工资、婚否、工作日期、合计工资、备注。

　　(1) 显示表结构。

　　(2) 显示表中所有女职工的职工编号、姓名、职称、工作日期 4 个字段的内容。

　　(3) 显示年龄大于 40 岁的所有男职工的记录内容。

　　(4) 在 7 号记录前插入一条空白记录。

　　(5) 删除 55 岁以上的女职工记录。

　　(6) 将 1990 年以前参加工作的职工基本工资增加 150 元。

　　(7) 将表中的记录按工作日期先后排序。

　　(8) 复制产生一个新表文件，包括如下字段：姓名、职称、合计工资、工作日期、备注。

　　(9) 按姓名建一个单一索引，并显示结果。

　4. 上机题

　创建一个项目，通过项目管理器和数据库设计器完成下列任务。

　（1）新建一个名为"学生管理"的数据库。

　（2）建立如下 3 个数据库表，并输入少量记录。

　学生（学号 C(11),姓名 C(10),性别 C(2),所在班级 C(16)）

　课程（课程编号 C(4),课程名称 C(16),开课学期 N(1), 学时 N(3),考试类型 C(8)）

　成绩（学号 C(11),课程号 C(4),成绩 N(5,1)）

　（3）"学生"表按"学号"、"课程"表按"课程编号"建立主索引，"成绩"表按"学号"及"课程编号"建立普通索引。

　（4）建立"学生"与"课程"和"成绩"表之间的一对多联系。

　（5）将以上建立的数据库表移出数据库使之成为自由表。

　（6）分别使用 APPEND 和 INSERT 命令为以上自由表增加 4 条记录，再用 EDIT、CHANGE 和 REPLACE 命令修改表中的记录。

　（7）将以上自由表再添加到数据库中，并重新建立索引和表之间的联系。

　（8）定义"学生"表和"成绩"表之间的参照完整性规则（删除规则设置为"级联"，更新和插入设置为"限制"）。

第4章 结构化查询语言 SQL

结构化查询语言（Structured Query Language，SQL）已成为数据库领域中的一个主流语言。查询是 SQL 语言的重要组成部分，但不是全部。SQL 还包括数据定义、数据操纵和数据控制等功能部分。本章将详细介绍 SQL，并进一步讲述数据库的一些基本概念。

4.1 SQL 概 述

1986 年 10 月由美国国家标准安全局（American National Standard Institute，ANSI）的数据库委员会 X3H2 批准了 SQL 作为关系数据库语言的美国标准。同年公布了 SQL 标准文本。1987 年国际标准化组织（International Organization for Standardization，ISO）也通过了这一标准。此后，ANSI 不断修改和完善 SQL 标准，并于 1989 年公布了 SQL—89 标准，1992 年又公布了 SQL—92 标准。我国也在 1990 年制定了 SQL 标准。实际系统中实现的 SQL 往往对标准版本进行了扩充。

目前，所有主要的关系型数据库管理系统均支持 SQL，但是它们之间仍然有细微差别。

SQL 是一个综合的、功能极强同时又简单易学的语言。SQL 集数据定义语言（Data Definition Language，DDL），数据操作语言（Data Manipulation Language，DML），数据控制语言（Data Control Language，DCL）的功能于一体，语言风格统一，可以独立完成数据库生命周期中的全部活动。

DDL 提供完整定义数据库必须的所有内容，包括数据库生成后的结构修改、删除功能。DDL 是 SQL 中用来生成、修改、删除数据库基本要素的部分。这些基本要素包括表、窗口、模式、目录等。

DML 是 SQL 中运算数据库的部分，它是对数据库中的数据输入、修改及提取的有力工具。DML 语句读起来像普通的英语句子非常容易理解。但是它也可以是非常复杂的，可以包含有复合表达式、条件、判断、子查询等。

DCL 提供的防护措施是数据库安全性所必须的。SQL 通过限制可以改变数据库的操作来保护它，包括事件、特权等。

SQL 功能极强，但由于设计巧妙，语言十分简洁，完成核心功能只用了 9 个动词，见表 4.1 所列。

表 4.1　SQL 的动词

SQL 功能	动　词
数据查询	SELECT
数据定义	CREATE、DROP、ALTER
数据操作	INSERT、UPDATE、DELETE
数据控制	GRANT、REVOKE

SQL 具有以下主要特点。

（1）SQL 综合统一，它包括了数据定义、数据查询、数据操作和数据控制等方面的功能，它可以完成数据库活动中的全部工作。以前的非关系模型的数据语言一般包括存储模式描述语言、概念模式描述语言、外部模式描述语言和数据操作语言等，使用这些模型的数据语言时，当用户数据库投入运行后，如果需要修改模式，必须停止现有数据库运行，转储数据，修改模式并编译后再重装数据库，十分麻烦。

（2）SQL 是一种高度非过程化的语言，即用户只需要指明要做什么，而无需规定怎么去做。

（3）SQL 即是自含式语言，又是嵌入式语言。因此，可以独立进行对数据库的操作，又可以嵌入到其他语言中完成对数据库的操作，使用起来很方便。比如，SQL 就可以嵌入到 Visaul FoxPro 中使用。

（4）SQL 采用面向集合的操作方式。非关系数据模型采用的是面向记录的操作方式，查找记录非常麻烦。而 SQL 采用集合操作方式，不仅操作对象、查找结果可以是元组的集合，而且一次插入、删除、更新操作的对象也可以是元组的集合。

（5）SQL 非常简洁。虽然 SQL 功能很强，但它只有为数不多的几条命令。但一条 SQL 语句相当于若干行语句的功能，从而减少了编程工作量。

4.2　定义、删除与修改基本表

SQL 数据定义功能是指定义数据库的结构,包括定义表、定义视图和定义索引。视图是基于基本表的虚表，索引是依附于基本表的。这里只介绍 Visual FoxPro 中如何定义基本表，视图的概念及定义方法放在了 4.5 节。

4.2.1　定义表

用 SQL 可以定义、扩充和取消基本表。定义一个基本表相当于建立一个新的关系模式，但尚未输入数据，只有一个空的关系框架，即是 Visual FoxPro 中的一个数据库结构。定义基本表就是创建一个基本表，对表名及它所包括的各个属性名及数据类型做出具体规定。定义基本表相应的格式是：

CREATE TABLE | DBF　表名

(FieldName1 FieldType [(nFieldWidth [, nPrecision])] [NULL | NOT NULL]

[CHECK lExpression1 [ERROR cMessageText1]]

[DEFAULT eExpression1]

[PRIMARY KEY | UNIQUE]

[REFERENCES TableName2 [TAG TagName1]] [, FieldName2···]

[, PRIMARY KEY eExpression2 TAG TagName2 |, UNIQUE eExpression3 TAG TagName3]

[, FOREIGN KEY eExpression4 TAG TagName4 [NODUP]

REFERENCES TableName3 [TAG TagName5]]

功能：用于建立一个基本表，而且可以完成前面用表设计器完成的所有功能。CREATE TABLE | DBF 是关键字,必不可少,Table 和 DBF 的含义是等价的,前者是 SQL 关键字,后者是 Visual FoxPro 中的关键字。TableName1 是表的名称，命名符合标志符命名法则。FieldName1 FieldType [(nFieldWidth [, nPrecision])] 4 项，分别是表的字段名、数据类型、精度(字段宽度)、小数位数。NULL | NOT NULL 用来强调当前字段值是否允许为空，在 Visual FoxPro 中默认是 NOT NULL。

说明：

（1）每个字段包括 4 项：字段名称、数据类型、精度、小数位数。字段定义的方法与在菜单选择的方式下、在数据表设计器中对字段的定义一样。

（2）建立的表放在当前最低可用编号的工作区中，并自动打开。

（3）格式中还包括建立实体完整性的主关键字（主索引）PRIMARY KEY、定义域完整性的 CHECK 约束以及建立参照完整性（用来描述表之间关系）的 FOREIGN KEY 和 REFERENCES 等。UNIQUE 建立候选索引（注意不是惟一索引）。

前面已经介绍了利用数据库设计器和表设计器建立数据库的方法。下面介绍怎样利用 SQL 命令来建立数据库。

【例 4.1】 用命令创建数据库"学籍管理"。

　　CREATE DATABASE 学籍管理

　　用 CREATE 命令建立课程表（COURSE.DBF）：

　　　　CREATE TABLE COURSE(课程编号 C(5) PRIMARY KEY,课程名称 C(20),开课学期 N(1,0), 课程类型 C(16),学分 N(1,0),考试类型 C(10))

以上命令，首先创建了数据库"学籍管理"，执行数据库命令后，数据库默认打开了。若针对关闭的数据库，可以用 MODIFY DATABASE 命令打开。打开数据库的基础上，执行创建表的命令，则表自动加入当前数据库中。表字段"课程编号"是主关键字（对应了 Visual FoxPro 主索引，用 PRIMARY KEY 说明）。

注：本章代码在 Visual FoxPro 命令窗口中实现时，必须合并成一行执行。

【例 4.2】 用 CREATE 命令建立学生基本表（STUDENT.DBF）。

CREATE TABLE STUDENT(学号 C(11) PRIMARY KEY,姓名 C(10),性别 C(2) CHECK(性别='男' OR 性别='女') ERROR '性别只能是男或女' DEFAULT '男',所在班级 C(16),出生日期 D,政治面貌 C(8)，联系电话 C(12),简历 M NULL,相片 G NULL)

以上命令除用 PRIMARY KEY 说明了主关键字外，还用 CHECK 说明了有效性规则，性别只能是"男"或"女"，用 ERROR 说明了出错时报错信息，用 DEFAULT 说明了性别字段设置默认值（"男"）。

【例 4.3】 用 SQL CREATE 命令建立成绩表（SCORE.DBF）。

CREATE TABLE SCORE(学号 C(11),课程编号 C(5),成绩 N(5,1),FOREIGN KEY 学号 TAG 学号 REFERENCES STUDENT,FOREIGN KEY 课程编号 TAG 课程编号 REFERENCES COURSE)

以上命令使用短语"FOREIGN KEY 学号 TAG 学号 REFERENCES STUDENT"，说明了成绩表和学生表之间的联系，用"FOREIGN KEY 学号"在该表的字段"学号"上建立了一个普通索引，同时说明该关键字是联接字段，通过引用学生表的主索引"学号"（TAG 课程代码 REFERENCES SCORE1）与学生表建立了外键联系。

以上所建立的 3 张表，在命令执行完后可以在数据库设计器如图 4.1 所示的界面，从中可以发现，通过 SQL 命令不仅可以建立表，同时还建立了表之间的关系。

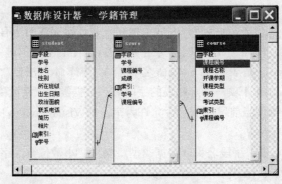

图 4.1　表关联结构图

4.2.2 修改基本表

SQL 用 ALTER TABLE 语句修改基本表的结构，该命令有 3 种格式。有兴趣的读者可以参考微软 MSDN6.0 查看更详细介绍。

格式 1：

ALTER TABLE TableName1 ADD | ALTER [COLUMN] FieldName1

FieldType [(nFieldWidth [, nPrecision])] [NULL | NOT NULL]

[CHECK lExpression1 [ERROR cMessageText1]][DEFAULT eExpression1]

[PRIMARY KEY | UNIQUE][REFERENCES TableName2 [TAG TagName1]]

该格式可以添加（ADD）新的字段或修改（ALTER）已有的字段，它的语法基本可以与 CRATE TABLE 的语法相对应。

【例 4.4】 为学生基本表添加籍贯字段（C（50））。

                    ALTER TABLE STUDENT ADD 籍贯 C(50)

格式 2：

ALTER TABLE TableName1   ALTER [COLUMN] FieldName2

[NULL | NOT NULL]   [SET DEFAULT eExpression2]

[SET CHECK lExpression2 [ERROR cMessageText2]]   [DROP DEFAULT]

[DROP CHECK]   [NOVALIDATE]

该格式主要用于定义、修改和删除有效性规则和默认值定义。

【例 4.5】 为课程表的学分字段添加约束，每门课程得到的学分只能在 0~9 分。

             ALTER TABLE COURSE ALTER 学分 SET CHECK 学分>=0 and 学分<10 ERROR '学分在 0 到 10 之间'

格式 3：

ALTER TABLE TableName1   [DROP [COLUMN] FieldName3]

[SET CHECK lExpression3 [ERROR cMessageText3]]   [DROP CHECK]

[ADD PRIMARY KEY eExpression3 TAG TagName2 [FOR lExpression4]]

[DROP PRIMARY KEY]

[ADD UNIQUE eExpression4 [TAG TagName3 [FOR lExpression5]]]

[DROP UNIQUE TAG TagName4]

[ADD FOREIGN KEY [eExpression5] TAG TagName4 [FOR lExpression6]

REFERENCES TableName2 [TAG TagName5]]

[DROP FOREIGN KEY TAG TagName6 [SAVE]]

[RENAME COLUMN FieldName4 TO FieldName5] [NOVALIDATE]

前两种格式，无法完成对字段更名，删除字段等操作，第 3 种格式弥补了这些不足。

【例 4.6】 将学生基本表的"籍贯"改名为"出生地"。

        ALTER TABLE STUDENT RENAME COLUMN 籍贯 TO 出生地

【例 4.7】 删除学生基本表的出生地字段。

        ALTER TABLE STUDENT DROP COLUMN 出生地

4.2.3 删除表

删除表的 SQL 语法格式是：

DROP TABLE TableName

DROP TABLE 一次完成从当前数据库中移除表并从硬盘上删除该表的操作。对于数据库中表，建议用该命令删除。若直接从磁盘删除 DBF 的文件，但记录在数据库中的信息没有删除，此后会导致打开数据库报错。

【例 4.8】 用 SQL DROP 语句删除成绩表（SCORE.DBF）。

```
DROP TABLE SCORE
```

4.3 SQL 的数据查询命令

数据库查询是数据库的核心操作。SQL 提供了 SELECT 语句进行数据库查询，它的基本形式由 SELECT-FROM-WHERE 查询块组成，多个查询可以嵌套执行。Visual FoxPro 的 SQL SELECT 命令的语法格式如下：

```
SELECT [ALL | DISTINCT] [TOP nExpr [PERCENT]]
[Alias.] Select_Item [AS Column_Name]
[, [Alias.] Select_Item [AS Column_Name] …]
FROM Table
[[INNER | LEFT [OUTER] | RIGHT [OUTER] | FULL [OUTER] JOIN
Table [[AS] Local_Alias]
[ON JoinCondition…]
[WHERE JoinCondition [AND JoinCondition…]
[AND | OR FilterCondition [AND | OR FilterCondition…]]]
[GROUP BY GroupColumn [, GroupColumn…]]
[HAVING FilterCondition]
[ORDER BY Order_Item [ASC | DESC] [, Order_Item [ASC | DESC]…]]
```

整个 SELECT 语句的含义是，根据 WHERE 子句的条件表达式，从 FROM 子句指定的基本表或视图中找出满足条件的元组，再按 SELECT 子句中的目标表达式，选出元组中的属性值形成结果表。如果有 GROUP 子句，则将结果按 GroupColumn 的值进行分组，该属性列值相等的元组为一个组。通常会在每组中使用聚合函数。如果 GROUP 子句带 HAVING 短语，则只有满足指定条件的组才能输出。如果有 ORDER BY 子句，则结果表还要按 Order_Item 的值的升序或降序排序。

为了方便读者，各表给出原始数据，学生基本表（Student.dbf）数据如图 4.2 所示。

Student

学号	姓名	性别	所在班级	出生日期	政治面貌	联系电话	简历	相片
09303940101	张三	男	电子商务1班	02/14/88	共青团员	0742-4852687	Memo	Gen
09303940102	李四	男	电子商务1班	03/10/89	共青团员	0732-5623489	Memo	Gen
09303940103	王二五	男	电子商务1班	02/20/89	预备党员	0733-2649854	Memo	Gen
09303940104	李力	女	电子商务1班	01/25/88	中共党员	0733-2749536	Memo	Gen
09303920101	肖红兰	女	建筑工程1班	05/10/89	共青团员	0740-5894562	Memo	Gen
09303920102	刘军	男	建筑工程1班	06/15/89	预备党员	0728-2546892	Memo	Gen
09303920104	赵强	男	建筑工程1班	07/10/87	共青团员	0746-5698234	Memo	Gen
09303920105	许云	女	建筑工程1班	08/12/89	共青团员	0735-2354915	Memo	Gen

图 4.2 学生基本表

成绩表（SCORE.dbf）数据如图 4.3 所示。

课程表（COURSE.dbf）数据如图 4.4 所示。

图 4.3 学生成绩表

图 4.4 课程表

4.3.1 单表查询

单表查询是指仅涉及一个表的查询。这样的查询由 SELECT 和 FROM 构成的无条件查询，或由 SELECT、FROM 和 WHERE 语句构成的有条件查询。

1. 选择表中的全部列或部分列为投影运算

【例 4.9】 查询全体学生的学号与姓名。

　　SELECT 学号,姓名 FROM STUDENT

【例 4.10】 查询全体学生的姓名、学号、所在班级。

　　SELECT 姓名,学号,所在班级 FROM STUDENT

Select_Item 中各个列的先后顺序可以与表中的顺序不一致。用户可以根据应用的需要改变列的显示顺序。本例中先列出姓名，再列出学号和所在班级。

【例 4.11】 求所有学生的详细记录，可用命令。

　　SELECT * FROM STUDENT

其中"*"表示所有列，即所有字段，这里的命令等同于：

　　　　SELECT 学号,姓名,性别,所在班级,出生日期,政治面貌,联系电话,简历,相片

FROM STUDENT

2. 选择表中的若干元组

【例 4.12】 求学分超过 4 分的课程编号和课程名称，命令如下：

　　　　SELECT 课程编号,课程名称 FROM COURSE WHERE 学分>4

结果如图 4.5 所示

这里用 WHERE 指定了查询条件，查询条件可以是任意复杂的逻辑表达式。逻辑运算符有：>（大于），<（小于），>=（大等于），<=（小等于），=（等于），!=（不等于）。

【例 4.13】 查询选修了课程的学生的学号，命令如下：

97

SELECT DISTINCT 学号 FROM SCORE

DISTINCT 关键字用来告诉系统从查询结果中去掉重复元组。若不用 DISTINCT，系统缺省是 ALL，即无论是否有重复元组全部给出。

【例 4.14】 检索出 1988 年出生的学生学号和姓名，命令如下：

SELECT 学号,姓名 FROM STUDENT WHERE 出生日期 BETWEEN {^1988/01/01} AND {^1988/12/31}

结果如图 4.6 所示。

图 4.5 课程编号和课程名称   图 4.6 查询 1988 年出生的学生

这里 BETWEEN…AND…意思是在"…和…之间"，这个查询条件等价于：

出生年月 > {^1988/01/01} AND 出生年月 < {^1988/12/31}

显然，用 BETWEEN…AND…表达意思更清晰、简洁。

【例 4.15】 从学生表中查询所有姓"张"的同学的信息，命令如下：

SELECT * FROM STUDENT WHERE 姓名 LIKE '张%'

这本质上是一个字符串匹配的查询，必须使用 LIKE 预算符。LIKE 是一个字符串匹配运算符，用来完成模糊查询，一般与通配符配合使用。通配符主要有两个 "_" 和 "%"。字符 "_"（下划线）：表示可以和任意单个字符匹配。字符 "%"（百分号）：表示可以和任意长的字符串匹配，即代表 0 个或多个字符。

使用谓词 IN。在 WHERE 子句中，条件可以用 IN 表示包含在其后面括号的指定集合。括号内的元素可以直接列出，也可以是一个子查询的结果。可以用 NOT IN 来实现对不符合条件的查询。

【例 4.16】 查询学生表中党员和预备党员的信息，命令如下：

SELECT *;

FROM STUDENT;

WHERE 政治面貌 IN ('中共党员','预备党员')

使用 ORDER BY 完成对查询结果的排序。另外，在 Visual FoxPro 中，若某条命令较长，可以分行写，每行末尾加上符号";"。

【例 4.17】 按学分降序查询课程表中记录，命令如下：

SELECT * FROM COURSE ORDER BY 学分 DESC

用 ORDER BY 子句对查询结果排序。DESC 表示降序，ASC 表示升序，系统默认升序。

【例 4.18】 查询成绩表中所有成绩，只查看最高的前 5 个成绩分数，命令如下：

SELECT TOP 5 * FROM SCORE ORDER BY 成绩 DESC

TOP n 的意思是指取查询结果的前 n 条记录。注意，在 Visual FoxPro 中 TOP 必须和 ORDER BY 配合使用。

查询集合的并运算（UNION）。SQL 支持集合的并（UNION）运算，即可以将两个 SELECT 语句的查询结果通过并运算合并成一个查询结果。为了进行运算，要求这样的两个查询结果具有相同的字段个数，并且对应字段的值要出自同一个值域，即具有相同的数据类型的取值范围。

【例 4.19】 查询课程编号为 "09303940101" 和 "09303940102" 的学生的成绩信息：

```
SELECT * FROM SCORE WHERE  学号='09303940101';
UNION;
SELECT * FROM SCORE WHERE  学号='09303940102';
```

4.3.2   联接查询

前面的查询都是针对一个表进行的。若一个查询同时涉及两个以上的表，则称为联接查询。联接查询是关系数据库中最主要的查询。下面给出几个联接查询的实例。

【例4.20】 查询课程"计算机"的成绩信息，命令如下：

```
SELECT * FROM COURSE,SCORE;
WHERE  课程名称='计算机' AND COURSE.课程编号=SCORE.课程编号
```

结果如图4.7所示。

课程编号_a	课程名称	开课学期	课程类型	学分	考试类型	学号	课程编号_b	成绩
11003	计算机	1	公共基础课	3	考查	09303940103	11003	83.0
11003	计算机	1	公共基础课	3	考查	09303940102	11003	60.0

图 4.7   连接查询学生"计算机"成绩

对于表名称，可以采用别名的形式简化，因此也可以用如下命令实现：

```
SELECT *;
FROM COURSE AS C , SCORE AS S;
WHERE  课程名称='计算机' AND C.课程编号=S.课程编号
```

用"表名"＋AS＋"别名"的形式完成了别名的定义，其中AS可以省略。一旦定义了别名后，原来使用表名的地方就可以使用别名代替。

【例4.21】 求"计算机"成绩大于80分的学生的基本情况，命令如下：

```
SELECT STU.学号, STU.姓名,STU.性别, STU.联系电话;
FROM STUDENT AS STU, COURSE AS C, SCORE AS S;
WHERE C.课程名称='计算机' AND C.课程编号=S.课程编号;
AND STU.学号=S.学号  AND S.成绩>80
```

如果要指定具体列，可以采用上面例题形式。

使用连接查询一般有两种方式：一种是联接写在 WHERE 子句中（参见上面的例子）；另一种 ANSI 联接语法，即写在 FROM 子句中。

ANSI 联接的语法格式简化表示为：

```
SELECT …
FROM Table INNER | LEFT | RIGHT | FULL JOIN TABLE
ON JoinCondition
WHERE …
```

其中：INNER JOIN 等价于 JOIN，为普通的联接，也称为内联接。LEFT JOIN 为左联接，RIGHT JOIN 为右联接，FULL JOIN 可称为全联接，即两个表中的记录不管是否满足联接条件将都在目标表或查询结果中出现，不满足联接条件的记录对应部分为 NULL。ON JoinCondition 指联接条件。

从以上格式可以看出，它的联接条件在 ON 短语中给出，而不在 WHERE 短语中，联接类型在 FROM 短语中给出。

例 4.19 可以用 ANSI 方式来实现，命令如下：

SELECT   *;

FROM COURSE AS C JOIN SCORE AS S ON C.课程编号=S.课程编号;

WHERE   课程名称='计算机'

4.3.3 嵌套查询

在 SQL 中，一个 SELECT-FROM-WHERE 语句称为一个查询块，在一个查询块的 WHERE 子句或 HAVING 短语的条件中再嵌入另一个查询块，称为嵌套查询。但要注意，由于 ORDER BY 子句是对最终查询结果的表示顺序提出要求，因此它不能出现在子查询中。

1. 用 IN 指出包含在一个子查询模块的查询结果中

【例 4.22】 查找选修了英语课的学生成绩，命令如下：

SELECT 学号,成绩 FROM SCORE;

WHERE 课程编号;

IN (SELECT 课程编号 FROM COURSE WHERE 课程名称='英语')

【例 4.23】 查询所有学生成绩都在 85 分到 95 分之间的课程，命令如下：

SELECT *;

FROM COURSE;

WHERE 课程编号 NOT IN;

(SELECT DISTINCT 课程编号 FROM SCORE WHERE 成绩<85 OR 成绩>=95);

AND 课程编号 IN (SELECT 课程编号 FROM SCORE)

2. ALL、ANY 或 SOME

在 WHERE 子句的条件中，用 ALL 表示与子查询结果中所有记录的相应值相比符合要求才满足条件。与 ALL 对应的是 ANY 或 SOME，它表示与子查询结果比较任何一个记录满足条件即可。当子查询的结果不是单值，前面又有比较运算符时，一定要用 ALL、ANY 或 SOME 指明条件。

【例 4.24】 查询所有选修了课程编号为"11001"的学生的基本情况，命令如下：

SELECT *;

FROM STUDENT;

WHERE 学号= ANY (SELECT 学号 FROM SCORE WHERE 课程编号='11001')

4.3.4 分组与聚合函数

1. 使用聚合函数

为了进一步方便用户，增强检索功能，SQL 还提供了计算方式的检索，比如在检索平均成绩、统计学生人数等。聚合函数有：

AVG（[DISTINCT|ALL]<列名>）   按列计算平均值

SUM（[DISTINCT|ALL]<列名>）   按列计算值的总和

COUNT（[DISTINCT|ALL]<列名>|*）   按列值统计个数

MAX（[DISTINCT|ALL]<列名>）   求一列中的最大值

MIN（[DISTINCT|ALL]<列名>）   求一列中的最小值

这些函数可以用在 SELECT 短语中对查询结果进行计算。

【例 4.25】 统计当前所有学生的人数，命令如下：

SELECT COUNT(*) AS 人数 FROM STUDENT

【例 4.26】 求学号为"09303940101"的平均成绩，命令如下：

SELECT AVG(成绩) AS 平均成绩;

FROM SCORE WHERE 学号='09303940101'

【例 4.27】 求"工程制图 CAD"总成绩，命令如下：

SELECT SUM(成绩) AS 总成绩;

FROM SCORE WHERE 课程编号 IN;

(SELECT 课程编号 FROM COURSE WHERE 课程名称='工程制图 CAD')

2. 对查询结果分组

按属性列或属性列组合在行的方向上进行分组，每组在属性列或属性列组上具有相同的值。对查询结果分组的目的，是为了细化聚合函数的作用对象。如果没有对查询结果分组，聚合函数将作用于整个查询结果。用 GROUP BY 子句进行分组计算查询，格式如下：

[GROUP BY GroupColumn [, GroupColumn…]]

[HAVING FilterCondition]

可以按一列或多列分组，还可以用 HAVING 进一步限定分组的条件。

下面给出一个求平均成绩的例子。我们将按课程编号行分组，然后统计平均成绩。GROUP BY 子句一般跟在 WHERE 子句后，没有 WHERE 子句时，跟在 FROM 子句后。另外，还可以根据多个属性进行分组。

【例 4.28】 按课程统计平均成绩，命令如下：

SELECT 课程编号,AVG(成绩) AS 平均成绩;

FROM SCORE GROUP BY 课程编号

在分组查询时，有时要根据具体条件来检索，这时可以用 HAVING 子句来限定分组。

【例 4.29】 按课程统计平均成绩，要求参与该课程考试人数必须大于等于 3 人，命令如下：

SELECT 课程编号,AVG(成绩) AS 平均成绩;

FROM SCORE;

GROUP BY 课程编号;

HAVING COUNT(*)>=3

结果如图 4.8 所示。

图 4.8 分组统计平均成绩

4.4 SQL 的数据操作命令

SQL 的操作功能是指对数据库中数据的操作功能,主要包括数据的插入、更新和删除数据 3 个方面的操作。

4.4.1 插入数据

插入操作是指从关系中插入元组，插入语句的基本格式是：

INSERT INTO target [(field1[, field2[, ...]])]

VALUES (value1[, value2[, ...]])

其中 INSERT INTO 是关键字，表示一个插入语句；target 是即将插入一条记录表或视图等对象的名称；当插入的不是完整记录时，可以用(field1[, field2[, ...]])指定字段；VALUES 是关键字，value1[, value2[, ...]给出了具体的记录值，每个值都对应字段列表中的一个字段，若插入一个完整元组（记录）并且属性（字段）顺序与定义一致，可在基本表名称后面省略属性名称列表。

【例 4.30】 在课程表中，插入一条新记录，命令如下：

INSERT INTO COURSE(课程编号,课程名称,开课学期,课程类型,学分,考试类型)

VALUES('11004','大学体育',1,'公共基础课',4,'考试')

上面的例子，向课程表中添加了一条新记录，该语句中，因为所有字段都插入了数据，所以也可以省略指定字段部分。命令如下：

INSERT INTO COURSE VALUES('11004','大学体育',1,'公共基础课',4,'考试')

上述描述的只是一种简单的插入语句，它只能在关系中生成一个元组，若要生成多个元组，则必须重复执行插入语句。能否使用一个插入语句将符合条件的元组集合都插入到关系中去，其实还有另一种格式，可以解决上述问题。语句格式为：

INSERT INTO target [(field1[, field2[, ...]])] [IN externaldatabase]

SELECT [source.]field1[, field2[, ...]

FROM tableexpression

使用了子查询可以批量插入数据。

4.4.2 更新数据

修改语句则是修改关系中已经存在的元组中某些分量的值，SQL 的数据更新命令格式如下：

UPDATE   TableName

SET Column_Name= eExpression1   [, Column_Name2 = eExpression2 ...]

WHERE FilterCondition   [,FilterCondition…]

一般使用 WHERE 子句来指定条件，以更新满足条件的一些记录的字段值，并且一次可以更新多个字段，如果不使用 WHERE 子句，则更新全部记录。

【例 4.31】 给课程表中"英语"学分增加 1 分，可以使用如下命令：

UPDATE COURSE SET 学分=学分+1 WHERE 课程名称='英语'

4.4.3 删除数据

删除语句是指从关系中删除某些元组，SQL 从表中删除数据的命令格式如下：

DELETE FROM TableName [WHERE Condition]

这里 FROM 指从哪个表中删除记录，WHERE 指定被删除的记录所满足的条件，如果不使用 WHERE 子句，则删除表中所有记录。

【例 4.32】 删除课程表中课程名为"大学体育"的记录，可用命令：

DELETE FROM COURSE WHERE 课程名称='大学体育'

注意，在 Visual FoxPro 中，SQL DELETE 命令同样是逻辑删除记录，如果要物理删除记录，需要继续使用 PACK 命令。

4.5　定　义　视　图

视图是关系数据库系统提供给用户以多种角度观察数据库中数据的重要机制。视图是从一个或几个基本表（或视图）导出的表，它与基本表不同，是一个虚表。数据库只存放视图的定义，而不存放视图对应的数据，这些数据仍存放在原来的基本表中。所以基本表中的数据发生变化，从视图中查询出的数据也改变了。建立视图有两个作用：一个是简化查询命令；另一个是可以限制用户的查询范围。

视图一经定义，就可以和基本表一样被查询、被删除，也可以在一个视图上再定义一个新的视图，但对视图数据的更新（即增加、删除、修改记录）操作则有一定的限制。

4.5.1　视图的定义和删除

1. 用 SQL 建立视图的命令格式

CREATE VIEW　view_name　[(column_name [, column_name]...)]

AS select_statement

[WITH CHECK OPTION]

CREATE VIEW 是关键字，view_name 是视图名，视图命名按标志符命名法则，select_statement 是查询子句。如果所建视图的字段名与子查询（select_statement）子句相同，可省略不写。子查询中，通常不允许有 ORDER BYHUO 和 DISTINCT 短语。其中，"WITH CHECK OPTION"是可选择的，当需要通过视图更新或插入元组时起检验作用，元组必须满足视图定义条件时才执行。

【例 4.33】　创建基于学生表的视图，某次查询中，只要学生表中关于学号、姓名、性别和联系电话的信息。那么可以定义视图：

    CREATE VIEW v_Stu AS;

    SELECT 学号,姓名,性别,联系电话 FROM STUDENT

其中 v_Stu 是视图名称。视图一旦定义后，就可以和基本表一样进行查询，也可以进行一些修改操作。对于最终用户来说，有时并不需要知道操作的是基本表还是视图。

【例 4.34】　创建基于学生表的视图，要求知道未入党的学生的学号、姓名、性别和联系电话的信息。那么可以定义如下视图：

    CREATE VIEW v_Stu1 AS;

    SELECT 学号,姓名,性别,联系电话 FROM STUDENT;

    WHERE 政治面貌!='中共党员' AND 政治面貌!='预备党员'

以上视图，不仅完成了列的筛选，也同时完成了行的筛选。

【例 4.35】创建基于课程表和成绩表的视图，某次查询中，需要知道"英语"这门课程各个同学的成绩，则包括课程名、学生学号、成绩、学分等字段信息。那么可以定义如下视图：

    CREATE VIEW v_Score;

    AS;

    SELECT SCORE.学号,SCORE.成绩,COURSE.课程名称,COURSE.学分;

    FROM SCORE INNER JOIN COURSE ON SCORE.课程编号=COURSE.课程编号;

    WHERE COURSE.课程名称='英语'

以上数据，来自两张相关联的表，重点就是对查询语句的熟练使用。当然还可以用下面的方式实现来实现该视图：

CREATE VIEW v_ Score;

AS;

SELECT SCORE.学号,SCORE.成绩,COURSE.课程名称,COURSE.学分;

FROM COURSE,SCORE;

WHERE COURSE.课程名称='英语' AND COURSE.课程编号=SCORE.课程编号

可以发现，两种实现方式效果是一样的。

2. 删除视图

命令格式：DROP VIEW *ViewName*

【例 4.36】 要删除视图 v_Stu，可以键入命令：

        DROP VIEW v_Stu

4.5.2 视图查询及操作

1. 视图的查询

视图定义后，用户可以如同基本表那样对视图完成查询。

【例 4.37】 要查询视图 v_Stu，可以键入命令：

        SELECT * FROM v_Stu

以上命令完成了对视图所有信息查询，当然也可以用以下方式来完成查询，从而进行行列的筛选。

SELECT 姓名,联系电话 FROM v_Stu WHERE 姓名='张三'

2. 视图的操作

它有插入、更新、删除 3 类操作。

【例 4.38】 要修改视图 v_Stu 中"张三"的性别为"女"，可以键入命令：

        UPDATE v_stu;

        SET 性别='女';

        WHERE 姓名='张三'

其他两个操作读者可仿照基本表的数据操作自行完成。

4.5.3 视图的作用

在 Visual FoxPro 中视图是一个定制的虚拟表，可以是本地的、远程的或带参数的。视图可引用一个或多个表，或者引用其他视图。

视图定义在基本表之上，对视图的一切操作最终要转换为对基本表的操作。而且对于非行列子集视图进行查询或更新时还可能出现问题，那么为什么还要定义视图呢？这是因为视图能够带来许多好处：视图能够简化用户的操作，能提供用户以多种角度看待同一中数据，对重构数据库提供了一定程度的逻辑独立性，而且对不同的用户可以定义不同的视图，使机密数据不出现在不应看到这些数据的用户视图上，从而对机密数据提供安全保护。

习　题

1. 选择题

(1) SQL 查询语句中，FROM 子句不可以出现（　　）。

    A. 基本表名　　　　　　　　　　B. 视图名

    C. 列名　　　　　　　　　　　　D. 表达式

(2) SQL 的含义是（　　）。

    A．结构化查询语言   B．面向对象语言

    C．过程化数据库语言   D．数据库控制语言

(3) SELECT 语句数据库操作的基础，它是属于名为（　　）的数据库基本操作。

    A．选择   B．投影

    C．联接   D．更新

(4) 联接查询两个相关表的必要条件是（　　）。

    A．两个表相同   B．两个表有相同的字段名

    C．两个表具有相同的别名   D．两个表具有相同的索引名

2．填空题

（1）建立数据库表所用的命令关键字是_____。

（2）ORDER BY 子句的作用是_____。

（3）在 SELECT 子句中，Distinct 谓词的作用是_____。

（4）在 SQL SELECT 中用于计算检索的函数有 COUNT、_____、_____、MAX 和 MIN。

3．问答题

（1）论述什么是基本表，什么是视图，两者的区别和联系是什么。

（2）论述 SQL 的定义功能。

（3）SQL 提供了哪些聚合函数，其作用是什么，举例说明它们的应用。

第5章　查询与视图

数据库管理应用程序中，原始数据的输入和信息的输出就是系统的中心工作。建立表的目的就是要对其中的数据做各种处理，如查询、修改、删除等。查询与视图是更新数据库数据、提取数据库记录的一种操作方式，尤其在多表数据库信息的显示、更新和编辑提供了非常简便的方法。本章介绍 Visual FoxPro 中查询与视图的建立、修改、运行，以及多表查询及多表查询视图。

5.1　查　询

查询是 Visual FoxPro 为方便查找数据提供的一种方法。查询是从一张或多张相关的自由表、数据库表、视图中提取满足条件的记录，即设定查询条件，按照选定的输出类型定向输出查询结果。查询结果可以进行排序、分类以及输出字段的设置。查询去向可以存储为多种输出格式，如浏览窗口、表、图形、报表、标签等形式。

查询就是预先定义好的 SQL SELECT 语句，可以直接或反复使用。查询生成的是一个文本文件，以扩展名.qpr 的文件形式存储；查询被运行后，系统还会生成一个编译后的查询文件，扩展名为.qpx。

查询分为单表查询和多表查询，实际应用中常使用多表查询。

5.1.1　利用查询设计器创建查询

1. 创建查询的基本步骤

打开查询设计器，添加创建查询所基于的数据表，定义输出内容，设置联接、筛选、排序、分组条件，选择查询结果的输出形式，保存查询文件，运行查询。

1）打开查询设计器

方法 1：从文件菜单或工具栏上单击【新建】→【查询】→【新建文件】打开查询设计器。

方法 2：当所用到的数据表已在项目中时,从项目管理器窗口中单击【数据】→【查询】→【新建查询】打开查询设计器。

方法 3：从命令窗口中输入命令 create query 查询文件名，该命令用来创建新查询，输入命令 modify query 查询文件名，该命令修改已存在的查询。

2）定义查询的输出内容

单击【字段】选项卡，从可用字段列表框中单击所需字段（当输出的列不是直接来源于表中的字段时，单击函数和表达式框边的按钮，打开表达式生成器，构造出所需的表达式），单击添加按钮，所需字段自动出现在选定字段框中。

3）设置查询的筛选条件

筛选条件决定将哪些记录显示出来。在筛选框中构造筛选条件表达式时，要注意在实例框中输入不同数据类型时的格式：

（1）字符串可以不带引号（当与源表中的字段名相同时才用引号）；

（2）日期型数值要用{ }括起来；

（3）逻辑型数据两侧要带 . 号,如 .T., .F.。

4）设置查询结果的排序依据

排序决定查询输出结果中记录显示的顺序。设置方法如下。

单击【排序依据】，从选定字段框选中字段，选择升序或降序，单击添加。

5）设置查询结果的分组依据

分组是指将一组类似的记录压缩成一个结果记录，目的是为了完成基于该组记录的计算，比如：求平均值、总和、统计个数、其中的最大值、最小值等。用于分组的字段不一定是选定输出的字段，但分组字段不能是一个计算字段。可以用【满足条件】来对分组结果进行进一步筛选。

6）对查询结果的其他设置

可以排除查询结果中所有重复的行，并设置结果的记录范围。

7）选择查询结果的输出类型

默认情况下，查询结果将输出在浏览窗口中，且其中的数据是只读的。一般多选择表或报表。

8）运行查询

在查询设计器打开的状态下，单击常用工具栏上的！按钮或从查询菜单中选择运行查询。其他情况下，可从项目管理器中选中查询文件并单击运行按钮，或从程序菜单中选择执行命令，或从命令窗口中输入：DO 查询文件名。

9）创建多表查询

打开查询设计器，将所需的多个相关表添加进来，设置联接条件，按上面 2）—8)进行。"联接"进行多表查询时，需要把所有相关的表或视图添加到查询设计器的数据环境中，并为这些表建立联接。这些表可以是数据表、自由表或视图。

当向查询设计器中添加多张表时，如果新添加的表与已存在的表之间在数据库中已经建立永久关系，则系统将以该永久关系作为默认的联接条件。否则，系统会打开"联接条件"对话框，并以两张表的同名字段作为默认的联接条件。

在该对话框中有 4 种联接类型：内部联接（inner join），左联接（left outer join），右联接（right outer join）和完全联接（full join），其意义如下。系统默认的联接类型是"内部联接"，可在"联接条件"对话框中更改表之间的联接类型。

内部联接：两个表中的字段都满足联接条件，记录才选入查询结果。

左联接：联接条件左边的表中的记录都包含在查询结果中，而右边的表中的记录只有满足联接条件时，才选入查询结果。

右联接：联接条件右边的表中的记录都包含在查询结果中，而左边的表中的记录只有满足联接条件时，才选入查询结果。

完全联接：两个表中的记录不论是否满足联接条件，都选入查询结果。

2. 用查询向导创建查询设计器界面的各选项卡和 SQL SELECT 语句中的各短语是相对应的

选择用于查询的表或视图对应于 FROM 短语。

【字段】选项卡对应于 SELECT 短语，指定要查询的数据。

【联接】选项卡对应于 JOIN ON 短语，用于编辑联接条件。

【筛选】选项卡对应于 WHERE 短语，用于指定查询条件。

【排序依据】选项卡对应于 ORDER BY 短语，用于指定排序的字段和方式。

【分组依据】选项卡对应于 GROUP BY 短语和 HAVING 短语，用于分组。

【杂项】选项卡中是否要重复记录对应于 DISTINCT 短语，列在前面的记录对 TOP 短语。

3．利用查询设计器可以创建查询

【例 5.1】 利用查询设计器创建单表查询"Student 查询 1"。操作步骤如下：

步骤 1：在 Visual FoxPro 系统主菜单下，打开【文件】菜单，选择【新建】，进入新建窗口。在新建窗口选择【查询】，再按【新建文件】，进入打开窗口。在打开窗口，选择要使用的"Student.dbf"表，进入添加表或视图窗口。如果是创建单表查询，按【关闭】按钮，进入查询设计器窗口，如图 5.1 所示。

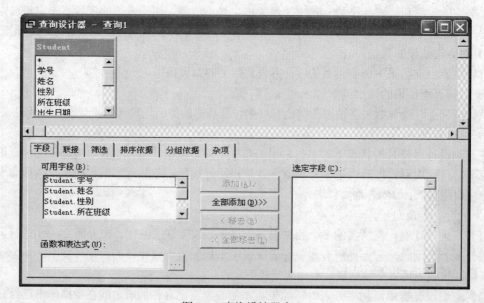

图 5.1　查询设计器窗口

步骤 2：在查询设计器窗口的【可用字段】列表框中选定字段，如图 5.2 所示。

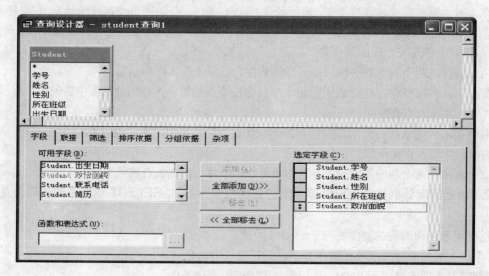

图 5.2　查询设计器窗口

步骤 3：当字段被选定后，单击查询设计器窗口的【退出】按钮，进入系统窗口。在系统窗口，单击【是】按钮，进入另存为窗口。输入创建查询文件名"Student 查询 1"，单击【保存】按钮，

108

一个查询文件建立完成。

利用查询设计器不仅可以创建单表查询，还可以创建多表查询。

【例 5.2】 利用查询设计器创建多表查询"Student 和 Score 查询 1"。操作步骤如下：

步骤 1：打开【文件】菜单，选择【新建】，进入新建窗口。在新建窗口，选择【查询】按钮，再单击【新建文件】按钮，进入打开窗口。在打开窗口，选择要使用的"Student.dbf"表，进入添加表或视图窗口。再添加表或视图窗口，选择另一个要使用的表"Score.dbf"，单击【关闭】按钮，进入查询设计器窗口，如图 5.3 所示。

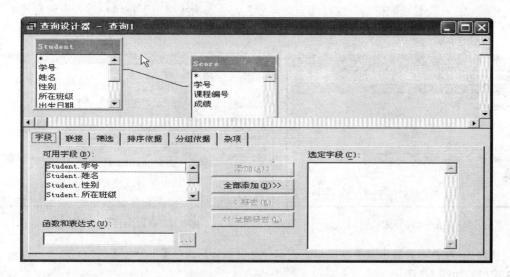

图 5.3　查询设计器窗口

步骤 2：在【查询设计器】窗口的【可用字段】列表框中，依次将"学号"、"姓名"、"课程编号"、"成绩"字段添加到【选定字段】框中，如图 5.4 所示。

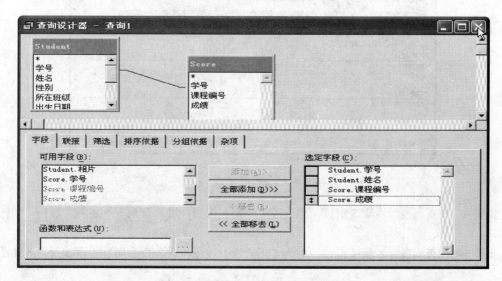

图 5.4　查询设计器窗口选定字段效果

步骤 3：当两个表中可出现在查询中的字段被选定后，单击【查询设计器】窗口的【退出】按钮，进入系统窗口。在系统窗口，单击【是】按钮，进入另存为窗口。在另存为窗口，输入创建查询的文件名"Student 和 Score 查询 1"，单击【保存】按钮，一个多表查询文件建立完成。

5.1.2　利用查询向导创建查询

利用查询向导创建查询，操作方法将举例说明。

【例 5.3】 利用查询向导创建单表查询"Student 查询 2"。操作步骤如下：

步骤 1：在 Visual FoxPro 系统主菜单下，打开【文件】菜单，选择【新建】，进入新建窗口。在新建窗口选择【查询】，单击【向导】按键，进入向导选取窗口，如图 5.5 所示。

步骤 2：在向导选取窗口，选择【查询向导】，再单击【确定】按钮，进入查询向导步骤 1 窗口，选定"Student"表中的"学号"、"姓名"、"性别"、"政治面貌"字段，如图 5.6 所示。

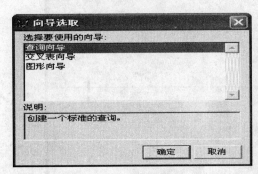
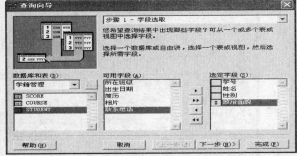

图 5.5　向导选取窗口　　　　　　　　　图 5.6　查询向导步骤 1 窗口

步骤 3：在查询向导步骤 1 窗口与查询向导 2 窗口，都选择【下一步】按钮，进入查询向导步骤 3 窗口，如图 5.7 所示。

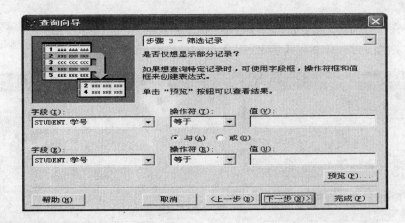

图 5.7　查询向导步骤 3 窗口

步骤 4：在查询向导步骤 3 窗口，单击【下一步】按钮，进入查询向导步骤 4 窗口，如图 5.8 所示。

步骤 5：在查询向导步骤 4 窗口，单击【下一步】按钮，进入查询向导步骤 5 窗口，如图 5.9 所示。

步骤 6：在查询向导步骤 5 窗口，选择【保存查询】按钮，再单击【完成】按钮，进入另存为窗口。另存为窗口，输入创建单表查询文件名"Student 查询 2"，单击【保存】按钮，完成利用查询向导创建单表查询文件的操作。

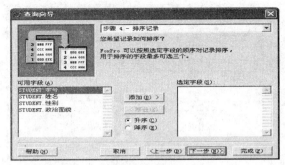

图 5.8 查询向导步骤 4 窗口

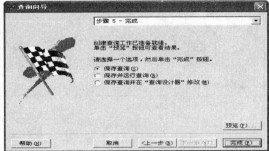

图 5.9 查询向导步骤 5 窗口

【例 5.4】利用查询向导创建多表查询 "Student 和 Score 查询 3" 操作步骤如下：

步骤 1：在 Visual FoxPro 系统主菜单下，打开【文件】菜单，选择【新建】，进入新建窗口。在新建窗口，选择【查询】，再单击【向导】，进入向导选取窗口。在向导选取窗口，选择【查询向导】，再单击【确定】按钮，进入查询向导步骤 1 窗口。选定 "Score" 表中的 "学号"、"姓名"、"性别"、"课程编号"、"成绩" 字段，如图 5.10 所示。

步骤 2：在查询向导步骤 1 窗口，单击【下一步】按钮，进入查询向导步骤 2 窗口，如图 5.11 所示。

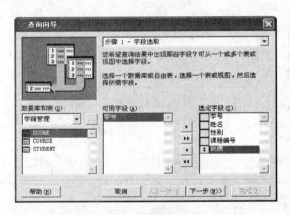

图 5.10 查询向导步骤 1 窗口   图 5.11 查询向导步骤 2 窗口

步骤 3：在查询向导步骤 2 窗口，添加两个数据表间的关联关系，单击【下一步】按钮，进入查询向导步骤 2a 窗口，如图 5.12 所示。

当选定【仅包含匹配的行】按钮后，再单击【下一步】按钮，进入查询向导步骤 3 窗口，如图 5.13 所示。

步骤 4：在【查询向导】步骤 3 窗口，直接按【下一步】按钮，进入【查询向导】步骤 4 窗口，如图 5.14 所示。

步骤 5：在【查询向导】步骤 4 窗口，选择用以排序的字段 "学号"、"课程编号"，然后单击【下一步】按钮，进入【查询向导】步骤 4a 窗口，如图 5.15 所示。

步骤 6：在查询向导步骤 4a 窗口，直接单击【下一步】按钮，进入查询向导步骤 5 窗口。在查询向导步骤 5 窗口，选择【保存查询】按钮，再单击【完成】按钮，进入【另存为】窗口。在另存为窗口，输入创建的多表查询文件名 "Student 和 Score 查询 3"，单击【保存】按钮，完成利用查询向导创建多表查询文件的操作。

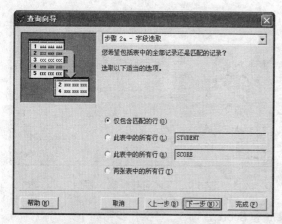

图 5.12　查询向导步骤 2a 窗口

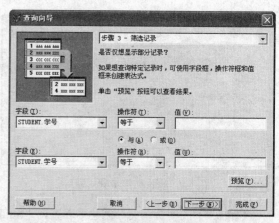

图 5.13　查询向导步骤 3 窗口

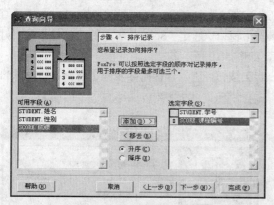

图 5.14　查询向导步骤 4 窗口

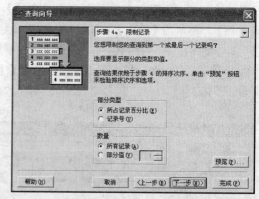

图 5.15　查询向导步骤 4a 窗口

5.1.3　查询的使用

使用查询和使用视图一样，比使用数据表和数据库更方便、快捷和安全。视图和查询相比，视图虽然比查询多了一个更新功能，但是查询的输出格式的多样化又是视图所不及的。使用查询就是确定查询结果的输出格式。

利用已有的查询文件"Student 查询 1"，定制查询结果的输出格式。操作步骤如下。

步骤 1：打开【文件】菜单，选择【打开】，进入打开窗口。在【打开】窗口，输入查询文件名"Student 查询 1"，再单击【确定】，进入查询设计器窗口，如图 5.16 所示。

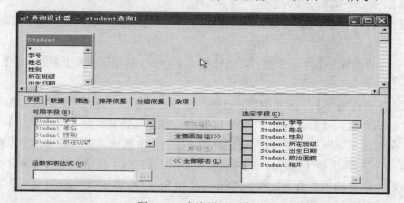

图 5.16　查询设计器窗口

步骤 2：在 Visual FoxPro 系统主菜单下，打开【查询】菜单，选择【查询去向】，如图 5.17 所示，进入【查询去向】窗口，如图 5.18 所示。

图 5.17　查询设计器窗口

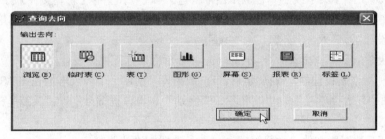

图 5.18　查询去向窗口

步骤 3：在查询去向窗口，系统提供了以下 7 种输出格式，决定查询结果的输出方式。

【浏览】格式：把查询结果送入浏览窗口；

【临时表】格式：把查询结果存入一个临时的数据表中，可以随意处理这个临时表；

【表】格式：把查询结果存入一个数据表中，可以随意处理这个数据表，当关闭这个数据表后，查询结果仍将存在磁盘上；

【图形】格式：把查询结果以图形方式输出；

【屏幕】格式：把查询结果输出到屏幕上；

【报表】格式：把查询结果输出到报表中；

【标签】格式：把查询结果输出到标签中。

5.2　视　图

通过视图既可以查看当前数据，又可以更新数据库表。视图是在数据库表的基础上创建的一种表，它是实际并不存在的虚拟表，视图的结果保存在数据库中。视图不能独立存在，只有打开包含视图的数据库才能使用视图。使用视图从数据库表中提取有用的数据成为自由数据，这样，在表单、报表、文本框和表格控件中可以直接使用视图中的字段作为数据源。

视图根据数据源的来源不同分为本地视图和远程视图。本地视图的数据源和查询的数据源一样，为.dbf格式的表或其他已存在的表。远程视图的数据取自远程数据源（如网络服务器）。

视图具有如下优点：

（1）提供数据库使用的灵活性。一个数据库可以为众多的用户服务，不同的用户对数据库中的不同数据感兴趣。按个人的需要来定义视图，可使不同用户将注意力集中在各自关心的数据上。

（2）减少用户对数据库物理结构的依赖。对于一个数据库来讲，通常其内部数据表的结构发生变化时，与之相关的应用程序也需要做相应的变化与修改，因而十分不便。引入视图后，当数据库的物理结构发生变化时，可以用改变视图的方法来替代应用程序的改变，从而减少了用户对数据库物理结构的依赖性。

（3）支持网络应用。创建远程视图后，用户可直接访问网络上远程数据库中的数据。

5.2.1　利用视图设计器创建视图

创建视图的基本步骤：

从项目管理器中选择一个数据库，选择本地视图，单击新建按钮，选择新视图，添加所需的数据表，在视图设计器建立视图，设置更新条件，保存视图，给出视图名称，关闭视图设计器。打开视图设计器方法如下。

方法1：从【文件】菜单或工具栏上单击【新建】→【视图】→【新建文件】打开视图设计器。

方法2：在项目管理器窗口中，单击【全部】→【数据】→【数据库】→【本地视图】→【新建】打开视图设计器。

方法3：从命令窗口中输入命令 create view 命令用来打开视图设计器。

【例5.5】利用视图设计器，依据"学籍管理"数据库，创建一个多表本地视图"Student 和 Score视图1"，视图中包含"学号"、"姓名"、"性别"、"课程编号"、"成绩"5个字段。操作步骤如下。

步骤1：打开数据库文件"学籍管理"，进入数据库设计器窗口。

步骤2：打开【数据库】菜单，选择【新建本地视图】，如图5.19所示，进入新建本地视图窗口。

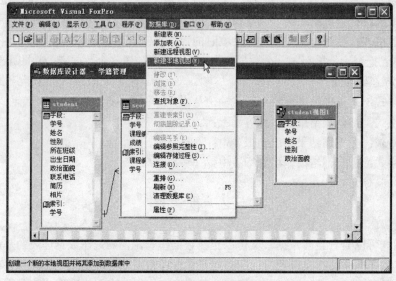

图5.19　数据库设计器窗口

114

步骤3：在新建本地视图窗口，单击【新建视图】按钮，进入视图设计器窗口，同时弹出添加表或视图窗口。在添加表或视图窗口，把建立视图所依据的表"Student"和"Score"添加到视图设计器中，再进入【联接条件】窗口中，如图5.20所示。

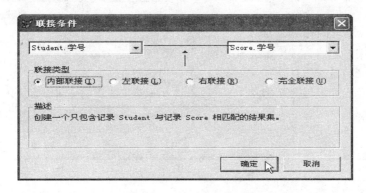

图5.20　联接条件窗口

步骤4：在【联接条件】窗口，选择表间的联接类型，单击【确定】按钮，进入【视图设计器】窗口。在【视图设计器】窗口的可用字段列表框中，逐个单击可用的字段"学号"、"姓名"、"性别"、"课程编号"、"成绩"，再单击【添加】按钮，把"Student"和"Score"表中可用的字段添加到【选定字段】框中，如图5.21所示。

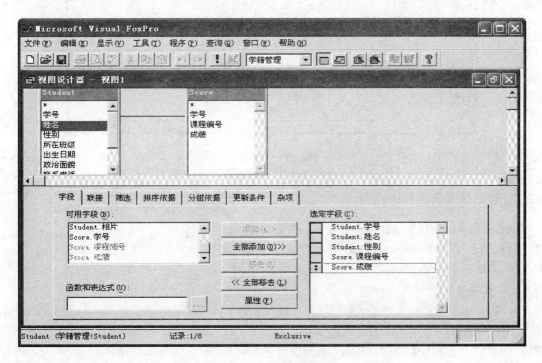

图5.21　视图设计器窗口

步骤5：当表中可出现在视图中的字段被选定后，单击视图设计器窗口的【退出】按钮，进入系统窗口。在系统窗口，单击【是】按钮，进入视图保存窗口。在视图保存窗口，输入创建视图的名字"Student 和 Score 视图 1"，单击【确定】按钮，一个视图文件建立完成，同时被保存在打开的数据库中，如图5.22所示。

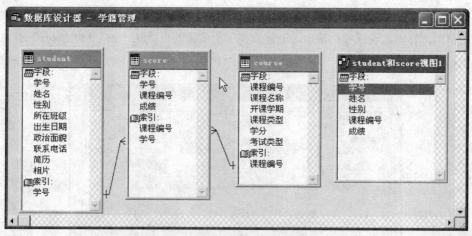

图 5.22　数据库设计器窗口

步骤 6：打开【数据库】菜单，选择【浏览】，进入【视图浏览】窗口，如图 5.23 所示，从图中可以看到，视图"Student 和 Score 视图 1"中的数据是"Student"和"Score"两个表的部分字段的重新组合。

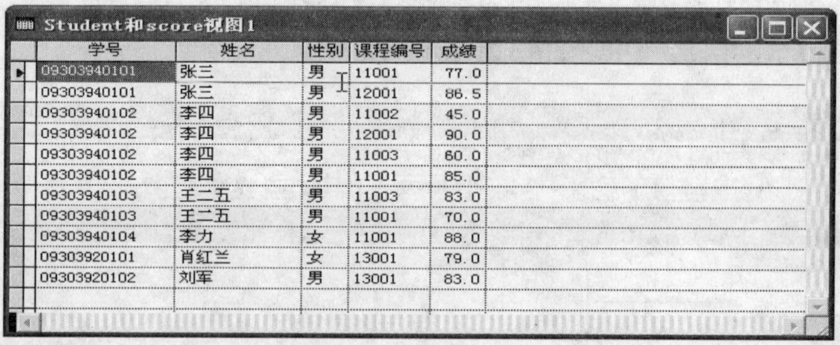

图 5.23　浏览窗口

5.2.2　利用视图向导创建视图

利用视图向导创建本地视图，操作方法将举例说明。

【例 5.6】　利用视图向导，依据"学籍管理"数据库，创建一个多表本地视图"Student 和 Score 视图 2"，视图中包含"学号"、"姓名"、"性别"、"所在班级""课程编号"、"成绩"字段。操作步骤如下。

步骤 1：打开数据库文件【学籍管理】，进入数据库设计器窗口。在 Visual FoxPro 系统主菜单下，打开【数据库】菜单，单击【新建本地视图】，进入新建本地视图窗口。在新建本地视图窗口，单击【视图向导】按钮，进入本地视图向导步骤 1 窗口，如图 5.24 所示。

步骤 2：在本地视图向导步骤 1 窗口，选择"Student"和"Course"表为数据来源，然后逐个选择出现在视图中的字段"学号"、"姓名"、"性别"、"所在班级"、"课程编号"、"成绩"，再单击【下一步】按钮，进入本地视图向导步骤 2 窗口，如图 5.25 所示。

步骤 3：在本地视图向导步骤 2 窗口，添加两个数据表间的关联关系，单击【下一步】按钮，进入本地视图向导步骤 2a 窗口，如图 5.26 所示。

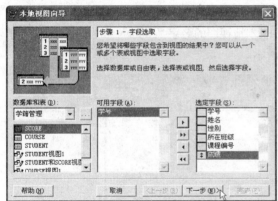

图 5.24　本地视图向导步骤 1 窗口

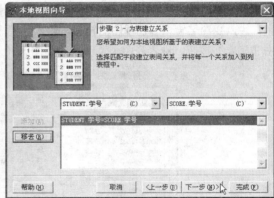

图 5.25　本地视图向导步骤 2 窗口

步骤 4：在本地视图向导步骤 2a 窗口，选择【仅包含匹配的行】选项后，再单击【下一步】按钮，进入本地视图向导步骤 3 窗口，如图 5.27 所示。

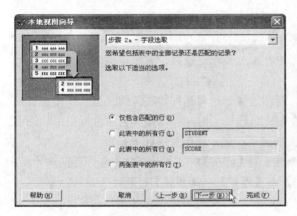

图 5.26　本地视图向导步骤 2a 窗口

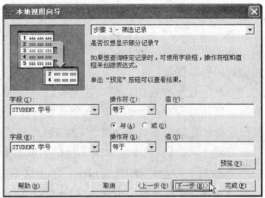

图 5.27　本地视图向导步骤 3 窗口

步骤 5：在本地视图向导步骤 3 窗口，单击【下一步】按钮，进入本地视图向导步骤 4 窗口，如图 5.28 所示。

步骤 6：在本地视图向导步骤 4 窗口，单击【下一步】按钮，进入本地视图向导步骤 5 窗口，如图 5.29 所示。

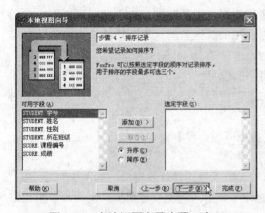

图 5.28　本地视图向导步骤 4 窗口

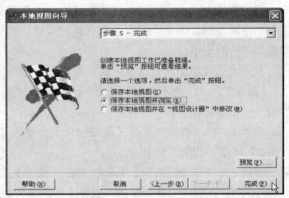

图 5.29　本地视图向导步骤 5 窗口

步骤 7：在本地视图向导步骤 5 窗口，选择【保存本地视图并浏览】选项后，单击【完成】按钮，进入视图名窗口。在视图名窗口，输入创建多表本地视图的名字“Student 和 score 视图 2”单击【确定】按钮，进入视图浏览窗口，如图 5.30 所示。

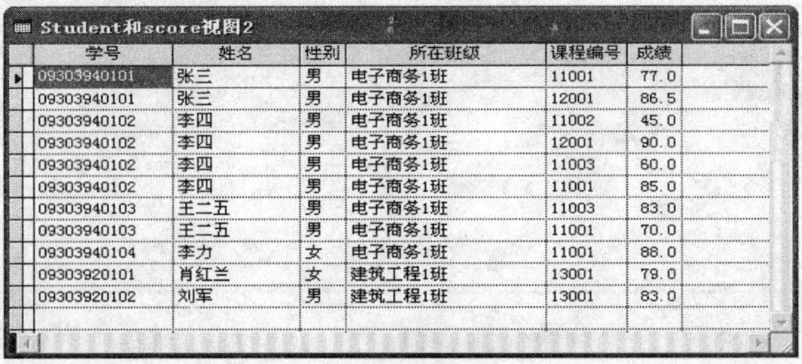

学号	姓名	性别	所在班级	课程编号	成绩
09303940101	张三	男	电子商务1班	11001	77.0
09303940101	张三	男	电子商务1班	12001	86.5
09303940102	李四	男	电子商务1班	11002	45.0
09303940102	李四	男	电子商务1班	12001	90.0
09303940102	李四	男	电子商务1班	11003	60.0
09303940102	李四	男	电子商务1班	11001	85.0
09303940103	王二五	男	电子商务1班	11003	83.0
09303940103	王二五	男	电子商务1班	11001	70.0
09303940104	李力	女	电子商务1班	11001	88.0
09303920101	肖红兰	女	建筑工程1班	13001	79.0
09303920102	刘军	男	建筑工程1班	13001	83.0

图 5.30　浏览窗口

5.2.3　远程视图

利用远程视图可以从服务器的表或其他关系型数据库管理系统中选择满足条件的记录，不需要下载远程数据源的所有记录到本地计算机。用户在本地操作记录时，系统自动将更改后的数据回送到远程数据源。

一般创建远程视图之前，首先要创建连接。视图连接是通向远程数据源的通道。连接是根据数据源创建并保存在数据库的一个命名对象，在创建远程视图时，可以按其名称进行引用，还可以设置命名连接的属性来优化 VFP 与远程数据源的通信。建立连接可用以下方法。

方法 1：从【文件】菜单或工具栏上单击【新建】→【连接】→【新建文件】打开连接设计器。

方法 2：在项目管理器窗口中，单击【数据】→【连接】→【新建】打开连接设计器。

方法 3：从命令窗口中输入命令 CREATE CONNECTION 打开连接设计器。

选择“数据源”，单击【验证连接】按钮验证是否已经连接到远程数据库，若成功，将连接保存。利用数据源或连接建立的远程视图的 SQL 语法要符合远程数据库的语法。

连接建立以后就可以建立远程视图了。建立远程视图首先要选择【连接】或【数据源】，然后进入视图设计器界面建立远程视图，方法和建立本地视图基本一样。

5.2.4　利用视图更新数据

虽然视图是一个“虚表”，但是也可以利用视图更新数据表中的数据。由于视图可以限定数据表中的使用范围，因此也限定了可更新的数据，数据表中的其他数据就不会被破坏，由此可以提高数据维护的安全性。

利用本地视图更新数据表中的数据，操作方法将举例说明。

【例 5.7】 利用本地视图【student 和 score 视图 2】，更新“score”表中“成绩”字段名下的数据，操作步骤如下。

步骤 1：打开数据库文件【学籍管理】，进入【数据库设计器】窗口，激活【student 和 score 视图 2】视图，如图 5.31 所示。

步骤 2：打开【数据库】菜单，选择【修改】选项，进入视图设计器窗口，如图 5.32 所示。

步骤 3：在视图设计器窗口，选择【更新条件】选项卡，进入视图设计器另一页面，如图 5.33 所示。

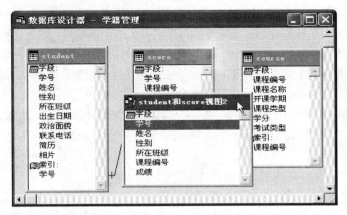

图 5.31 数据库设计器窗口

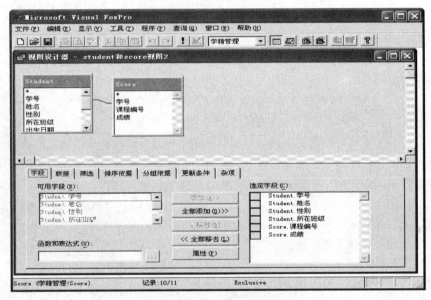

图 5.32 视图设计器窗口

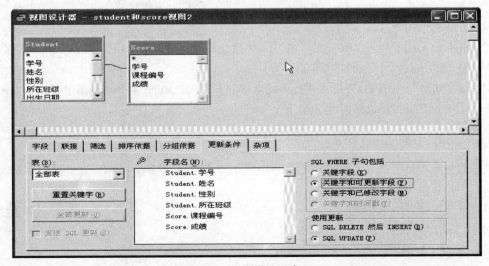

图 5.33 视图设计器窗口

119

步骤 4：在此页面，选择要更新数据的字段名。如果想更新"Score"表中的"成绩"字段，在"字段名"列表框内选择符号 ，表示"成绩"字段为可更新字段；如果选择"发送 SQL 更新"复选框，可把视图的更新结果返回表中。当要更新数据的字段名确定后，单击【退出】按钮，进入系统窗口。在系统窗口，单击【是】按钮，结束更新条件的设置，返回 Visual FoxPro 系统主菜单下，然后就可利用【Student 和 Score 视图 2】视图，更新数据表中"成绩"字段的数据。

在视图设计器中，"更新条件"选项卡控制对数据源的修改（如更改、删除、插入）应发送回数据源的方式，而且还可以控制对表的特定字段定义是否为可修改字段，并能对用户的服务器设置合适的 SQL 更新方法。

"更新条件"对话框中各主要选项的含义如下：

"表"下拉列表框：设置可选择的源表。

"字段列表框"：在此列表框中显示源表的所有字段、标记关键字和可修改的字段。

"钥匙图标"：标识关键字段列。在某字段的左边第一个按钮上单击，可设置或取消该字段为关键字。如果没有设置一个字段为关键字，则无法对源表进行更新。

"铅笔图标"：标识可修改的字段列。在某字段的左边第二个按钮上单击，可以设置或取消该字段为可修改字段。如果没有一个字段设置为可修改字段，即使在"浏览"窗口中修改了字段的值，也不可能更改源表的数据。

"重置关键字"按钮：重新设置所有的关键字和可修改的字段。

"全部更新"按钮：使所有的字段都可以修改。

在多用户环境下，可能出现多人同时对相同的数据库进行修改操作的情况，这就可能发生冲突。冲突是指当前视图中的旧值与原始表中当前值不相等。如果发生冲突，则不能实现将视图修改传送到原始表中。VFP 6.0 中文版是通过"SQL WHERE 子句包括"区中的选项来设置检测冲突规则。

"关键字段"按钮：当源表中的关键字段被改变时，则更新操作失败。

"关键字段和可更新字段"按钮：当源表中的关键字段或任何被标记为可修改的字段被修改时，则更新操作失败。

"关键字段和已修改字段"按钮：当源表中的关键字段或任何被标记为可修改的字段被改变时，则更新操作失败。

"关键字段和时间戳"按钮：如果从视图抽取此记录后，远程数据表中此记录的时标被改变时，则更新操作失败。

"SQL DELETE"然后"INSERT"按钮：采取先删除服务器上的原始表的相应记录，然后由在视图中修改的值取代该记录的更新方式。

"SQL UPDATE"按钮：采取通过服务器支持的 SQL UPDATE 命令用视图中字段的变化来修改服务器上的原始表的记录的更新方式。

5.2.5　视图的使用

视图的使用类似于表。用菜单方式对视图中的记录进行编辑的方法与操作数据表相同，也可用命令操作。视图操作基本命令如下。

（1）打开视图文件并浏览。

OPEN DATABASE 数据库名

USE 视图文件名

BROWSE

在打开数据库后也可以使用 SQL 语句来操作视图，如：

SELECT 字段名 FROM 视图文件名 WHERE 条件；

UPDATE 视图文件名 SET 表达式 WHERE 条件。

（2）修改视图。

MODIFY VIEW 视图文件名

（3）视图重命名。

RENAME VIEW 原视图文件名 TO 新视图文件名

（4）删除视图。

DELETE VIEW 视图文件名

5.3 本章小结

查询和视图都可以用来从一个或多个相关联的表中查找有用的信息，查询中的数据是只读的，视图还能对查找到的数据进行修改，修改的结果能够回送到数据源表中，更新表。查询中的数据源只能是 VFP 或其他 Xbase 软件建立的.DBF 表和 VFP 视图。视图的数据源除 VFP 表和视图，还可以是远程的数据，如通过 ODBC 连接的数据库。查询生成的是一个文本文件，以扩展名 . qpr 的文件形式存储。视图是在数据库表的基础上创建的一种表，它是实际并不存在的虚拟表，视图的结果保存在数据库中。使用查询和视图，比使用数据表和数据库更方便、快捷和安全。

查询设计器和视图设计器的界面和使用几乎完全相同，主要有以下两点区别：视图设计器多了"更新条件"选项卡，进行更新属性设置；视图设计器中没有"查询去向"的问题。查询设计器和视图设计器只能建立一些比较规则的查询和视图，而复杂的查询和视图还是需要用 SQL 语句来完成。

习　题

1. 选择题

(1) 关于视图和查询，以下叙述正确的是（　　）。

    A. 视图和查询都只能在数据库中建立   B. 视图和查询都不能在数据库中建立

    C. 视图只能在数据库中建立   D. 查询只能在数据库中建立

(2) "查询设计器"和"视图设计器"相比，没有（　　）选项卡。

    A. 更新条件   B. 筛选   C. 联接   D. 分组依据

(3) 视图不能单独存在，它必须依赖于（　　）。

    A. 视图   B. 数据库   C. 数据表   D. 查询

(4) 关于视图，以下叙述正确的是（　　）。

    A. 视图是从一个或多个数据库表基础上创建的虚拟表

    B. 视图上不能进行更新操作

    C. 视图和数据库表相同可以用来存储数据

    D. 视图和数据库表不能进行联接操作

(5) 关于视图和查询，以下叙述正确的是（　　）。

    A. 视图和查询都是存储数据的表

    B. 视图和查询后生成同一种文件

C. 查询是预先定义好的 SQL SELECT 语句

D. 视图是预先定义好的 SQL SELECT 语句

(6) 关于视图，以下叙述错误的是（　　　）。

   A. 视图上建立的索引是临时的

   B. 视图上可以建立基本表的索引

   C. 视图上可以修改基本表的结构

   D. 视图上可以修改基本表的记录数据

2. 填空题

（1）在查询设计器中"分组依据"选项卡与 SQL 语句的_____短语对应。

（2）在查询设计器中"联接"选项卡与 SQL 语句的_____短语对应。

（3）如果要在屏幕上直接看到查询结果，"查询去向"应该选择_____。

（4）远程数据视图必须首先建立_____。

第6章 面向过程程序设计

Visual FoxPro 提供了两种工作方式，即交互方式和程序方式。前面各章都是以交互方式，即在命令窗口中逐条输入命令或通过选择菜单来执行 Visual FoxPro 命令。也可以采用程序的方式来调用 Visual FoxPro 系统功能，来解决较为复杂的应用问题。本章将介绍程序设计及其相关的一些内容，包括程序文件的建立、修改与运行，程序文件的常用命令，程序的基本结构，过程文件及过程调用等内容。

6.1 程序与程序文件

6.1.1 程序的概念

交互式方式是在命令窗口上输入并执行某一条命令，或者是对 Visual FoxPro 系统的菜单进行操作，以达到对计算机进行操作的目的。用这种方式来处理简单的数据库管理问题时，显得十分方便和灵活，但不能处理一些复杂的问题，更不能形成应用系统。为此，Visual FoxPro 提供了另一种方式，即程序执行方式。

程序是能够完成一定任务的命令的有序集合。存放这些命令的文件就称为命令文件或程序文件。只要执行该文件，计算机就自动有序地执行该文件中的命令序列，改"人机对话"为"程序与机器对话"，从而解决某些复杂问题。与在命令窗口逐条输入命令相比，采用程序方式有以下优点：

（1）可以利用编辑器，方便地输入、修改和保存程序。

（2）可以用多种方式、多次运行程序。

（3）可以在一个程序中调用另一个程序。

【例6.1】 已知 a 和 b 两个数，它们分别为 5 和 10,求它们的和(用 c 来表示)。

```
CLEAR
SET TALK OFF
a=5
b=10
c=a+b
?"a 和 b 的和为",c
SET TALK ON
RETURN
```

下面是对程序的几点说明。

（1）SET TALK ON|OFF 命令。许多数据处理命令(如 AVERAGE、SUM、SELECT-SQL 等)在执行时都会返回一些有关执行状态的信息，这些信息通常会显示在 Visual FoxPro 主窗口、状态栏或用户自定义窗口里。SET TALK 命令用以设置是(ON)、否(OFF)显示这些信息，默认值为 ON。

（2）命令分行。一个命令行内只能写一条命令，命令行的长度不得超过 2048 个字符，程序中每条命令都以 Enter 键结尾，一行只能写一条命令。若命令需要分行书写，应在一行终了时键入续行符"; "，再按 Enter 键。

为便于阅读，可以按一定的格式输入程序，即一般程序结构左对齐，而控制结构内的语句序列比控制结构的语句缩进若干格。

（3）程序命令不分大小写。

（4）执行 RETURN 时，主程序停止执行。

在 Visual FoxPro 中，程序代码除了可以保存在程序文件中，还可以出现在报表设计器和菜单设计器的过程代码窗口、表单设计器和类设计器的事件或方法代码窗口中。

另外，还可以在命令窗口中像执行程序一样一次执行多条命令。方法如下：

（1）在命令窗口中选择需要执行的多条命令。

（2）按 Enter 键，或单击右键并在弹出的快捷菜单中选择"运行所选区域"。

6.1.2 程序文件的建立与运行

1. 程序文件的建立

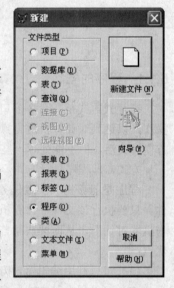

图 6.1 【新建】对话框

Visual FoxPro 程序是由若干条语句或指令组成的文本文件。该文件可用任何文本编辑器或字处理软件来建立。Visual FoxPro 程序文件的扩展名为.prg。这里介绍两种建立程序的方法。

方法 1：命令方式新建程序文件，在命令窗口中，键入以下命令：

MODIFY COMMAND [<程序文件名>]

命令功能：调用 Visual FoxPro 的文本编辑程序，用来建立和编辑程序。文件扩展名隐含为.prg。

方法 2：菜单方式建立程序文件。

单击【文件】菜单，再单击【新建】或者直接单击常用工具栏的【新建】按钮，打开【新建】对话框。在【新建】对话框中，单击【程序】单选按钮，如图 6.1 所示，然后再单击【新建文件】按钮。以上操作结束后会打开"程序 1"的程序编辑窗口，就可以在这个编辑窗口中输入程序代码。

此外，用户在程序编辑窗口创建和编辑程序之后，关闭窗口时 Visual FoxPro 会显示如图 6.2 所示的系统提示框，询问用户是否存盘，这就避免了由于不必要的失误所造成的损失。

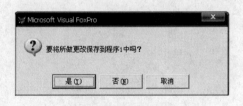

图 6.2 系统提示框

2. 程序文件的编辑

当用户想要编辑某个已经存在的程序文件时，可以采用以下几种方法。

方法 1：在"命令"窗口中键入命令来打开并编辑程序文件。

MODIFY COMMAND <程序文件名>

执行该命令后，若程序文件已存在，则调用该文件进入编辑窗口编辑，编辑前的文件保存在以.bak 为扩展名的后备文件中。若文件不存在，该命令将建立一个新的程序。文件编辑结束后存盘退出。

方法 2：选择【文件】菜单下的【打开】，或者单击工具栏上的【打开】按钮，打开如图 6.3 所示的【打开】对话框；在【文件类型】框中选择【程序】，再从【文件名】列表框中选中一个文件名，单击【确定】按钮将其打开。

图 6.3　【打开】对话框

在程序文件编辑窗口中，用户可以录入和修改程序，其使用方法和其他文本编辑软件如记事本等类似。

3. 程序文件的运行

程序文件建立或编译后就可以运行，运行程序有多种方法，选择下面的任一方法均可运行程序。

方法 1：菜单方式运行程序。

选择【程序】菜单下的【运行】菜单，利用【运行】对话框选择要运行的程序，并单击【运行】命令按钮。

方法 2：命令方式运行程序。

格式：DO <程序文件名>

系统将指定的程序文件调入内存并运行。当文件被调用时，按文件中语句出现的顺序执行。直到遇到 RETURN、CANCEL、QUIT、DO 命令之一或程序执行到文件尾时，该程序才会停止执行。

（1）RETURN:结束当前程序的执行，返回到调用它的上级程序，若无上级程序则返回到命令窗口。

（2）CANCEL：终止程序运行，清除所有的私有变量，返回命令窗口。

（3）QUIT：退出 Visual FoxPro 系统，返回到操作系统。

（4）DO：转去执行另一个程序。

文件被调用执行完后，将返回到调用程序或主控程序，或命令窗口状态。

Visual FoxPro 程序文件通过编译、连编，可以产生不同的目标代码文件，这些文件具有不同的扩展名。当用 DO 命令执行程序文件时，如果没有指定扩展名，系统将按下列顺序寻找该程序文件的源代码或某种目标代码文件执行：.exe(Visual FoxPro 可执行文件)→.app(Visual FoxPro 应用程序)→.fxp(编译文件) →.prg(源程序文件)。

除了以上两种程序执行的方法外，也可以在程序打开并且为当前程序的情况下，单击常用工具栏上的【!】命令按钮执行程序。

6.2　与程序相关的命令语句

6.2.1　注释语句

注释是写给用户看的，是为了增加程序的可读性，使读较复杂程序时不用翻阅其他相关说明资料，即可读懂程序，注释语句为非执行代码，不会对程序执行结果产生任何的影响。

格式 1：Note | * [<说明文字>]。

功能：以 Note 或*号开头的代码行为注释行，可放在程序任一部分，但必须在该行的开头，一般用于对整个程序或整段程序进行说明。

格式 2：&&[<说明文字>]。

功能：这种注释是添加在命令行后，对这行的语句进行注释。

对【例 6.1】程序加上注释，如下：

```
Note 求两个数的和
CLEAR                &&清除 Visual FoxPro 主窗口的全部内容
SET TALK OFF
a=5                  &&对变量 a 赋值
b=10                 &&对变量 b 赋值
c=a+b                &&求出 a 和 b 的和，并赋值给 c
?"a 和 b 的和为",c     &&在屏幕上输出 c 的值
SET TALK ON
RETURN
```

6.2.2　输出语句

1. 文本输出语句

格式：Text

<文本输出内容>

EndText

功能：在屏幕或打印机上输出文本输出内容。即对 Text 与 EndText 之间的文本文件原样输出，对程序运行无其他影响。这条命令通常是用于程序中对用户说明某些问题。与注释语句不同的是，注释语句在程序运行时不输出任何信息，而 Text 语句会被执行，输出一般用于提示信息等。

例如：若在程序中有以下一段语句：

```
TEXT
  USE score
  LIST
ENDTEXT
```

以上语句段的运行结果是：

```
  USE score
  LIST
```

2. 打印输出语句

格式 1：?<表达式列表>。

格式 2：??<表达式列表>。

功能：计算表达式列表中各表达式的值，并将其显示在屏幕上。格式 1 是从下一行开始显示，即换行后输出。格式 2 是在当前位置输出。当要显示多个表达式时，中间用逗号"，"隔开，如单独使用"？"，则将光标换到下一行起始处，不输出任何内容，但影响下一次输出的行位置。

例如：a=5

?"a=",a

输出结果为：a=5

3．定位输出与输入语句

上面的输出命令基本上能完成程序输出的目的。但有时为了能按一定的要求来设计屏幕格式，使之美观、方便，下面介绍屏幕显示格式控制命令。

格式：@<行,列> [SAY <表达式>] [GET <变量>] [DEFAULT <表达式>]

　　　[RANGE <表达式 1>,<表达式 2>] [VALID <条件>]

功能：在屏幕上指定行、列位置输出指定表达式的值，并且（或者）获得所指定变量的值。

说明：

（1）@<行,列>用来指定在屏幕上输出的行、列位置坐标。

（2）SAY <表达式> 用来在屏幕上输出表达式的值。

（3）GET <变量> 子句用来在屏幕上输入指定变量的值，且必须与 READ 命令配套使用。

（4）DEFAULT <表达式> 子句用来给 GET <变量> 子句中的变量赋初值。

（5）RANGE <表达式 1>,<表达式 2> 子句用来规定由 GET 子句输入的数值型或日期型数据的上下界，<表达式 1>为下界，<表达式 2>为上界。

（6）VALID <条件> 子句用来规定 GET 子句输入的变量值所需符合的条件，以检测在 READ 操作时由键盘输入数据的合法性。

【例 6.2】 将学生成绩表（SCORE.DBF）打开，新增加一条记录的内容，增加完成后在浏览窗口显示数据表记录内容。该程序代码如下：

```
CLEAR
USE  STUDENT
APPEND BLANK
@ 3,8 SAY "请输入学生成绩："
@ 4,8 SAY "学号：" GET 学号
@ 5,8 SAY  "课程编号：" GET 课程编号
@ 6,8 SAY "成绩："  GET 成绩
READ
BROWSE
RETURN
```

6.2.3　输入语句

1. INPUT 命令

格式：INPUT [<提示信息>] TO <内存变量名>

功能：显示提示信息，暂停正在运行的程序，等待用户从键盘输入数据或表达式并按 Enter 键后，将数据或表达式的值存入指定的内存变量中，再执行中断了的程序。

说明：

（1）可以输入字符型、数值型、日期型和逻辑型表达式，这些输入的数据类型也解决了变量的数据类型。

（2）提示信息为可选，如有则在屏幕上显示提示信息再等待数据输入。

（3）输入的数据可以是常量、变量，也可以是更为一般的表达式。但不能不输入任何内容直接按 Enter 键。若输入无效或空数据，则系统要求重新输入。

（4）输入字符型数据要加定界符。输入逻辑型数据要加圆点如.F.、.T.等。输入日期型数据可以使用 ctod（）函数，日期时间型常量要用括号（如{^2009-11-16}）。

【例6.3】 从键盘随机输入一个圆的半径，求圆的周长和面积。

```
SET TALK OFF
CLEAR
INPUT  "请输入圆的半径为" TO R
L=2*PI()*R
S=PI()*R*R
?"圆的周长为", L
?"圆的面积为",S
SET TALK ON
RETURN
```

该程序执行时，屏幕将显示如下：

请输入圆的半径为

这时用户从键盘输入 5 后按 Enter 键，显示结果如下：

该圆半径为：　　31.42

该圆面积=　　　78.54

该程序可以无数次运行，从而求出多个半径值不同的圆的周长和面积。

2. ACCEPT 命令

格式：ACCEPT[<字符表达式>] TO <内存变量名>

功能：该命令等待用户从键盘输入字符串。当用户按 Enter 键结束输入时，系统将字符串存入指定的内存变量，程序继续运行。

说明：

（1）如果选用<字符表达式>，那么系统会首先显示该表达式的值，作为提示信息。

（2）该命令只能接收字符串。用户在输入字符串时不需要加定界符；否则，系统会把定界符作为字符串本身的一部分。

（3）如果不输入任何内容而直接按 Enter 键，系统会把空串赋值给指定的内存变量。

【例6.4】 从键盘随机输入某个表的文件名，要求打开并显示此表的内容。

```
CLEAR
SET TALK OFF
ACCEPT "请输入表文件名" TO FileName
USE &FileName
LIST
USE
RETURN
```

说明：程序中第 4 句使用了宏替换函数，这是由于 FileName 本身不是文件名，而其内容才是文件名。

INPUT 语句与 ACCEPT 语句的区别是：ACCEPT 命令只能接收字符串，而 INPUT 语句可以接收任意类型的 Visual FoxPro 表达式；如果输入的是字符串，ACCEPT 语句不要使用字符型定界符，而 INPUT 语句必须用定界符括起来。

3. WAIT 命令

格式：WAIT [<字符表达式>] [TO <内存变量>] [WINDOWS[AT <行坐标>,<列坐标>]] [NOWAIT][CLEAR]|NOCLEAR[TIMEOUT <等待秒数>]

功能：该命令显示字符表达式的值作为提示信息，暂停程序的执行，直到用户按任意键或单击鼠标时继续程序的执行。

说明：

（1）如果<字符表达式>值为空串，那么不会显示任何提示信息。如果没有指定<字符表达式>，则显示默认的提示信息"按任意键继续"。

（2）<内存变量>用来保存用户键入的字符，其类型为字符型。若用户按的是 Enter 键或单击了鼠标，那么<内存变量>中保存的将是空串。若不选 TO<内存变量>短语，输入的单字符不保留。

（3）一般情况下，提示信息被显示在 Visual FoxPro 主窗口或当前用户自定义窗口里。如果指定了 WINDOWS 子句，则会出现一个 WAIT 提示窗口，以显示提示信息。提示窗口一般定位于主窗口的右上角，也可用 AT 短语指定其在主窗口中的位置。

（4）若同时选用 NOWAIT 短语和 WINDOWS 子句，系统将不等待用户按键，直接往下执行。

（5）若选用 NOCLEAR 短语，则不关闭提示窗口，直到用户执行下一条 WAIT WINDOWS 命令或 WAIT CLEAR 命令为止。

（6）TIMEOUT 子句用来设定等待时间（秒数）。一旦超时就不再等待用户按键，自动往下执行。

【例 6.5】 WAIT 命令使用实例。

WAIT "输入无效，请重新输入…" WINDOWS TIMEOUT 5

命令执行时，在主窗口右上角出现一个提示窗口，其中显示提示信息"输入无效，请重新输入…"（如图 6.4）之后，程序暂停执行。当用户按任意键或超过 5s 时，提示窗口关闭，程序继续执行。

图 6.4　提示窗口

6.3　程序的基本结构

程序结构是指程序中命令或语句执行的流程结构。Visual FoxPro 结构化程序设计有 3 种基本的控制结构，它们是顺序结构，即按命令（或称为语句）的排列顺序依次执行。分支结构，即根据一定的条件，判断它成立与否而决定程序的执行走向，这种结构体现了计算机的逻辑判断能力。循环结构，即重复执行某一段命令或语句，直到不满足给定条件并转向其他命令或语句为止。每种结构严格地讲只有一个入口和一个出口。

6.3.1　顺序结构

顺序结构是程序中最基本、最常见的结构。在顺序结构程序中，始终按照语句排列的顺序，逐条的依次执行。例如，前面讲的几个例题就是顺序结构。

【例6.6】 建立一个查询程序文件。

```
OPEN DATABASE 学籍管理
USE STUDENT
ACCEPT "请输入学生的姓名" TO NAME
LOCATE FOR 姓名=NAME
DISPLAY
USE
RETURN
```

【例6.7】 输入三角形边长，求三角形面积。

此处由于只讲顺序结构，假设输入的三个数，a,b,c 能构成三角形，则 s＝（a+b+c）/2，面积 area＝$\sqrt{s(s-a)(s-b)(s-c)}$，据此程序编写如下：

```
SET TALK OFF
CLEAR
INPUT "请输入三角形第一边长值: " TO a
INPUT "请输入三角形第二边长值: " TO b
INPUT "请输入三角形第三边长值: " TO c
s=(a+b+c)/2
area=SQRT(s*(s-a)*(s-b)*(s-c))
?"三角形的面积=",area
SET TALK ON
RETURN
```

【例6.8】 从键盘任意输入一个小写字母，要求改成大写字母输出。

```
SET TALK OFF
CLEAR
WAIT "请输入一个小写字母" TO a
x=asc(a)
y=chr(x-32)
?y
SET TALK ON
RETURN
```

【例6.9】 输入两个数到变量 A、B 中，然后交换两个变量的值并显示。

```
SET TALK OFF
CLEAR
INPUT "A=" TO A
INPUT "B=" TO B
?"A 和 B 的值分别为:",A,B
T=A
A=B
B=T
?"A 和 B 的值交换后分别为:",A,B
SET TALK ON
```

130

```
RETURN
```

6.3.2 分支结构

顺序结构是按程序结构的物理顺序一个个依次执行，是程序中最基本的结构，但在计算机应用的许多场合，要求程序根据不同的逻辑条件转向不同的程序方向，这些不同的转向构成了分支结构。

1. 简单分支语句

格式：IF<条件表达式>

        <语句序列>

    ENDIF

功能：<条件表达式>可以是各种表达式的组合，其值必须为逻辑值，也可以是逻辑常量或变量。当其值为"真"时，就顺序执行<语句序列>，然后再执行 ENDIF 后面的语句；当值为"假"时，直接执行 ENDIF 后面的语句。IF 和 ENDIF 必须成对出现，不可或缺，语句序列可以是一条或多条语句。该语句的执行过程如图 6.5 所示。

【例 6.10】某人通过邮政局向某地寄交"特快专递"邮件，计费标准每克为 0.05 元，但超过 100 克后，超出数每克为 0.02 元。试编写程序计算邮费。

方法：先按第一个公式计算邮费，若发现邮件重量大于 100 克，再按第二个公式计算邮费。

```
SET TALK OFF
CLEAR
INPUT "请输入邮件重量:" TO w
f=w*0.05
IF w>100
    f=100*0.05+(w-100)*0.02
ENDIF
?"邮费为:",f
SET TALK ON
RETURN
```

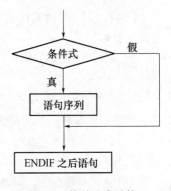

图 6.5　简单分支结构

错误的方法：不管邮件重量如何，最终结果都是按第二个公式计算出来的。

```
SET TALK OFF
CLEAR
INPUT "请输入邮件重量:" TO w
IF w<=100
    f=w*0.05
ENDIF
f=100*0.05+(w-100)*0.02
?"邮费为:",f
SET TALK ON
RETURN
```

2. 选择分支语句

格式：IF <条件表达式>

131

<语句序列 1>

ELSE

　　<语句序列 2>

ENDIF

功能：<条件表达式>其值为"真"时，就顺序执行<语句序列 1>，然后再执行 ENDIF 后面的语句；当值为"假"时，就顺序执行<语句序列 2>，然后再执行 ENDIF 后面的语句。IF、ELSE、ENDIF 语句应分别占一行。该语句的执行过程如图 6.6 所示。

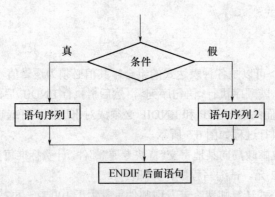

图 6.6　有 ELSE 的分支结构

【例 6.11】 对例 6.10 进行更改。根据邮件重量是小于等于 100 克还是大于 100 克，用不同的公式计算邮费。

问题分析：设邮件重量为 W 公斤，应付运费为 f 元，则运费公式为

$$f=w*0.05 \qquad\qquad 当 W\leq100$$
$$f=100*0.05+(w-100)*0.02 \qquad 当 W>100$$

根据以上分析，程序如下：

```
SET TALK OFF
CLEAR
INPUT "请输入邮件重量:" TO w
IF w<=100
   f=w*0.05
ELSE
   f=100*0.05+(w-100)*0.02
ENDIF
?"邮费为:",f
SET TALK ON
RETURN
```

在实际应用中，可能遇到要使用多选择结构，此类问题，可以通过 IF-ENDIF 嵌套来解决。在分支语句中 IF 必须和 ENDIF 配对。系统在执行分支语句时，由 IF 语句的最内层开始，逐层将 IF 和 ENDIF 配对。所以在多层分支嵌套时应注意配对关系，以免配对错误引起逻辑错误。

【例 6.12】 求 X、Y、Z 3 个数中的最大值。

```
SET TALK OFF
CLEAR
```

132

```
INPUT "请输入第一个数值" to X
INPUT "请输入第二个数值" to Y
INPUT "请输入第三个数值" to Z
IF X>=Y .AND. X>=Z
    MAX=X
ELSE
    IF Y>=X .AND. Y>=Z
        MAX=Y
    ELSE
        MAX=Z
    ENDIF
ENDIF
?MAX
SET TALK ON
RETURN
```

【例6.13】 从键盘输入一个学生的成绩，并判断其成绩是否为优（80分以上），中（70分到80分），及格（60分到70分），不及格（小于60分）。

```
SET TALK OFF
CLEAR
INPUT "请输入一个学生的成绩" TO score
IF score>=80
    ?"该学生的成绩为优!",score
ELSE
    IF score>=70
        ?"该学生的成绩为中",score
    ELSE
        IF score >=60
            ?"该学生的成绩为及格",score
        ELSE
            ?"该学生的成绩为不及格",score
        ENDIF
    ENDIF
ENDIF
SET TALK ON
RETURN
```

3. 结构分支语句

格式：DO CASE

        CASE<条件表达式1>

            <语句行序列1>

        CASE<条件表达式2>

            <语句行序列2>

⋮

        CASE<条件表达式 N>

            <语句行序列 N>

      [OTHERWISE

            <语句行序列 N+1>]

    ENDCASE

功能：语句执行时，依次判断 CASE 后面的条件是否成立。当发现某个 CASE 后面的条件时，就执行该 CASE 和下一个 CASE 之间的命令序列，然后执行 ENDCASE 后面的命令。如果所有的条件都不成立，则执行 OTHERWISE 与 ENDCASE 之间的命令序列，然后执行 ENDCASE 后面的语句。

（1）不管有几个 CASE 条件成立，只有最先成立的那个 CASE 条件的对应命令序列被执行。

（2）如果所有 CASE 条件都不成立，且没有 OTHERWISE 子句，则直接跳出本结构。

（3）DO CASE 和 ENDCASE 必须成对出现，DO CASE 是本结构的入口，ENDCASE 是本结构的出口。

（4）DO CASE 与第一个 CASE 之间的语句不会被执行。

【例6.14】 用 DO CASE…ENDCASE 语句改写例6.13。

```
SET TALK OFF
CLEAR
INPUT "请输入一个学生的成绩" TO score
DO CASE
   CASE score>=80
        ?"该学生的成绩为优!",score
   CASE score>=70
        ?"该学生的成绩为中",score
   CASE score >=60
        ?"该学生的成绩为及格",score
   OTHERWISE
        ?"该学生的成绩为不及格",score
ENDCASE
SET TALK ON
RETURN
```

6.3.3 循环结构

在前面讲的顺序结构和选择分支结构中，每一条语句只执行一次。而在实际应用中，经常遇到需要重复某些相同的操作，即重复执行某一个语句序列，这种程序就称为循环结构程序。

1. 条件循环语句

格式：DO WHILE<条件表达式>

        语句序列（又称循环体，其中可以使用 LOOP、EXIT 等强制退出语句）

    ENDDO

功能：执行该语句时，先判断 DO WHILE 处的循环条件是否成立，如果条件为真，则执行 DO WHILE 与 ENDDO 之间的语句序列。当执行到 ENDDO 时，返回到 DO WHILE，再判断循环

134

条件是否为真，以确定是否再次执行循环体。若条件为假，则结束该循环语句，执行 ENDDO 后面的语句。循环语句执行过程如图 6.7 所示。

（1）在循环体中可以使用 LOOP 语句退出本次循环，即在执行循环体时，如遇到 LOOP 语句，则返回到循环入口 DO WHILE 语句，进入下一次循环。

（2）在循环体中如果遇到 EXIT 语句，则强制结束本次循环，执行 ENDDO 后面的语句。

（3）由于 LOOP 语句与 EXIT 语句功能是退出本次循环和整个循环，则循环体中其他的语句不会被执行，故一般是满足一定条件时才执行，即一般是先把它们放在分支语句中，再放入循环中。

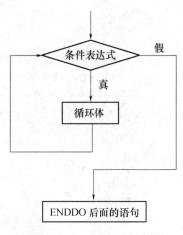

图 6.7　DO WHILE 循环结构

【例 6.15】　求 1 加到 100 的整数和。

该程序要使用循环结构,解题的思路归纳为两点:

（1）引进变量 s 和 i。s 用来保存累加的结果，初值为 0；i 为被累加的数据，也为控制循环条件是否成立的变量，初值为 1。

（2）重复执行命令 s=s+i 和 i=i+1,直至 i 的值超过 100。每一次执行，s 的值增加 i，i 的值增加 1。

```
SET TALK OFF
CLEAR
s=0
i=1
DO WHILE i<=100
    s=s+i
    i=i+1
ENDDO
?"1 加到 100 的和为",s
SET TALK ON
RETURN
```

思考：将循环体中的两个语句顺序互换，结果会怎么样，为什么？若把程序改为求奇数的和，程序如何改？

【例 6.16】　求出[100,1000]内所有能同时被 7 和 9 整除的整数之和。

```
SET TALK OFF
CLEAR
s=0
x=100
DO WHILE x<=1000
    IF mod(x,7)=0 AND mod(x,9)=0
        s=s+x
    ENDIF
    x=x+1
ENDDO
```

```
?s
SET TALK ON
RETURN
```

思考：将程序改为求[100,1000]内所有能同时被 7 和 9 整除的个数，将如何改动？

【例 6.17】 编写多重循环，输出一个三角形九九乘法表。

```
SET TALK OFF
CLEAR
i=1
DO WHILE i<=9
    j=1
    DO WHILE j<=i
        ??str(j,1)+"*"+str(i,1)+"="+str(i*j,2)+" "
        j=j+1
    ENDDO
    i=i+1
    ?
ENDDO
SET TALK ON
RETURN
```

2. 记数循环语句

格式：FOR <循环变量>=<初值> to <终值> [STEP<步长>]

    语句序列

  ENDFOR 或 NEXT

功能：将 FOR…ENDFOR 之间的语句序列（循环体）执行指定次数。

执行过程：

（1）把初值赋给<循环变量>。

（2）判断循环变量值是否超过终值，若超过则执行 ENDFOR 或 NEXT 后面的语句，否则执行循环体内的语句。

（3）每执行到 ENDFOR 或 NEXT 时，循环变量的值就增加一个步长值，并自动返回到循环入口 FOR 语句，重复上一个步骤。

说明：同 DO WHILE 循环一样，循环体内可以使用 LOOP 或 EXIT 语句，当步长为 1 时，STEP 子句可以省略。

【例 6.18】 计算 $1+1/2+1/3+\cdots1/100$。

```
SET TALK OFF
CLEAR
s=0
FOR i=1 to 100
    s=s+1/i
ENDFOR
?s
SET TALK ON
```

```
RETURN
```

【例6.19】 求1到100中所有偶数的和。

```
CLEAR
S=0
FOR I=0  TO  100  STEP 2
    S=S+I
ENDFOR
? S
RETURN
```

【例6.20】 某国在2000年时人口总数为2亿，若以每年3%的速度递增，试求至少要到哪年该国人口总数才会翻一翻。

```
SET TALK OFF
CLEAR
S=2
FOR N=2001 TO 3000     && 题中没有给出循环终值，需要自己赋一个较大的值
  S=S*(1+0.03)
  IF S>=4
    EXIT
  ENDIF
ENDFOR
? N
SET TALK ON
RETURN
```

此题用DO WIHLE循环结构编写更简单些，代码如下：

```
SET TALK OFF
CLEAR
S=2
N=2000
DO WHILE S<4
  S=S*(1+0.03)
  N=N+1
ENDDO
? N
SET TALK ON
RETURN
```

【例6.21】 找出100~999之间的所有"水仙花数"。所谓"水仙花数"是指一个3位数，其各位数字的立方和等于该数本身（如$235=2^3+3^3+5^3$）。

```
SET TALK OFF
CLEAR
FOR i=100 to 999
    a=int(i/100)
```

```
        b=mod(int(i/10),10)
        c=mod(i,10)
        IF i=a^3+b^3+c^3
            ?i
        ENDIF
    ENDFOR
    SET TALK ON
    RETURN
```

说明：对于将一个 3 位数，分别求出其各个数字，可以采用多种方法，不过用得较多的是取整函数（INT（））和求余函数（MOD（））。

3. 记录指针循环语句

格式：SCAN [<范围>] [FOR <条件 1>] [WHILE <条件 2>]
　　　　　[<语句序列>]
　　　ENDSCAN

功能：执行该语句时，记录指针自动、依次地在当前表的指定范围内满足条件的记录上移动，对每一条记录执行循环体的命令。

执行过程：在当前打开的数据库中移动指针到满足条件的第一条记录，执行一次循环体后，再自动将指针移至下一条满足条件的记录，直至指针指向数据库文件尾部时结束循环。

（1）<范围>的默认值是 ALL。

（2）EXIT 和 LOOP 命令同样可以出现在该循环语句的循环体内。

【例 6.22】 统计学号的第三位、第四位为 30 的男、女生人数。
```
OPEN DATABASE 学籍管理
USE STUDENT
STORE 0 TO m,w
SCAN FOR SUBS(学号,3,2)='30'
    IF 性别="男"
        m=m+1
    ELSE
        w=w+1
    ENDIF
ENDSCAN
CLEAR
?"男生人数",m
?"女生人数",w
CLOSE DATABASE
RETURN
```

【例 6.23】 使用 SCAN…ENDSCAN 循环来显示 STUDENT 表中性别为男的所有学生。
```
OPEN DATABASE 学籍管理
USE STUDENT
CLEAR
SCAN FOR 性别="男"
```

```
    DISPLAY
ENDSCAN
CLOSE DATABASE
RETURN
```

6.4　过程与过程调用

为了程序的结构化、模块化，提高程序的通用性和方便大型系统的集体化开发、便于程序调试，常将一个程序分成若干个模块，再通过一个主程序对其进行调用，从而形成一个系统，各个模块独立存在，称为子程序的过程。

6.4.1　外部过程

外部过程又称为子程序，是一个独立的程序文件（*.PRG 文件）。我们平时建立一个程序后，可在命令窗口中反复调用执行，也可以在某一个程序中像命令窗口中调用一样，使用 DO <程序文件>进行调用，调用程序称为主程序，被调用程序称为子程序，在 Visual FoxPro 中称为外部过程。

1. 外部过程的调用

可使用 DO 命令调用子程序。

格式：DO <子程序文件名> [WITH <参数表>]

功能：主程序调用子程序或在子程序中调用下一级子程序。

2. 子程序的返回

格式：RETURN [TO MASTER]

功能：返回上级程序或直接返回主程序。

说明：

（1）返回到上级程序或主程序调用处，从而使上级程序或主程序继续执行。

（2）[TO MASTER]子句的功能是使子程序直接返回到主程序当中，不论子程序当前处于第几层调用层。

（3）调用程序的[WITH<参数表>]与主程序的 PARAMETERS<形式参数表>要相对应。

【例 6.24】　求 1 到 100 以内奇数之和及偶数之和。

```
SET TALK OFF
    CLEAR
    DO jishuhe
    do oushuhe
    SET TALK ON
    RETURN
```

jishuhe.prg 文件代码如下：

```
    s1=0
    i=2
    DO WHILE i<=100
        s1=s1+i
        i=i+2
    ENDDO
```

```
    ?"奇数和为: ",s1
    RETURN
oushuhe.PRG 文件代码如下:
    s2=0
    FOR i=1 to 100 STEP 2
        s2=s2+i
    ENDFOR
    ?"偶数和为: ",s2
    RETURN
```

6.4.2 过程及过程文件

在外部过程调用中,过程作为一个文件独立存放在磁盘上,因此每调用一次过程,都要打开一个磁盘文件,影响程序运行的速度。从减少磁盘访问时间、提高程序运行速度出发,Visual FoxPro 提供了过程文件。过程文件是一种包含有过程的程序,可以容纳 128 个过程。过程文件被打开以后一次调用内存,在调用过程文件中,不需要频繁地进行磁盘操作,从而大大提高了过程的调用速度。过程文件中的过程不能作为一个程序来独立运行,因而称为内部过程。

1. 过程文件的形成

一个过程文件由若干个过程组成,每个过程相当于一个子程序,过程的定义:

格式:PROCEDURE ｜FUNCTION<过程名>

　　　　　<过程体>

　　　　[RETURN [<表达式>]]

　　　　[ENDPROC|ENDFUNC]

PROCEDURE|FUNCTION 命令表示一个过程开始,并命名过程名。过程名必须以字母或下划线开头,可包含字母、数字和下划线。

ENDPROC｜ENDFUNC 命令表示一个过程的结束。如果缺省 ENDPROC｜ENDFUNC 命令,那么过程结束于下一条 PROCEDURE｜FUNCTION 命令或文件结尾处。

过程文件就由上述过程先后排列而成。

2. 过程文件的建立

过程可以放置在程序文件代码的后面,也可以保存在称为过程文件的单独文件里。过程文件的建立及使用方法与程序相同,且都使用相同的扩展名.prg。

3. 过程文件的打开和关闭

过程文件里只包含过程,这些过程能被任何其他程序所调用。但在调用过程文件中的过程之前首先要打开过程文件。打开过程文件的命令为:

格式:SET PROCEDURE TO [<过程文件 1>[, <过程文件 2,…>]] [ADDITIVE]

功能:可以打开一个或多个过程文件。一旦一个过程文件被打开,那么该过程文件中的所有过程都可以被调用。如果选用 ADDITIVE,那么在打开过程文件时,并不关闭原先已打开的过程文件。

关闭过程文件命令为:

格式 1:SET PROCEDURE TO

功能:当使用不带任何文件名的 SET PROCEDURE TO 命令,将关闭所有打开的过程文件。如果不想一并关闭所有过程文件,而要关闭个别过程文件,可用下面命令。

格式 2：RELEASE PROCEDURE <过程文件 1>[，<过程文件 2>,…]

4．过程文件的调用

格式 1：DO <文件名>|<过程名>

格式 2：<文件名>|<过程名>( )

在上面的格式里，如果模块是程序文件的代码，用<文件名>；否则用<过程名>。

【例 6.25】 在主程序中调用三个过程 P1,P2,P3。

```
*主程序
CLEAR
?"* * * * * *"
DO P1                    && 调用过程 P1
?"* * * * * *"
DO P2                    && 调用过程 P2
?"* * * * * *"
DO P3                    && 调用过程 P3
RETURN


*过程名称 P1
PROCEDURE P1
?"1 1 1 1 1 1"
ENDPROC


*过程名称 P2
PROCEDURE P2
?"2 2 2 2 2 2"
ENDPROC


*过程名称 P3
PROCEDURE P3
?"3 3 3 3 3 3"
ENDPROC
```

此程序运行结果为：

```
* * * * * *
1 1 1 1 1 1
* * * * * *
2 2 2 2 2 2
* * * * * *
3 3 3 3 3 3
```

6.4.3 参数

过程程序可以接收调用程序传递过来的参数，并能够根据接收到的参数控制程序流程或对接收的参数进行处理。子程序、过程、自定义函数都涉及参数的传递，它们都可以利用 PARAMETER

语句的形参来接收调用语句的实参。

1. 利用 PAREMETERS 语句传递参数

接收参数的命令有 PARAMETERS 和 LPARAMETERS，它们的格式如下：

PARAMETERS <形参变量 1> [, <形参变量 2>, …]

LPARAMETERS <形参变量 1> [, <形参变量 2>, …]

其中 PARAMETERS 命令声明的形参变量被看作是模块程序中建立的私有变量，而另一个 LPARAMETERS 命令声明的形参变量被看作是模块程序中建立的局部变量。除此之外，两条命令没有什么不同。

不管是 PARAMETERS 命令还是 LPARAMETERS 命令，都应该是模块程序的第一条可执行命令。相应地，调用带参过程的格式为：

格式 1：使用 DO 命令

   DO <文件名>|<过程名> WITH <实参 1> [, <实参 2>, …]

格式 2：在名字后面加一对小括号

   <文件名>|<过程名> (<实参 1> [, <实参 2>, …])

实参可以是常量、变量或数组元素，也可以是一般形式的表达式。调用过程时，系统自动把实参传递给相应的形参。形参的数目不能少于实参的数目，否则系统运行时出错。若形参数目多于实参的数目，则多于的形参取初值为逻辑假.F.。

（1）格式 1 调用模块时，若实参是常量或表达式，系统先计算出实参的值，再赋给相应的形参变量，称为按值传递。若实参是变量则传递的将不是变量的值，而是变量的地址，称为按引用传递。尽管名字可能不同，但形参和实参是同一变量，在模块程序中对形参变量值的改变，同样是对实参变量值的改变。

（2）采用格式 2 调用模块程序时，默认情况下都按值进行参数传递。如果实参是变量，可以通过 SET UDFPARMS 命令重新设置参数传递的方式。其命令格式如下：

SET UDFPARMS TO VALUE | REFERENCE

TO VALUE 表示按值传递参数，在这种情况下，过程可以修改作为参数的变量值，但是主程序中的变量原值不会改变。即形参变量值的改变不会影响实参变量的取值。

TO REFERENCE 表示按引用传递，在这种情况下，将把保存参数值变量的地址传递给过程，过程可以修改作为参数的变量值，所做的修改也随之反映到主程序中的变量上。即形参变量值改变时，实参变量值也随之改变。

【例 6.26】 按值传递和按引用传递示例。

```
CLEAR
STORE 10 TO X1,X2
SET UDFPARMS TO VALUE              && 设置按值传递
DO P4 WITH X1,(X2)                 && X1 按引用传递，(X2)按值传递
?"第一次：",X1,X2
STORE 10 TO X1,X2
P4(X1,(X2))                        && X1、(X2)按值传递
?"第二次：",X1,X2
STORE 10 TO X1,X2
SET UDFPARMS TO REFERENCE          && 设置按引用传递
DO P4 WITH X1,(X2)                 && X1 按引用传递，(X2)按值传递
```

```
?"第三次：",X1,X2
STORE 10 TO X1,X2
P4(X1,(X2))                              && X1 按引用传递，(X2)按值传递
?"第四次：",X1,X2
*过程 P4
PROCEDURE P4
PARAMETERS X1,X2
STORE X1+1 TO X1
STORE X2+1 TO X2
ENDPROC
```

程序运行的结果如下：

第一次：	11	10
第二次：	10	10
第三次：	11	10
第四次：	11	10

（X2）是用圆括号将一个变量括起来使其变成一般形式的表达式，所以不管什么情况，总是按值传递。从运行结果还可以看出，用格式 1 调用过程时参数传递方式并不受 UDFPARMS 值设置影响。

可以在调用程序和被调用程序之间传递数组。当实参是数组元素时，总是采用按值传递方式传递元素值。当实参是数组名时，若传递方式是按值传递，那么就传递数组的第一个元素值给形参变量；若传递方式是按引用传递，那么传递的将是整个数组。

【例 6.27】 随机输入圆半径的值，用参数传递编程，求圆的面积。

```
*主程序
SET TALK OFF
CLEAR
a=0
INPUT "请输入圆的半径=" TO r
DO areapro WITH r,a
? "圆面积为：",a
RETURN


*子程序 areapro…prg
Para len,area
Area=pi()*len*len
RETURN
```

【例 6.28】 已知一数组有 5 个元素，要求按从小到大排序并显示。

```
*主程序
CLEAR
DIMENSION A(5)
FOR I=1 TO 5
  INPUT "输入数组元素的值：" TO A(I)
```

```
  NEXT
  DO P5 WITH A
  FOR I=1 TO 5
    ?A(I)
  NEXT
  RETURN


*过程名称为P5
PROCEDURE P5
PARAMETERS B                        &&接收整个数组
M=0
FOR J=1 TO 4
  FOR K=J+1 TO 5
      IF  B(J)>B(K)
          M=B(K)
          B(K)=B(J)
          B(J)=M
      ENDIF
    NEXT
  NEXT
ENDPROC
RETURN
```

2. 利用变量类型传递参数

参数在调用程序和被调用程序之间还可以利用变量的类型来传递参数。按使用范围可将内存变量分为公共变量、私有变量和局部变量三类。

1）公共变量

公共变量是指在所有程序模块中都能被使用和修改的内存变量，凡在命令窗口中建立或在程序中用 PUBLIC 语句定义的内存变量称为公共变量，只要不退出 Visual FoxPro 系统，程序执行完毕后，不会自动释放，只有 RELEASE 等命令才能实现释放。公共变量定义语句如下：

格式：PUBLIC <内存变量表>

功能：将<内存变量表>中列出的变量定义为公共变量。

（1）<内存变量表>中，各变量名之间用逗号隔开。

（2）定义过的变量可在任何层次（包括命令窗口）程序中被存取和修改。

（3）在命令窗口中对一个变量定义赋值以后，此变量被系统认为是一个全局变量。

（4）程序终止时，全局变量不会自动清除，需要用 CLEAR ALL 或者 RELEASE ALL 命令清除。

（5）可以用类似的格式将数组建立并声明为全局数组，如下列命令。

PUBLIC [ARRAY]<数组名>(<数值表达式 1>[,<数值表达式 2>])[,<数组名>(<数值表达式 1>[<数值表达式 2>]),...]

例如，命令 PUBLIC X,Y,A(10)建立了 3 个公共内存变量：简单变量 X 和 Y 以及一个含 10 个元素的数组 A，它们初值都是.F.。

144

2）私有变量

私有变量的定义语句如下。

格式：PRIVATE <内存变量表>

功能：将<内存变量表>中列出的内存变量为私有变量。

在程序中直接使用（没有通过 PUBLIC 和 LOCAL 命令事先声明）并由系统隐含建立的变量都是局部变量。私有变量的作用域仅在定义它的模块及其下层模块中有效，而在定义它的模块运行结束时自动释放。

当局部变量与上层模块变量同名时，要用下述命令来声明：

PRIVATE <内存变量表>|[ALL [LIKE|EXCEPT <通配符>]]

功能：该命令执行时，声明私有变量并隐藏上级模块中同名的变量，直到所属的程序、过程等执行完毕，再恢复隐藏起来的同名变量。

说明：

（1）声明的私有变量，只能在当前以及下层模块中有效，当本级模块结束返回上级程序时，私有变量自动清除，主程序中同名变量恢复其原来的值。

（2）在程序模块调用时，PARAMETERS <参数表> 语句中<参数表>指定的变量自动声明为私有变量。

3）局部变量（又叫本地变量）

局部变量只能在建立它的模块中使用，不能在上层或下层模块中使用。当建立它的模块程序运行结束时，局部变量自动释放。下列命令将变量声明为局部变量。

　　　LOCAL <内存变量表>

　LOCAL 将<内存变量表>指定的变量声明为本地变量，并赋初值为.F.。注意，LOCAL 不能简写为 LOCA（Visual FoxPro 认为 LOCA 与 LOCATE 具有相同的含义）。

局部变量要先建立后使用。

【例 6.29】 变量作用域举例。认真分析如下程序中变量发生作用的范围。

```
*主程序
CLEAR
PUBLIC A                 &&建立公共变量 A，初值为.F.
PRIVATE B,K              &&建立私有变量 B、K，初值均为.F.
A=1
B=2
DO P6
?"A=",A,"B=",B
K=3
DO P7
?"B=",B,"K=",K


*过程名 P6
PROCEDURE P6
LOCAL B                  &&建立本地变量 B，初值为.F.
B=3
A=A*B
```

```
B=A+B
RETURN
```

*过程名 P7
```
PROCEDURE P7
K=K+B
B=K*B
RETURN
```
此程序的运行结果为：
```
A=3              B=2
B=10             K=5
```
【例6.30】 LOCAL 和 PRIVATE 命令的比较示例。
```
PUBLIC X,Y
X=10
Y=100
DO P8
?X,Y                      &&显示 10 bbb
```

*过程 P8
```
PROCEDURE P8
PRIVATE X          &&隐藏上层模块中的变量 X
X=50               &&建立私有变量 X，并赋值 50
LOCAL Y            &&隐藏同名变量，建立局部变量 Y
DO P9
?X,Y               &&显示 aaa .F.
```

*过程 P9
```
PROCEDURE P9
X="aaa"            &&X 是在 P8 中建立的私有变量
Y="bbb"            &&Y 是在主程序中公共变量
RETURN
```

6.5 程序的调试

在程序录入和修改以及程序编制中，难免会有错误，这就需要对程序进行反复调试，直到运行结果正确为止。程序中常见的错误包括语法错误、溢出错误、逻辑错误。语法错误包括命令字拼写错误、命令格式错误、使用了中文标点符号作为分界符、使用了没有定义的变量、数据类型不匹配、操作的文件不存在等；溢出错误包括计算结果超过 Visual FoxPro 所允许的最大值、文件太大、嵌套层数超过允许范围等；逻辑错误指程序设计的差错，如要计算圆的面积，在程序中却用了计算圆周长的公式等。对于语法错误和溢出错误可以通过运行程序，系统给出相应提示信息予以纠正；逻辑错误只有通过运用典型数据进行测试，分析计算结果是否合理和正确，才能予以纠正。Visual FoxPro 提供了功能强大的调试工具——调试器，可以帮助进行这项工作。

6.5.1　调试器环境

调用调试器的方法一般有两种：

（1）选择【工具】菜单中的【调试器】命令。

（2）在命令窗口输入 DEBUG 命令。

系统打开【调试器】窗口，进入调试器环境。从中可选择打开 5 个子窗口：跟踪窗口，监视窗口，局部窗口，调用堆栈窗口，调试输出窗口。要打开子窗口，可选择【调试器】窗口【窗口】菜单中的相应命令；要关闭子窗口，则只需单击窗口右上方的【关闭】按钮。

下面是各子窗口的作用和使用特点。

1.　跟踪窗口

用于显示正在调试执行的程序文件。要打开一个需要调试的程序，可选择【调试器】|【文件】菜单中的【打开】命令，然后在打开的对话框中选定所需的程序文件。被选中的程序文件将显示在跟踪窗口里，以便调试和观察。

跟踪窗口左端的灰色区域会显示某些符号，常见的符号及其意义如下所示。

→：指向调试中正在执行的代码行。

● ：断点。可以在某些代码行处设置断点，当程序执行到该代码行时，中断程序执行。

2.　监视窗口

用于监视指定表达式在程序调试执行过程中的取值变化情况。要设置一个监视表达式，可单击窗口中的【监视】文本框，然后输入表达式的内容，按 Enter 键后表达式便添入到文本框下方的列表框中。当程序调试执行时，列表框内将显示所有监视表达式的名称、当前值与类型。也可通过将 Visual FoxPro 窗口选定的文本拖到监视窗口来创建监视表达式。

双击列表框中的某个监视表达式就可对它进行编辑修改，右击列表框中的某个监视表达式，然后在弹出的快捷菜单中选择【删除监视】命令可删除一个监视表达式。

3.　局部窗口

局部窗口用于显示模块程序(程序、过程)中的内存变量(简单变量、数组和对象)，显示它们的名称、当前取值和类型。

可以从【位置】下拉列表中选择指定一个模块程序，下方的列表框内将显示在该模块程序内有效(可视)的内存变量的当前情况。

4.　调用堆栈窗口

用于显示当前正在执行的程序、过程的名称。如果正在执行的程序是一个子程序，那么主程序和子程序的名称都会显示在该窗口中。

5.　调试输出窗口

调试输出窗口用于显示活动程序、过程代码的输出。

可以在模块程序中安置一些 DEBUGOUT 命令。

命令格式：DEBUGOUT<表达式>

当模块程序调试执行到此命令时，会计算出表达式的值，并将计算结果送入调试输出窗口。注意，命令动词 DEBUGOUT 至少要写出 6 个字母，以区别于 DEBUG 命令。

若要把调试输出窗口中的内容保存到一个文本文件里，可以选择【调试器】|【文件】菜单中的【另存输出】命令，或选择快捷菜单中【另存为】命令。要清除该窗口中的内容，可选择快捷

菜单中的【清除】命令。

6.5.2 设置断点

调试程序也可以通过设置断点的方法来实现，在调试器窗口可以设置以下 4 种类型的断点。

类型 1：在定位处中断。可以指定一代码行，当程序调试执行到该代码时就中断程序运行。

类型 2：如果表达式值为真则在定位处中断。指定一代码行以及一个表达式，当程序调试执行到该行代码时如果表达式的值为真，就中断程序运行。

类型 3：当表达式值为真时中断。可以指定一个表达式，在程序调试执行过程中，当该表达式值改成真时，就中断程序运行。

类型 4：当表达式值改变时中断。指定一个表达式，在程序调试执行过程中，当该表达式值改变时，就中断程序运行。

不同类型断点的设置方法大致相同，但也有一些区别。下面介绍如何设置各类型断点的方法。

1. 设置类型 1 断点

在跟踪窗口中找到要设置断点的该行代码，双击该行代码左端的灰色区域，或先将光标定位于该行代码中，然后按 F9 键。设置断点后，该代码行左端的灰色区域会显示一个实心圆点。用同样的方法可以取消已经设置的断点。也可以在【断点】对话框中设置该类断点，其方法与设置类型 2 断点的方法类似。

2. 设置类型 2 断点

在调试器窗口中，选择【工具】菜单上的【断点】命令，打开【断点】对话框，从【类型】下拉列表中选择相应的断点类型。在【定位】框中输入适当的断点位置，例如"lpp，2"表示在模块程序 lpp 的第 2 行处设置断点。在【文件】框中指定模块程序所在的文件。文件可以是程序文件、过程文件、表单文件等。在【表达式】框中输入相应的表达式。单击【添加】按钮，将该断点添加到【断点】列表框里，再单击【确定】按钮。

与类型 1 断点相同，类型 2 断点在跟踪窗口的指定位置上也有一个实心点。要取消类型 2 断点，可以采用与取消类型 1 断点相同的方法，也可以先在【断点】对话框的【断点】列表中选择断点，然后单击【删除】按钮。后者适合于所有类型断点的删除。

在设置该类断点时，如果觉得【定位】框和【文件】框的内容不大好指定，也可以采用如下的方法进行：

在所需位置上设置一个类型 1 断点，在【断点】对话框的【断点】列表框内选择该断点，重新设置类型并指定表达式。单击【添加】按钮，添加新的断点，选择原先设置的类型 1 断点，单击【删除】按钮。

3. 设置类型 3 断点

在调试器窗口中，选择【工具】菜单中的【断点】命令，打开【断点】对话框。从【类型】下拉列表中选择相应的断点类型，在【表达式框】中输入相应的表达式，单击【添加】按钮，将该断点添加到【断点】表列框里。

4. 设置类型 4 断点

如果所需的表达式已经作为监视表达式在监视窗口中指定，那么可在监视窗口的列表框中找到该表达式，然后双击表达式左端的灰色区域。这样就设置了一个基于该表达式的类型 4 断点，灰色区域上会有一个实心圆点。

如果所需的表达式没有作为监视表达式在监视窗口中指定，那么可以采用与设置类型 3 断点相似的方法设置该类断点。

6.5.3 调试菜单

利用 Visual FoxPro 调试器中的【调试】菜单所提供的各项功能来调试程序，包含执行程序、选择执行方式、终止程序执行等命令，现解释如下：

（1）运行：执行在跟踪窗口中打开的程序。如果在跟踪窗口里还没有打开程序，那么选择该命令将会打开【运行】对话框。当用户从对话框中指定一个程序后，调试器随即执行此程序，并中断在程序的第一条可执行代码上。

（2）继续执行：当程序执行被中断时，该命令出现在菜单中。选择该命令可使程序在中断处继续往下执行。

（3）取消：终止程序的调试执行，并关闭程序。

（4）定位修改：在程序暂停时，选定该命令后将会出现一个取消程序信息框，选定其中的【是】按钮，就会切换到程序编辑器窗口，用户可修改。

（5）跳出：以连续方式而非单步方式继续执行被调用模块程序中的代码，然后在调用程序的调用语句的下一行处中断。

（6）单步：单步执行下一行代码。如果下一行代码调用了过程或者程序，那么这些过程或者程序在后台执行。

（7）单步跟踪：逐行执行代码。

（8）运行到光标处：从当前位置执行代码直至光标处中断。光标位置可以在开始时设置，也可以在程序中断时设置。

（9）调速：打开【调整运行速度】对话框，设置两代码行执行之间的延迟秒数。

（10）设置下一条语句：程序中断时选择该命令，可使光标所在行成为恢复执行后要执行的语句。

6.6 典型例题

Visual FoxPro 是一种数据库管理系统，它的最大优点就是对数据库。但作为一种语言，它也像其他高级语言（如 C 语言）一样，能对数值数进行处理。掌握一些典型题目的解法，对提高计算机运用能力十分有益。

【例 6.31】 求出[200,1000]内所有能被 2,3,5 中至少 2 个数整除的整数的和。

```
SET TALK OFF
CLEAR
s=0
FOR x=200 TO 1000
    IF mod(x,6)=0 or mod(x,10)=0 or mod(x,15)=0
        s=s+x
    ENDIF
ENDFOR
?s
SET TALK ON
RETURN
```

【例6.32】 求最大自然数n,使得从1开始的连续n个自然数的倒数之和小于10。

```
SET TALK OFF
CLEAR
s=0
n=0
DO WHILE s<10
    n=n+1
    s=s+1/n
ENDDO
?n-1
SET TALK ON
RETURN
```

思考：请把DO WHILE…ENDDO改为FOR…ENDFOR，该如何改动。

【例6.33】 求最小自然数n,使得从1开始的连续n个自然数的倒数之和大于9。

```
SET TALK OFF
CLEAR
s=0
n=0
DO WHILE s<=9
    n=n+1
    s=s+1/n
ENDDO
?n
SET TALK ON
RETURN
```

思考：请找出【例6.32】和【例6.33】的不同点。

【例6.34】 求使得算式1*2+2*3+…+n*(n+1)的值小于50000的最大自然数n。

```
SET TALK OFF
CLEAR
s=0
n=0
FOR n=1 TO 1000
    s=s+n*(n+1)
    IF s>=50000
        exit
    ENDIF
ENDFOR
?n-1
SET TALK ON
RETURN
```

说明：FOR n=1 TO 1000其中1000为估计数，并不清楚最后n的值为多少可以使其公式的值小于 50000,所以估计一个数 n。

思考：该题改为 1*2+2*3+⋯+n*(n+1)的值大于 60000 的最小自然数 n，如何编程？

【例 6.35】 求 9269 和 8671 的最小公倍数。

算法提示：a 与 b 的最小公倍数是 a 的倍数中第 1 个被 b 整除的数。

```
SET TALK OFF
CLEAR
a=9269
b=8671
k=a
i=2
DO WHILE mod(k,b)!=0
    k=i*a
    i=i+1
ENDDO
?k
SET TALK ON
RETURN
```

【例 6.36】 求 38245 和 160629 的最大公约数。

```
SET TALK OFF
CLEAR
a=38245
b=160629
r=mod(b,a)
DO WHILE r#0
    b=a
    a=r
    r=mod(b,a)
ENDDO
?a
SET TALK ON
RETURN
```

【例 6.37】 求 100~1000 内的第 10 个素数。

```
SET TALK OFF
CLEAR
K=0
FOR I=100 TO 1000
   FOR J=2 TO I-1
      IF MOD(I,J)=0
         EXIT
       ENDIF
    ENDFOR
```

```
        IF  J=I
            K=K+1
          IF K=10
            EXIT
          ENDIF
        ENDIF
    ENDFOR
    ?I
    RETURN
```

这种算法比较简单，但速度慢。实际上 I 不可能被大于 SQRT(I)的数整除，因此，稍加改进，即只要将内循环语句：

```
FOR J=2 TO I-1
```

改为：

```
    FOR J=2 TO SQRT(I)
```

而相对应的判断条件语句 IF J=I 要改为 IF J=INT(SQRT(I))+1 即可。

另外，也可以通过增加状态变量 F,在循环内确定 I 是否为素数，跳出循环，根据 F 的状态来显示结果，改进的程序如下：

```
SET TALK OFF
CLEAR
K=0
FOR I=100 TO 1000
    F=.T.         &&先假设每个数都是素数，F 的值为.T.
    FOR J=2 TO SQRT(I)
        IF MOD(I,J)=0
          F=.F.          && I 被 J 整除，则 I 不是素数，将 F 的值改为.F.
        ENDIF
    ENDFOR
    IF F=.T.
        K=K+1
        IF K=10
          EXIT
        ENDIF
    ENDIF
ENDFOR
?I
```

【例 6.38】 设有用 26 个字母表示的 26 个表达式：$a=1, b=1/(a+1), c=1/(b+2), \cdots, z=1/(y+25)$。令 $s=a+b+c+\cdots+z$,求加到哪一个字母后，s 首次大于 4（结果用大写字母表示）。

```
SET TALK OFF
CLEAR
lett=1
s=0
```

```
FOR k=1 to 26
    lett=1/(lett+k-1)
    s=s+lett
    IF s>4
        EXIT
    ENDIF
ENDFOR
?CHR(k+96)
SET TALK ON
RETURN
```

【例 6.39】 设一个数列的前 3 项都是 1,从第 4 项开始,每一项都是其前 3 项之和。试求出此数列的前 30 项中大于 54321 的项数。

```
SET TALK OFF
CLEAR
STORE 1 TO f1,f2,f3
n=0
FOR k=1 TO 27
    f=f1+f2+f3
    IF f>54321
        n=n+1
    ENDIF
    f1=f2
    f2=f3
    f3=f
ENDFOR
?n
SET TALK ON
RETURN
```

【例 6.40】 回文是指正读和反读都一样的一串字符,如 121、1221,试求出[1421,5436]内所有回文数。

```
SET TALK OFF
CLEAR
s=0
FOR x=1421 TO 5436
    a=int(x/1000)
    b=int((x-a*1000)/100)
    c=int(x/10)%10
    d=x-a*1000-b*100-c*10
    IF a=d AND b=c
        s=s+x
    ENDIF
```

```
ENDFOR
?s
SET TALK ON
RETURN
```

【例 6.41】求出[1234,2346]内恰好有两位数字是 6 所有整数的和。

注意：AT（）函数和 STR（）函数的功能。

分析：本题的求和比较简单。对于求其中恰好有两位数字是 6 的办法，采用的是先用 STR()函数将数值转换成字符，然后再利用 AT()函数来判断数字 6 在其中出现的次数。代码如下：

```
SET TALK OFF
CLEAR
s=0
FOR x=1234 to 2346
  IF at('6',str(x),2)>0 and at('6',str(x),3)=0
    s=s+x
  ENDIF
ENDFOR
?s
SET TALK ON
RETURN
```

【例 6.42】 将大于 1000 且能被 4 和 6 中至少一个数整除的所有整数按从小到大顺序排列后，求前面 20 个数之和。

分析：本题中有两个累加，一个是符合条件数的个数，另一个是符合条件数的和。

```
SET TALK OFF
CLEAR
S=0                         && S 是能被 4 和 6 中至少一个数整除的数的和
K=0                         && K 是能被 4 和 6 中至少一个数整除的数的个数
X=1000
DO WHILE K<=20
  X=X+1
  IF MOD(X,4)=0 OR MOD(X,6)=0    && 保证 X 是符合条件的数
    S=S+X
    K=K+1
  ENDIF
ENDDO
? S-X                       && 当循环退出时多计算一个数,此时应减去这个数
SET TALK ON
RETURN
```

【例 6.43】 把 1 张 1 元钞票,换成 1 分、2 分和 5 分硬币,每种至少 1 枚,问兑换后硬币总数为 50 枚的兑换方案有多少种?

分析：设 1 分、2 分和 5 分硬币各为 YI,ER,WU 枚，则有：

YI+ER+WU=50

YI+ER*2+WU*5=100

显然三个变量的变化范围为：

YI：1—50

ER：1—50

WU：1—20

程序代码如下：

```
SET TALK OFF
CLEA
N=0
FOR YI=1 TO 50
  FOR ER=1 TO 50
    FOR WU=1 TO 20
      IF  YI+ER+WU=50 AND YI+ER*2+WU*5=100
            N=N+1
      ENDIF
    ENDFOR
  ENDFOR
ENDFOR
? N
SET TALK ON
RETURN
```

在多重循环中，为了提高运行的速度，对程序要考虑优化，有关事项如下：

（1）尽量利用已给出的条件，减少循环的重数；

（2）合理地选择内、外层的循环控制变量，即循环次数多的放在内循环。

因此，也可将上题写成如下代码：

```
SET TALK OFF
CLEA
N=0
FOR YI=1 TO 50
  FOR ER=1 TO 50
    WU=50-YI-ER
    IF  YI+ER*2+WU*5=100
      N=N+1
    ENDIF
  ENDFOR
ENDFOR
? N
SET TALK ON
RETURN
```

155

习　题

1．选择题

(1) 顺序执行下列命令：

X=100

X=8

X=X+Y

?X,X=X+Y

最后一条命令的提示结果是（　　　）。

 A. 100 .F.　　　　　　B. 100 .T.　　　　　　C. 108 .T.　　　　　　D. 108 .F.

(2) 结构化程序设计的 3 种基本逻辑结构是（　　　）。

 A. 选择结构、循环结构和嵌套结构　　　B. 顺序结构、选择结构和循环结构

 C. 选择结构、循环结构和模块结构　　　D. 顺序结构、递归结构和循环结构

(3) 在 DO WHILE…ENDDO 循环结构中,LOOP 命令的作用是（　　　）。

 A. 退出过程,返回程序开始处

 B. 转移到 DO WHILE 语句行,开始下一个判断和循环

 C. 终止循环,将控制转移到本循环结构 ENDDO 后面的第一条语句继续执行

 D. 终止程序执行

(4) 下面关于过程调用的陈述中,哪个是正确的（　　　）。

 A. 实参与形参的数量必须相等

 B. 当实参的数量多于形参的数量时，多余的实参被忽略

 C. 当形参的数量多于实参的数量时，多余的形参取逻辑假

 D. 上面 B 和 C 都对

(5) 如果一个过程不包含 RETURN 语句，或者 RETURN 语句中没有指定表达式，那么该过程（　　　）。

 A. 没有返回值　　　B. 返回 0　　　　　　C. 返回.T.　　　　　　D. 返回.F.

(6) 有关过程调用叙述正确的是（　　　）。

 A. 用命令 DO<proc>　 WITH　<para　list>调用过程时，过程文件无需打开，就可以调用其中的过程

 B. 用命令 DO<proc>　 WITH　<para　list>IN<file>调用过程时，过程文件无需打开，就可以调用其中的过程

 C. 同一时刻只能打开一个过程，打开新的过程旧的过程自动关闭

 D. 打开过程文件时，其中的主过程自动调入主存

(7) 以下关于 ACCEP 命令的说法，正确的是（　　　）。

 A. 将输入作为字符接收　　　　　　　B. 将输入作为数值接收

 C. 将输入作为逻辑性数据接收　　　　D. 将输入作为备注型数据接收

(8) 执行 INPUT "请输入数据：" TO a 时，如果要通过键盘输入字符串，应当使用的定界符包括（　　　）。

 A. 单引号　　　　　　　　　　　　　B. 单引号或双引号

 C. 单引号、双引号或方括号　　　　　D. 单引号、双引号、方括号或圆点

(9) Visual FoxPro 中程序文件的扩展名为（　　）。

　　A. .spr　　　　　　B. .qpr　　　　　　C. .fxp　　　　　　D. .prg

(10) 将内存变量定义为全局变量的命令是（　　）。

　　A. PRIVATE　　　B. GLOBAL　　　C. LOCAL　　　D. PUBLIC

2．写出程序的运行结果

（1）程序代码如下：

```
x='1'
IF x='12'
   x=x+'3'
ELSE
   x=x-'34'
ENDIF
?x
```

运行结果：＿＿＿＿＿＿＿＿＿

（2）程序代码如下：

```
C=2
S=1
DO WHILE .T.
   DO CASE
      CASE C<3
         C=C+1
      CASE C<5
         C=C+2
      OTHERWISE
         C=C+3
   ENDCASE
   IF C>=8
     EXIT
    ENDIF
    S=S+C
  ENDDO
  ?S
  RETURN
```

运行结果：＿＿＿＿＿＿＿＿＿

（3）写出程序的运行结果：

```
SET TALK OFF
A=3
B=5
DO SUB1_24 WITH 2*A,B,1
  ?A,B
  SET TALK ON
```

```
          RETURN
          PROC SUB1_24
            PARA X,Y,Z
            CLEAR
            S=X*Y+Z
            X=2*X
            Y=Y*2
            ?"S="+STR(S,3)
            ?X,Y
          RETU
          ENDP
```

程序运行结果：_____

3．程序改错

下面的程序中均有几处错误，请根据题意进行修改。

（1）求出[500，2000]内所有既不能被 5 整除也不能被 7 整除的整数个数。

```
SET TALK OFF
CLEAR
N=1
FOR X=500 TO 2000
    IF NOT(MOD(X,5)=0 AND MOD(X,7)=0)
        N=N+X
    ENDIF
ENDFOR
?N
SET TALK ON
RETURN                          【运行结果】1029
```

（2）设一数列{f(n)}:f(1)=1,当 n>1 时 f(n)=1/(f(n−1)+1)。试求出此数列的前 20 项中大于 0.618 的项的数目。

```
SET TALK OFF
CLEAR
F=1.000000000
N=0
FOR K=2 TO 20
    F=1/F+1
    IF F>0.618
        N=N+1
    ENDIF
ENDFOR
?N
SET TALK ON
RETURN                          【运行结果】15
```

158

（3）已知一个由分数组成的数列：1/2，2/3，3/5，5/8，8/13，…，其特点是从第2个分数起，每个分数的分子都是前一分数的分母，而其分母都是其前一分数的分子与分母之和。试求出此数列的前25项中其和值首次大于10的项数。

```
SET TALK OFF
CLEA
F1=1
F2=2
S=0
FOR K=2 TO 100
  G=F1/F2
  S=S+G
  IF S>10
    EXIT
  ENDIF
?K
SET TALK ON
RETURN
```

4. 程序填空

（1）求 1×2×3×4×5…，当积大于 77777720 时退出循环（保留整数位）。

```
SET TALK OFF
CLEA
I=0
S=1
DO WHILE .T.
    I=I+1
    S=S_____
   IF S>77777720
        EXIT
    ENDIF
  ENDDO
?S
RETURN
```

（2）完成程序填空，求 S=14!+16!+18!+20!（保留整数位）。

```
SET TALK OFF
CLEA
S=0
I=14
DO WHILE I<=20
    _____
    J=I
    DO WHILE J<=I
```

```
            T=T*J
            J=J+1
        ENDDO
    S=_____
    I=_____
    ENDDO
    ?S
    SET TALK ON
    RETU
```

（3）求所有数字的和为 13 的 4 位数的个数（保留整数位）。

```
SET TALK OFF
CLEA
T=0
FOR I=1000 TO 9999
    J=ALLTRIM(STR(I))
    A=LEFT(J,1)
    B=SUBS(J,2,1)
    C=SUBS(_____)
    D=RIGHT(_____)
    IF VAL(A)+VAL(B)+VAL(C)+VAL(D)=13
        T=T+1
    ENDIF
ENDFOR
?T
SET TALK ON
RETU
```

（4）下面程序求在 1，2，3，4，…，500 这 500 个数中的任意选两个不同的数，要求它们的和能被 2 整除的数的总对数（注意：像 3+5 和 5+3 被认为是同一对数）。请完成程序填空（保留整数位）。

```
SET TALK OFF
CLEAR
N=0
I=1
DO WHILE I _____
    J=1
    DO WHILE J _____
        IF MOD(I+J,2)=0
            N=N+1
        ENDIF
        J=J+1
    ENDDO
```

```
  I=I+1
ENDDO
?N
SET TALK ON
RETURN
```

5．按要求编写程序

（1）编写一个程序,使之能输出如下图形。

```
         *
        ***
       *****
      *******
```

（2）计算小于或等于 20 的所有正奇数的和和正偶数数的积。

（3）已知一个由分数组成的数列：1/2，3/5，8/13，21/34，…，其特点是从其中第 2 个分数起，每个分数的分子都是前一分数的分子分母之和而其分母都是其分子与前一分数的分母之和。试求出此数列的前 25 项中其值大于 0.618 的项数。

（4）百元买百鸡问题：公鸡每只 5 元，母鸡每只 3 元，小鸡每 3 只 1 元，100 元买 100 只鸡，求有多少种买法？

（5）编写程序，查询"STUDENT.DBF"中指定的记录。首先按学号查询，如果学号出错，再按姓名查询，若找到，则显示该记录，否则，显示提示信息，并由用户决定是重新开始查找还是结束查找。

6．简答题

（1）简述结构化程序设计的 3 种基本逻辑结构。

（2）EXIT 和 LOOP 语句在循环体中各起什么作用？

（3）如何建立和使用过程文件？

（4）在参数传递过程中按值传递和按引用传递的含义是什么？

（5）在 Visual FoxPro 中，若以变量的作用域来分，内存变量可分为几类？各是什么变量。

（6）调试器中各子窗口的作用和使用特点是什么？

第7章 表单设计

在 VFP 中，用面向对象的工具——表面设计器可以设计出精美的屏幕界面。表单设计器提供了一种可以自行设计的输入输出界面，且可设置标签、按钮、文本框、表格等对象。表单是面向对象编程的主要领域，面向对象编程的大多数工作将在表单上进行。使用表单设计器可以很方便地设计出令人满意的界面。

创建一个新表单，可用以下 3 种方法。

（1）在常用工具栏中选择【表单向导】创建表单。

（2）在【文件】菜单中选择【新建】，在新建窗口中选择文件类型为【表单】，然后选择【向导】按钮。

（3）在【文件】菜单中选择【新建】，在新建窗口中选择文件类型为【表单】，然后选择【新建文件】按钮，创建一个空表单。

本章介绍如何由表单向导（Form Wizards）、快速表单（Quick Form）和表单设计器（Form Designer）来设计表单，介绍表单中控件的添加。

7.1 使用向导创建表单

利用【表单向导】可以创建表单【表单向导】是一个交互式程序，可以帮助快速完成一般的表单设计任务。在选择【表单向导】创建表单时，通过对话的方式回答【表单向导】所提出的问题，或者选择【表单向导】提供的选项，【表单向导】根据您的回答执行任务，创建操作数据的表单。

使用【表单向导】创建表单可用以下两种方法。

（1）从【文件】菜单中选择【新建】命令，然后选择【向导】按扭，就可以启动一个【向导】。

（2）在工具栏菜单中选择【向导】子菜单，也可启动【向导】。

7.1.1 利用表单向导创建表单

若要利用表单向导创建操作数据的表单，可以按下列步骤运行表单向导。

步骤 1：在【工具】菜单中选择【向导】子菜单，再选择【表单】。

步骤 2：在【向导选取】对话框（图 7.1）中选择【表单向导】。

在【向导选取】对话框中选择【表单向导】后，按【确定】按扭，出现【表单向导】对话框（图 7.2）。按照【表单向导】所提供的操作步骤，就可完成表单的设计。具体 4 个操作步骤如下。

（1）字段选取。确定所建表单是对哪个数据表的哪些字段进行操作，选择数据表和字段，如图 7.2 所示。

表单向导"步骤 1"对话框中给出了数据库和表、可用字段和选定字段 3 个窗口选择所要操作的表。被选中的表将出现在下面的列表框内。可用"字段窗口"所提供的所选字段，所选字段将出现在选定字段窗口中,这些选定的字段将出现在表单上。

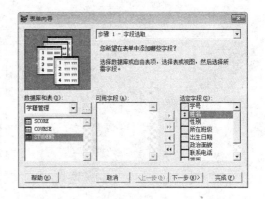

图 7.1 【向导选取】对话框 　　　　　图 7.2 表单向导步骤 1

（2）选择表单样式。表单向导提供了几种固定式样文本框和 4 种类型的按钮，表单向导步骤 2 允许指定表单上控件的外观，如文本框的式样和按钮类型，如图 7.3 所示。

① 文本框的式样。文本框式样有 6 种。它们是标准式、凹陷式、阴影式、边框式、浮雕式、新奇式。

单击"样式"框中的标准式、凹陷式、阴影式、边框式和浮雕式中任一样式时，向导在放大镜中显示一个图片，作为"样式"的选择参考。

② 按钮类型。该向导提供的按钮类型有文本按钮、图形铵钮、无按钮和自定义按钮 4 种。使用表单向导创建的表单含有一组标准的命令按钮，用在表单中显示不同的、编辑记录和搜索记录等。向导在表单上创建的按钮有：

第一个　　　将记录指针移到第一条记录

前一个　　　将记录指针移到上一条记录

下一个　　　将记录指针移到下一条记录

最后一个　　将记录指针移到最后一条记录

查找　　　　显示"搜索"对话框

打印　　　　打印报表

添加　　　　在表尾添加一条新记录

编辑　　　　允许更新当前记录

删除　　　　删除当前记录

退出　　　　关闭表单

（3）排序记录。按照该字段或该索引标识的升序或降序来排序记录，最多可以选择 3 个字段或选择一个索引标识来排序记录。在可用字段或索引标识窗口选择字段，单击【添加】按钮，被选字段将出现在选定窗口，如图 7.4 所示。

（4）完成。在【请键入表单标题】窗口中输入该表单的标题，如图 7.5 中【请键入表单标题】窗口下的文本框中的 STUDENT 即为表单的标题，并提供如下 3 种保存表单的方式。

① 保存表单供以后使用。

② 保存并运行表单。

③ 保存并进入表单设计步，对表单进行修改。

从上述 3 种保存方式中选择一种方式保存表单。单击【完成】按钮后，便生成所需表单。表单保存后，在磁盘上产生表单文件和备注文件，它们的扩展名分别为.scx 和.sct。保存表单之后，可像其他表单一样，在【表单设计器】中打开并修改。

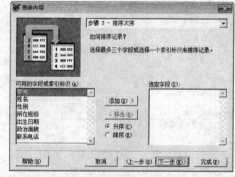

图 7.3　表单向导步骤 2　　　　　　　　　　　图 7.4　表单向导步骤 3

如果在第 1 步中选择了大量的字段，并希望确保它们都在表单中出现，可选择【为容纳不下的字段添加新页】选项。一页中容纳不下的字段将会被安排到新的页面中。

若要在退出【表单向导】之前预览表单，可单击【预览】按钮。如图 7.6 所示表单，就是采用表单向导创建的表单。表单中标签控件的标题（如 XH 等字母），若要将其改为中文标题，可修改标题属性，即 Caption 属性。

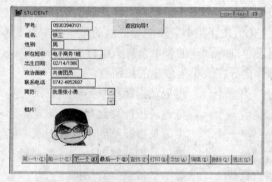

图 7.5　表单向导步骤 4　　　　　　　　　　　图 7.6　STUDENT 表单

7.1.2　利用一对多表单向导创建一对多表单

表单向导创建的表单仅对单个数据表进行操作。利用"一对多表单向导"创建的表单用于操作两个或两个以上相关表中的数据。若要运行一对多表单向导，在【工具】菜单中选择【向导】，这时屏幕上出现【向导选取】对话框。在对话框中选择【一对多表单向导】（见图 7.1），单击【确定】按钮。按"一对多表单向导"所提供操作步骤就可以完成一对多表单的设计。

第 1 步从父表中选定字段。

第 2 步从子表中选定字段。

第 3 步关联表。

"关联表"对话框中提供了父表和子表的字段列表，可以从字段列表中接受或选择决定表之间关系的字段作为两表关联的关键字段，如图 7.7 所示。在该例中，将 STUDENT 表中的 XH 和 kc 表中的 XH 字段作为 STUDENT 和 kc 两表的关联字段。

第 4 步选择表单样式。

第 5 步排序记录。

第 6 步完成。

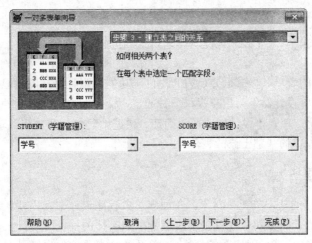

图 7.7　一对多表单向导步骤 3

步骤 1—步骤 2 与表单向导中第 1 步相似，步骤 4—步骤 6 与表单向导中第 2、3、4 步相似。

7.1.3　表单向导应用实例

一对多表单向导使得建立一个一对多关联的多个数据表的表单十分容易。下面建立一个学生基本信息及其课程成绩的录入、修改和查询表单。

选择"工具/向导"菜单项中的表单向导类型，选择一对多表单向导。在步骤 1 中选取 STUDENT．dbf 数据表作为父表，并且选择所需字段；在步骤 2 中选择 dk．dbf 数据表作为子表，并选择所有字段；父表和子表的关系是在步骤 3 关联表时建立的，在 STUDENT 表单中父表和子表的关联字段为"XH"；录入框风格选用浮雕式，按钮类型选择文本方式；标题改为"学生课程成绩信息"，则产生的表单如图 7.8 所示。

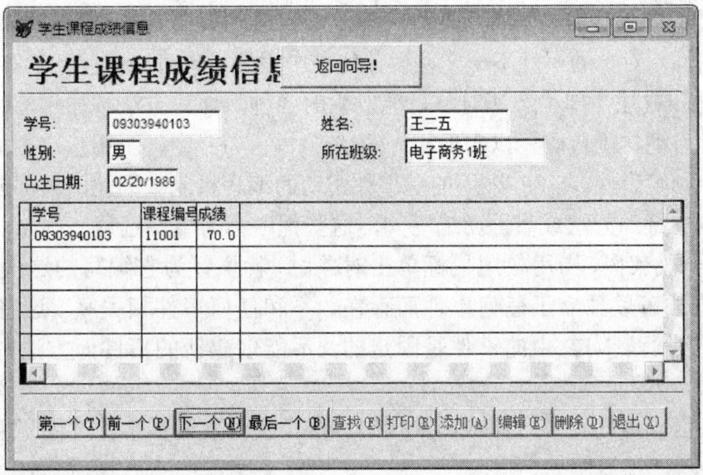

图 7.8　一对多表单

图 7.8 所示表单为"一对多表单向导"创建的一对多表单。在一对多表单中，父表 student, dbf 的一条记录对应于子表 kc．dbf 中的多条记录，即一个学生学多门课程。当父表中记录变化时子表中的记录也随之变化。一对多表单中用于记录定位的按钮仅对父表产生控制，子表记录通过子表窗口操作控制。

7.2　表单设计器创建表单

"表单向导"创建的表单其格式固定，VFP 提供了功能很强且可按照自己意愿进行表单设计的"表单设计器"。"表单设计器"为用户提供一种简单、交互的方法，把各种类型的对象安置到表单上；它的设计可视化，在表单设计器中可以简捷、快速地建立一个美观且功能丰富的屏幕界面，并可以在自己定制的表单的基础上修改表单。

7.2.1　面向对象编程初步

面向对象程序设计的基本单元是对象。在面向对象程序设计中，需要考虑的是如何创建对象以及创建什么样的对象。所谓对象，就是现实世界中的实体的抽象。实际上，对象可以是任何的事物。计算机是一个对象，电话是一个对象，表单及各种表单控件也都是对象，自然界的东西全都可以看作是对象。所谓面向对象，就是将现实世界的实体抽象成程序中的一个封装好的对象类，用一组属性刻画它的特征并且支持一组对它施加的操作。

所谓面向对象编程，就是抽象对象、设置属性、控制方法或事件。在 VFP 中，提供了许多基本的对象类，如表单、各种屏幕或报表控件等，系统都将它们作为对象看待，分别为它们提供一组属性、方法和事件。不同的对象类，其属性、方法和事件的名称及种类有相同的，也有不相同的。

在 VFP 中，有关屏幕界面的设计，实质就是表单的设计。设计一个表单可按下面 3 个步骤进行。

（1）设计用户界面，其实质就是建立对象。VFP 程序的所有控件或对象都是放置在表单中的。程序中所有信息也要通过表单显示出来，表单是应用程序最终的用户界面。应用程序中要用到哪些控件对象，可在表单中建立相应的控件对象。为此，需要启动表单设计器，在空表单上按照自己的设想放置和调整控件对象，直到获得满意的屏幕界面为止。

（2）设置属性，即为放置在屏幕上的控件对象设置各种属性。建立屏幕界面后，就可设置表单中每个控件的属性。对象的属性不一定在设计状态中设置，也可以在运行状态用程序进行设置。

（3）构筑事件和方法，即为屏幕对象可能发生的各种事件和方法添加相应的程序代码。当某个事件发生时，就启动这段代码，以实现相应的功能。在 VFP 中，当用户单击鼠标按钮、移动鼠标、按键时，都会触发事件。VFP 采用的是事件驱动的编程机制。因此，大部分程序都是针对表单中各种控件所能支持的方法或事件而编写的，这些程序称为事件过程。例如，可在某个对象的 Click 事件中编写一段代码，当用户用鼠标单击对象时，就执行为它编写的这段 Click 事件代码。此外，VFP 中的方法可以独立于任何事件而存在，不和任何事件相关联。这些方法的调用必须按显式调用的方式进行。VFP 中的事件是固定的，不能创建新的事件而方法则不一样，可以无限扩充。

与此同时，还必须编写一些过程或函数代码。这类代码主要供事件过程调用，完成一些计算或操作等。

7.2.2　表单设计器创建表单

使用"表单设计器"能够可视化地创建表单和表单集。若要启动"表单设计器"创建新的表单，可以采用如下方法：

（1）单击【项目管理器】中文档选卡中的【表单】，然后单击【新建】，并单击【新表单】按钮，则进入表单设计器界面。

（2）利用常用工具栏的【新建】按钮。

（3）利用主菜单栏【文件】中的【新建】选项。

（4）在命令窗口键入 CREATEFORM 或 CREATESCREEN 命令。

【表单设计器】也可用来修改建成的表单，在项目管理器中选择【文档】选项卡，选择需要修改的表单，单击【修改】按钮即可。

7.2.3 表单设计器环境

启动表单设计器后，进入表单设计器环境(如图 7.9 所示)。表单设计器环境包括如下基本组件：

（1）表单设计窗口(表单设计器——文档 1)。

（2）表单(Forml)。

（3）【表单】菜单、扩充的【显示】菜单及快捷菜单。

（4）表单控件。

（5）表单设计器工具栏。

（6）属性窗口(属性—文档 1)。

（7）代码编辑器窗口。

（8）数据环境窗口(数据环境—文档 1)。

在表单设计器窗口中可以采用可视化技术建立和修改表单和表单集。当表单设计器处于活动状态时，系统将在系统菜单上添加一个【表单】菜单，显示【表单控件】窗口和【表单设计器】工具栏。

图 7.9　表单设计器环境

表单和表单集本身具有自己的属性、事件和方法。一个表单集是表单的集合，可容纳一个或多个表单，并将它们作为一个整体进行操作。

在表单中可添加和修改控件及其属性、事件和方法。若要调整表单的大小，单击表单的边框，调整表单的大小到合适的情况，也可修改表单的 AutoCenter 属性，可使表单在运行时自动居中。表单可在表单设计器窗口工作区范围内任意移动和缩放。

表单(Form)窗口是设计用户界面的窗口，其中可容纳系统的各种控件对象。所有屏幕界面设计都在表单中完成。表单中的控件可以任意搬移和缩放。选中某一控件以后，可以激活其属性窗口，调整相关属性或激活代码编辑窗口，对控件有关事件和方法进行代码编辑等。

在表单窗口中有一些网格线，用来帮助定位控件位置。垂直网格线约束控件垂直移动，而水平网格线约束控件的水平移动。在网格线的约束下，拖曳一个控件对象时，将是以半个网格的长度为单位移动的。

表单上的网格的大小是可以控制的。如果希望增大或缩小网格的尺寸，选择"格式／设置网格刻度"项，激活"设置网格刻度"对话框窗口，在该窗口设置网格的尺寸比例。

7.2.4 表单控件工具栏

在表单设计器中，表单(Form)和表单集(FormSet)都具有自己的属性、事件和方法的对象，可以用面向对象的设计方法对它进行处理。利用表单控件工具可在表单上进行可视化设计。表单控件工具栏向表单添加各类控件，它包括一组屏幕控件按钮和一些辅助控制按钮(图 7.10)，其说明见表 7.1 所列。

使用表单控件工具栏可在表单上创建控件。单击需要的控件按钮，将鼠标指针移到表单上，然后单击控件或把控件拖至所需的地点及修改成需要的大小。

当打开"表单设计器"时，此"表单控件"工具栏会自动显示。不需要时可将它关闭，需要时可以从"表单设计器工具栏"中选择显示它，也可以从"显示"菜单中访问"表单设计工具栏"对话框。

图 7.10　表单控件工具栏

表 7.1　表单控件工具栏按钮说明

按钮名称	说　明
选定	移动和改变控件的大小。在创建了一个控件之后，"选择对象"按钮被自动选定，除非单击了"按钮锁定"按钮
查看类对象	可以选择显示一个已注册的类库。选择一个类后，工具栏只显示选定类库中类的按钮
标签对象	创建一个标签控件，保存不希望用户改动的文本，如复选框上面或图形下面的标题
文本框对象	创建一个文本框控件，保存单行文本，用户可在其中输入或更改文本
编辑框对象	创建一个编辑框控件，保存多行文本，用户可在其中输入或更改文本
命令按钮对象	创建一个命令按钮控件，用于执行命令
命令组对象	创建一个命令组控件，把相关的命令编成组
选项组对象	创建一个选项组控件，用于显示多个选项，用户只能从中选择一项
复选框对象	创建一个复选框控件，允许用户选择开关状态，或显示多个选项，用户可从中选择多于一项
组合框对象	创建一个组合框控件，用于创建一个下拉式组合框或下拉式列表框，用户可从列表项中选择一项或人工输入一个值(有关的详细内容，请参阅"组合框生成器")
列表框对象	创建一个列表框控件，用于显示供用户选择的列表项。当列表项很多，不能同时显示时，列表可以滚动(有关的详细内容，请参阅"列表框生成器")
微调控件	创建一个微调控件，接收给定范围之内的数值输入
表格对象	创建一个表格控件，在电子表格样式的表格中显示数据(有关的详细内容，请参阅"表格生成器")
图像对象	在表单上显示图像
计时器对象	创建计时器控件，可在指定时间或按照设定间隔运行进程(此控件在运行时不可见)
页框对象	显示控件的多个页面
OLE 容器控件对象	向应用程序中添加 OLE 对象

按钮名称	说　明
OLE 绑定型控件对象	与 OLE 容器控件一样，可向应用程序中添加 OLE 对象；OLE 容器控件不同的是，OLE 绑定型控件绑定在一个通用字段上
线条对象	设计时在表单上画各种类型的线条
形状对象	设计时在表单上画各种类型的形状，可以画矩形、圆角矩形、正方形、圆角正方形，椭圆或圆
分隔符对象	在工具栏的控件间加上空格
生成器锁定对象	为任何添加到表单上的控件打开一个生成器
按钮锁定对象	可以添加同种类型的多个控件，而不需多次按此控件的按钮
容器对象	将容器控件置于当前的表单上

个辅助控制按钮用法如下。

（1）选定对象：该控件按钮用于设定指针状态与选定对象的设计状态。当单击表单控件工具栏上的控件按钮之后，鼠标指针进入设计状态。此时，在表单上单击左键或拖曳鼠标画出一个方框放置一个屏幕对象。进入设计状态后，若想退出设计状态，可以单击指针按钮，恢复到指针状态。

（2）查看类：单击它，激活一个菜单，用于选择是使用基类控件(常用)还是使用子类控件或OLE 控件。该按钮提供了一种临时将用户自定义的可视对象类放到工具栏上的方法。

（3）生成器锁定：启动生成器锁定可以自动显示生成器。按下该按钮后，当向表单上添加一个新控件时，将自动激活该对象类对应的生成器工具，通过回答一系列问题和选择方案，完成控件的属性设置。

（4）按钮锁定：用于一次建立多个同类控件。若不使用按钮锁定，则在单击控件按钮，在表单上放置一个控件之后，单击的控件按钮将自动弹出复位。如果希望再放置一个该类控件，必须再次单击该控件按钮。若要创建的控件多于一个，用这种方法很不方便。当创建的控件多于一个时可按下按钮锁定，则被按下的控件按钮在向表单放置一个控件之后不会自动弹出，可以直接在表单上连续放置多个同类控件；或者选择其他控件按钮，放置多个新选择类型的控件，直到再次单击按钮锁定，使之弹出复位为止。使用这种方法既方便又快捷。

7.2.5　属性窗口

图 7.11　属性窗口

属性反映了控件、字段或数据库对象的特性，可对属性进行设置、定义对象的特征或某一方面的行为。例如，Visible 属性影响一个控件在运行时是否可见，可用"属性"窗口修改一个对象的属性。

属性窗口在设计时对控件的属性进行设置，如图 7.11 所示。"属性"窗口包含选定的表单、数据环境、临时表、关系或控件的属性、事件和方法程序列表，可在设计或编程时对这些属性值进行设置或更改，也可选择多个对象，然后显示"属性"窗口。在这种情况下，"属性"窗口会显示选定对象共有的属性。

可从"显示"菜单中选择"属性"窗口，或在"表单设计器"或"数据环境设计器"中单击右键，从"表单设计器"快捷菜单中选择"属性"窗口选项。

（1）对象列表：标识当前选定的表单和控件。当选择不同的对象时，该列表框中对象名随之变化。单击右端的向下箭头，可以看到包括当前表单、表单集和全部控件的列表。如果打开"数据环境设计器"，可以看到"对象"中还包括数据环境和数据环境的全部临时表和关系。可以从对象列表中选择需要更改其属性的表单或控件等对象，以便对该对象的属性进行修改。

（2）选项卡：选项卡按分类显示属性、事件和方法程序。选项卡有"全部"、"数据"、"方法程序"、"布局"、其他5个标签页。

"全部"显示全部属性、事件和方法程序。

"数据"显示有关对象如何显示或怎样操纵数据的属性。

"方法程序"显示方法程序和事件。

"布局"显示所有的布局属性。

"其他"显示其他和用户自定义的属性。

（3）属性设置框：可以更改属性列表中选定的属性值。如果选定的属性需要预定义的设置值，则在右边出现一个F形状箭头。如果属性设置需要指定一个文件名或一种颜色，则在右边出现对话按钮。单击接受按钮(对号标记)来确认对此属性的更改。单击取消按钮(叉号)取消更改，恢复以前的值。

有些属性(如背景色)显示一个对话按钮，允许从一个对话框中设置属性。

单击函数按钮(FX记号)，可以打开"表达式生成器"。属性可以设置为原值或由函数或表达式返回的值。

（4）属性列表：在属性列表中，左边显示的是属性名称，右边显示的是属性的定义。这个包含两列的列表显示所有的属性和它们的当前值。对于具有预定值的属性，在"属性"列表中双击属性名可以遍历所有可选项。对于具有两个预定值的属性，在"属性"列表中双击属性名，可在两者间切换。选择任何属性并按n，可得到此属性的帮助信息。

（5）附注：在"属性"窗口中可从右键快捷菜单中选择"重置为默认值"选项之后，在设计时编辑的属性，就显示为默认属性。

设置为表达式的属性，它的前面具有等号(=)。设置为只读的属性、事件和方法程序以斜体显示。

对象的属性值既可以在设计状态通过属性窗口进行静态设置，也可以在运行状态通过程序代码进行动态设置。

7.2.6 代码编辑器

可用"代码"窗口编写、显示和编辑表单、事件和方法程序的代码。可以打开任意多个"代码"窗口，方便地查看、复制和粘贴来自不同表单的代码。

当在"表单设计器"中双击一个表单或表单控件，在"数据环境"中双击，或在"属性"窗口中双击一个事件或方法程序时，显示代码窗口(如图7.12所示)。上述操作与从"显示"菜单中选择"代码"命令的效果相同。代码编辑器窗口包括一个代码编辑框、一个对象列表框及一个过程列表框。

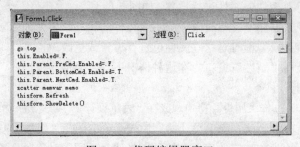

图 7.12 代码编辑器窗口

（1）对象列表框。列出当前的表单、表单集、数据环境、工具栏对象和当前表单上的所有控件。从中选择任意一个控件，对该对象的所有事件或方法编写相应的代码程序。

（2）过程列表框。列出 Visual FoxPro 的表单、表单集、数据环境或"对象"框中显示的控件所能识别的全部事件。当从"过程"框中选择一个事件时，将在"代码"窗口的编辑区中显示传递给该事件的参数。突出显示的事件名包含该代码。

（3）代码编辑框。代码编辑框实质是一个普通的文本编辑窗口。对象事件对应的代码显示在代码编辑框中。在代码编辑框中，可像在一般的编辑窗口中进行编辑一样，给具体的对象事件或方法编写代码程序。

提示：在"代码"窗口活动时，如果需要有关函数、语句、属性、事件或方法程序的语法信息，可输入关键字或属性、事件、方法程序的名称，选定，再按 n 键即可得到联机帮助。也可以在"过程"框中选择一个事件，按 F1 键得到有关该事件的帮助信息。按 PageDown 键，可切换到下一个事件或方法程序的代码。

7.2.7　数据环境窗口

表单、表单集、查询和报表程序，都可建立自己的数据环境。在表单设计器环境中，有 3 种方法打开数据环境窗口：

（1）选择"显示／数据环境"选项；

（2）单击表单设计器工具栏窗口的数据环境按钮；

（3）在表单中按右键激活快捷菜单，从中选择"数据环境"选项。

使用"数据环境设计器"，能够可视化地创建和修改表单、表单集和报表的数据环境。在"数据环境设计器"窗口活动时，VFP 显示"数据环境"菜单，用于处理数据环境对象。若要显示"属性"窗口和"代码"窗口，单击右键显示"数据环境设计器"快捷键，并选择"属性"和"代码"。一个数据环境定义了表单或报表使用的数据源，它包括表、视图和关系。数据环境与表单或报表一起保存，并可使用"报表设计器"或"表单设计器"修改。

（1）定义表单或报表的数据环境之后，当打开或运行该文件时，VFP 自动打开表或视图。并在关闭或释放该文件时关闭表或视图。

（2）对于表单来说，VFP 把"数据环境"中的全部字段列在"属性"窗口中，构成 ControlSource 属性列表。

（3）对于报表来说，VFP 基于相关的表和视图，构成用户报表所需的数据集。

当打开或创建表单、报表或标签时，从"显示"菜单中选择"数据环境"命令后，显示"数据环境设计器"窗口。将鼠标指向"数据环境设计器"内，单击右键将出现"数据环境"菜单。"数据环境设计器"窗口和"数据环境"菜单分别如图 7.13 和图 7.14 所示。

图 7.13　数据环境窗口

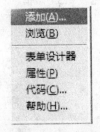

图 7.14　数据环境菜单

"数据环境"菜单。数据环境中的数据表可选择"数据环境"菜单中选项添加、删除或浏览。"数据环境"菜单选项如下：

"添加"显示"添加表或视图"对话框，用它可将表或视图添加到数据环境中。

"移去"删除数据环境中被选中的数据表。如果该数据表与其他数据表建立了关联，则将同时删除该关联。

"浏览"，在"浏览"窗口中，显示当前在数据环境中选中的表或视图。在"浏览"模式中，可以检查或编辑表或视图中的内容。

7.3　表单设计器修改表单

利用向导、表单设计器等创建的表单，如果不令人满意，可用表单设计器对其进行修改，把各种控件添加到表单中或从表单中删除，并可通过调整和对齐等控制来修改表单。

7.3.1　表单设计器工具栏

在进入表单设计器环境时，在系统标准工具栏下面将附加一个表单设计器工具栏窗口，如图7.15所示。表单设计器工具栏提供了对表单中对象进行调整、布局设置的功能，见表7.2所列。

表7.2　表单设计器工具栏按钮说明

按钮说明	作　用
设置Tab键次序	Tab键次序对象在设计模式和Tab键次序方式之间切换，Tab键次序方式设置对象的nb键次序方式(当表单含有一个或多个对象时可用)
数据环境	显示"数据环境设计器"，指定表单所使用的数据表
属性窗口	显示一个反映当前对象设置值的窗口
代码窗口	显示当前对象的"代码"窗口，以便查看和编辑代码
表单控件工具栏	显示或隐藏表单控件工具栏
调色板工具栏	显示或隐藏调色板工具栏
布局工具栏	显示或隐藏布局工具栏
表单生成器	运行"表单生成器"，提供一种简单、交互的方法，把字段作为控件添加到表单上，并可定义表单的样式和布局
自动格式运行	"自动格式生成器"为您提供一种简单、交互的方法，为选定控件应用格式化样式(要使用此按钮应先选定一个或多个控件)

7.3.2　布局工具栏

使用布局工具栏可在表单上对齐和调整控件的位置，并且更改控件的大小。该工具栏如图7.16所示，其说明见表7.3所列。

图7.15　表单设计器工具栏

图7.16　布局工具栏

172

表 7.3　布局工具栏说明

按　　钮	说　　明
左边对齐	按最左边界对齐选定控件(当选定多个控件时可用)
右边对齐	按最右边界对齐选定控件(当选定多个控件时可用)
顶边对齐	按最上边界对齐选定控件(当选定多个控件时可用)
底边对齐	按最下边界对齐选定控件(当选定多个控件时可用)
垂直居中对齐	按照一垂直轴线对齐选定控件的中心(当选定多个控件时可用)
水平居中对齐	按照一水平轴线对齐选定控件的中心(当选定多个控件时可用)
相同宽度	把选定控件的宽度调整到与最宽控件的宽度相同
相同高度	把选定控件的高度调整到与最高控件的高度相同
相同大小	把选定控件的尺寸调整到最大控件的尺寸
水平居中	按照通过表单中心的垂直轴线对齐选定控件的中心
垂直居中	按照通过表单中心的水平轴线对齐选定控件的中心
置前	把选定控件放置到所有其他控件的前面
置后	把选定控件放置到所有其他控件的后面

利用布局工具栏调整控件时，具体步骤如下。

（1）首先选择所要调整的控件，选择控件的方法有两种：①在按下"Shift"键的同时单击所要调整的控件(被选中的控件的周围出现 6 个小方块)；②在表单中用鼠标拖曳一矩形框，将所要调整的控件包含在其中。

（2）在"显示"菜单中选择布局工具栏，在布局工具栏中选择其中一按钮，进行控件布局调整。

7.3.3　选择、移动并更改控件

表单建立后，通常还需调整表单中控件的位置和大小。例如，需要移动备注字段或使编辑框变长。

选择控件，可单击控件。若要选择多个控件，按下 Shift 键后，单击所要选择的控件。

选择邻近控件，其步骤如下

（1）选择 FormControl 工具条中的选择箭头；

（2）拖曳鼠标，在所选控件周围拉出一个框。

移动控件，其步骤如下。

（1）单击控件；

（2）在表单窗口中将该控件拖至新位置。

更改控件大小，其步骤如下。

（1）选择控件；

（2）拖拉其中的大小句柄以更改控件的长度、宽度。

7.3.4　拷贝和删除控件

在设计或修改表单时，有时需要对表单中存在的控件复制。用户可以复制存在的控件并将其粘贴至用户表单中。

复制控件，其步骤如下。

（1）用鼠标选择控件；

（2）在"编辑"菜单中，选择"复制"；

（3）在"编辑"菜单中，选择"粘贴"；

（4）用鼠标将复制控件移至所需位置。

如果所建立的控件不再需要或不需要由表单向导建立的控件，则可以删除。若要删除控件，应先选择被删控件，再执行"编辑"菜单中的"剪切"或按"Del"键。

7.4　常用控件的使用

在本章第 2 节介绍了表单及表单控件工具栏的各种控件。通过使用这些控件，可以建立任何令人满意的屏幕界面。本节进一步介绍表单、文本框、编辑框、命令按钮、检查框、选项框及组合列表等最基本的屏幕控件。

7.4.1　表单

表单是设计用户界面的窗口，系统的各种控件对象都被包含在表单之中。所有的屏幕界面设计都是在表单中完成的。然而，表单本身也是一个对象，是组成屏幕界面的最基本的控件。

表单具有自己的属性。表单的属性可以决定它出现的方式，如表单的位置、大小、色彩、标题等；以及有关的性能，如表单是否可以缩放、移动、关闭等，见表 7.4 所列。

表 7.4　表单属性

属性名	说　　明
AlwaysOnTop	防止其他窗口覆盖本表单窗口
AutoCenter	属性值为.T.，表单运行时自动居中
Backcolor	设置表单的背景色彩
BorderStyle	设置表单的边框风格。表单有 4 种边框风格：无边框、单线边框、固定对话框、可调边框
Caption	设置表单的标题文本，标题显示在表单的标题区
Closable	确定表单的控制菜单是否出现"关闭"选项以关闭表单
ControlBox	控制表单的控制菜单是否显示，设置为真时控制菜单显示，否则不显示
Desktop	确定该表单是否以桌面窗口出现
Enabled	设置表单可否活动
FontName	设置表单显示文本或字符的字体名
ForeColor	表单的前景色彩，用于控制在表单上输出的文本的色彩
Height	设置表单的高度
Left	设置表单左边框距主窗口左边框的距离

属性名	说　明
MaxButton	用于设置表单右上角是否出现一个最大化按钮
MinButton	用于设置表单右上角是否出现一个最小化按钮
Movable	设置表单是否可以移动
Name	设定表单的名称
Parent	设置容纳当前控件的容器对象
Picture	设置在表单中显示一个位图图像
TabStop	确定是否可用 Tab 键将输入焦点移到该表单上
Top	设置表单的顶部与主窗口顶部的距离
Visible	设置表单是否可见(在多表单设计时常要用到该属性)
Width	设置表单的宽度

表单也能响应一些由用户或系统产生的事件(见表 7.5),如表单的初始化、表单的释放等。比如,可在表单的 Click 事件处理代码中编写一段程序,以便在单击表单时改变表单的色彩。

表 7.5　常用表单响应事件

事件名称	说　明
Activate	当表单变成活动表单时激发该事件
Click	在单击表单时将激发该事件
Error	当调用一个方法出错时将激发该事件
GotFocus	当表单获得输入焦点时将激发该表单的 GotFocus 事件
Init	当创建一个表单时,将激发该表单的 Init 事件
KeyPress	当在表单中有键击发生时,将激发表单的 KeyPress 事件
Load	当将表单装载到内存时,将激发该表单的 Load 事件

除了属性和事件可以改变表单出现的方式外,还可利用表单的方法来有效地操纵表单,见表 7.6 所列。例如,用 Move 方法改变表单的位置,用 Hide 或 Show 方法隐藏或显示表单等。

表 7.6　常用表单方法

方法名称	说　明	方法名称	说　明
AddObject	向表单中添加一个对象	Move	移动表单的位置
Box	在表单上画一个方框	Print	在表单上显示文本
Circle	在表单上画一个圆、弧或椭圆	Refresh	刷新表单的显示
Cls	清除表单上的内容	Release	释放表单
Draw	重画表单对象	RemoveObject	删除表单上一个控件
Hide	将表单隐藏起来	Show	显示表单
Line	在表单上画一直线		

7.4.2 标签

标签是一个显示文本信息的控件，显示不希望用户改动的文字。标签主要在表单上显示一些信息说明，如复选框上面或图形下面的标题等。和其他控件一样，标签也具有众多的属性、事件和方法，能够响应事件。在运行状态可对标签的内容进行动态调整。

在表单中建立标签对象，可在表单工具栏上按下"A"按钮，在表单中适当的位置单击鼠标左键，或拖曳大小合适的框设置一个标签对象。标签设置后，标签的大小可用鼠标拖曳调整，标签的显示内容由它的 Caption 属性定义。一个标签对象最多容纳的字符为 256 个。Autosize 属性决定可否自动调整标签的大小，Backstyle 指定标签的背景是否透明，WordWrap 属性设置在 Autosize 属性为真时，指定是否垂直方向或水平方向放大该控件，以容纳 Caption 属性指定的文本。

7.4.3 文本框与编辑框

文本框是一个在屏幕上对内存变量或数据表字段中的数据进行操作的控件。输入文本框的内容是存入变量还是数据表的字段中，是由文本框的 ControlSource 属性决定的。文本框的 ControlSource 属性设置文本框的数据源。用户通过文本框添加或编辑数据，这些数据可以是"字符型"、"数值型"或"日期型"。文本框接收的数据类型由文本框的 InputMask 和 Format 属性的取值决定。

InputMask 属性控件控制在文本框中键入的每一个字符的格式，它一般同时含有多个功能字符。可供选择的功能字符如下：

X——可以输入任何字符

9——数字和正负符号

#——数字、空格和符号

$——显示当前货币符号在当前位置

*——星号显示在值的左边

.——记载小数点的位置

,——用逗号给整数部分数据分节显示

Format 属性影响整个文本框键入的数据。它包含如下功能字符：

A——指定在文本框中只允许字母表中的字符

D——符合当前的 SETDATE 设置的日期格式

E——符合当前的 SETDATE 设置的英国日期格式

K——当前光标移到文本框时选择整个文本(仅对字符数据有效)

L——指定显示小数点左边的零

文本框控件可以通过"文本框生成器"进行设置。"文本框生成器"中的"文本框"控件设置属性十分方便。也可以在"表单控件工具栏"中选择"文本框"按钮，在表单中适当的位置上设定"文本框"对象，在属性窗口中进行属性的设定。

编辑框和文本框一样，也是在屏幕上随意输入数据到内存变量或数据表字段，或修改编辑其中内容中的控件。编辑框和文本框不同点是编辑框仅可接收字符型文本的输入输出，文本框最多能容纳 275 个字符，而编辑框接收字符数据将不受编辑框大小的限制，最多能容纳 2 147 483 647 个字符。同时，在编辑框中出现一个垂直滚动条，在编辑框中文本内容较多时用于滚动文本。编辑框特别适用于 Memo 类型的字段。将数据表中的"备注"字段拖至表单中时，VFP 将自动建立一个编辑框对象，系统自动将该对象的 ControlSource 属性自动设置为表的备注字段名。

7.4.4 列表框与组合框

列表框给用户提供一个可滚动的列表，通常该列表包含一组预定的选项供用户选择。在列表框中，通过滚动条操作可以察看其中的列表信息，用户可在列表框中选择所需的数据。列表框设置好以后可在"列表框生成器"对话框格式中选择选项来设置属性。

【例 7.1】建立一列表框演示表单，为排序操作选择关键字。选择完成后单击"确认"按钮，这时将显示相关信息。

建立一个列表框演示表单，在该表单中建立一个列表框和确认按钮。所建对象属性见表 7.7 所列，并按如下对象属性建立表单及其中的控件。

表 7.7 列表框演示表单及其中对象的主要属性

对　象	属　性	设　置	对　象	属　性	设　置
表单	Caption	列表框演示表单	列表框	Height	121
	Name	Forml		Left	72
	AuotCenter	.T.		Top	34
	Height	205		Width	121
	Width	266	按钮	Caption	确认
列表框	Name	LstSource		Name	Commandl
	RowSourceType	8-结构			

编写"确认"按钮的 C1ick 事件代码。

```
fna=Thisform. Lstsource. Value
fnam="student. "+fna
lx0=type("&fname")
1x="&lx0",
if  1x="L". or.lx="M"
wait windows"该字段——&fna 不能作为排序的关键字"
else
wait window"正以&fna.为关键字排序，请稍等..."
endif
```

运行列表框演示表单，其结果如图 7.17，图 7.18，图 7.19 所示。在列表框中选择某一字段，单击"确认"按钮即进行排序操作。

图 7.17 列表框演示表单

正以姓名为关键字排序，请稍等...

图 7.18 排序字段为
C、N、D 型时显示的信息

该字段---&fna不能作为排序的关键字

图 7.19 排序字段为 L、M
型时显示的信息

（1）组合框。组合框控件用于创建一个下拉式组合框或下拉式列表框，用户可从列表项中选择一项或人工输入一个值，从而减少输入工作量，保证输入数据的正确性。当某一字段的内容为一组固定值时，就可以设定一个组合框控件。

组合列表框初始显示为一个文本框，其中显示当前选项。当用户开始选择时，打开一个列表，显示一个能够选择的选项列表。

（2）列表框和组合框的数据来源

列表框和组合框的数据来源（RowSource）和数据来源类型(RowSourceType)属性用于指定列表选项和组合框选项的数据来源和类型。

列表框和组合框的选项支持以下几种数据来源：

0——无，默认值，它需要在运行时由程序用 AddItem 或 AddListItem 方法添加选项；

1——值，在 RowSource 属性中列出由逗号分隔的选项；

2——别名，由 ColumnCount 属性值选择数据表中的开始几个字段；

3——SQL 语句，在 RowSoume 属性值中引用 SQL 查询结果；

4——查询(.qpr)，在 RowSource 属性中指定的.qpr 文件的查询结果；

5——数组，从由 RowSource 列出的事件建立的数组中的数据；

6——字段，由逗号分隔的数据环境中的字段的列表；

7——文件，当前目录中的文件名，由 RowSource 属性值设定文件匹配符,如*. dbf 或*.TXT 等；

8——结构，RowSource 属性指定的数据表的结构；

9——弹出式菜单，保留，为向后兼容。

【例 7.2】建立一个组合框对象显示所有表文件(.dbf 文件)，从中选择一个文件，按下确认按钮则打开所选择文件。

建立一个组合框演示表单，在该表单中建立一个组合框和确定按钮。所建对象属性见表 7.8 所列。

编写 Commandl. Click 事件代码。演示结果如图 7.20 所示。

name=thisform. Combo1. Value

use &name

表 7.8　组合框演示表单及其中对象的属性

对　　象	属　　性	设　　置
表单	标题 Caption	组合框演示
	背景色 Backcolor	192,192,192
	自动居中 AuotCenter	.T.
命令按钮	名称 Name	Commandl
	标题 Caption	确认
组合框	名称 Name	Combo1
	类型 Style	0-下拉组合框
	数据来源 RowSource	*.dbf
	数据来源类型 RowSourceType	7-文件

图 7.20　组合框演示

7.4.5 复选框

复选框用于创建一个复选框控件，显示一个逻辑状态：是或否。当选中时复选框显示"X"；若要取消选择则可单击复选框，此时复选框中的"X"将消失。对于复选框，主要设置 ControlSource 属性。复选框的 ControlSource 属性设置为表中的一个逻辑字段，如果当前记录值为"真"时，复选框显示为选中；如果当前记录值为"假"时，复选框显示为未选中；如果当前记录值为". NULL."时，复选框显示为灰色。复选框左边的提示由复选框的 Caption 属性进行设定。

【例 7.3】建立一组复选框用来选择试题题型，选择完成后单击"确认"按钮，将显示所选的题型信息。

建立一个复选框演示表单，在该表单中建立一个容器、一组复选框按钮和确认按钮。所建对象属性见表 7.9 所列。

表 7.9　复选框演示表单及其中对象的主要属性

对象	属性	设置	对象	属性	设置
表单	标题 Caption	复选框演示表单	复选框	名称 Name	Check3
	名称 Name	Form1		Caption	判断题
	自动居中 AuotCenter	. T.	复选框	名称 Name	Check4
	高 Height	203		Caption	名词解释
	宽 Width	283	复选框	名称 Name	Check5
形状	Name	Shape1		Caption	问答题
	高 Height	144	复选框	名称 Name	Check6
	Left	57		Caption	计算题
	SpecialEffect	0-3 维	命令按钮	名称 Name	Command1
	Top	12		标题 Caption	确认
	Width	169		高 Height	25
复选框	名称 Name	Check1		左 Left	108
	Caption	填空题		顶 Top	106
复选框	名称 Name	Check2		宽 Width	60
	Caption	选择题			

编写确认按钮的 Click 事件代码。

选中该按钮，激活 Click 事件代码窗口，添加如下语句行：

```
    xh=""
if Thisform.Check1.value=1
        xh=xh+"填空"
endif
if Thisform. Check2. value=1
    xh=xh+"选择"
endif
if Thisform. Check3. value=1
    xh=xh+"判断"
```

```
endif
if  Thisform. Check4. value=1
    xh=xh+"名词解释"
endif
if  Thisform. Check5. value=1
    xh=xh+"问答"
endif
if  Thisform.Check6.value=1
    xh=xh+"计算"
endif
    wait windows"选择了&xh. 等题型"
```

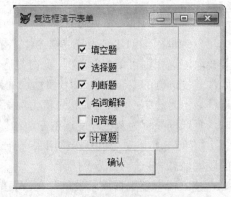

图 7.21　复选框演示表单

表单运行后画面如图 7.21 所示，选择题型后按"确认"按钮显示选题信息(如图 7.22 所示)。

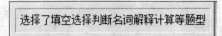

图 7.22　选择了填空选择判断
名词解释计算等题型

7.4.6　命令按钮与按钮组

命令按钮与按钮组都用来激活一个事件，通过该事件完成诸如移动记录指针、增删记录、打印报表、关闭表单等动作。

利用命令按钮(CommandButton)控件可在表单上建立一个命令按钮。当用户单击该按钮时，即可执行一个动作。

命令按钮可以使用"表单控件"工具栏来建立。在"表单控件"工具栏中单击"命令按钮"控件，将鼠标移至表单上指定的位置单击左键，这时表单上将设定一按钮。

命令按钮的外观可以设置，主要由命令按钮 Caption 和 Picture(DownPicture)属性来确定。Caption 属性指定在命令按钮上显示的标题；而 Picture 属性指定一个.bmp 图形文件显示到命令按钮上。如果用户希望命令按钮上既有标题又有图形，可对命令按钮的 Caption 和 Picture 属性进行设置，此时图形占据命令按钮的上半部；而标题占据命令按钮的下半部。

当用户单击该按钮时，执行什么动作取决于命令按钮的 Click 事件。设计一个命令按钮的主要工作是设计其事件(如 Click 事件)的处理代码。命令按钮的 DownPicture 属性可以指定一个位图。当命令按钮被按下时，它的外观将显示该图形，以取代 Picture 属性指定的图形。当按钮一恢复，就又恢复 Picture 属性指定的图形的显示。

【例 7.4】建立一个打印按钮，它的图形和标题同时显示，激活一个事件后显示一串信息。

建立一个打印按钮演示表单，在该表单中建立一个打印按钮。所建对象属性见表 7.10 所列。

编写 Click 事件代码。选中该按钮，激活 Click 事件代码窗口，添加如下语句行：

```
waitwindows"正在打印，请稍等…"nowait
```

运行结果如图 7.23 所示。

命令按钮组是一个命令按钮的容器对象。它将建立一组命令按钮，命令按钮组将一组动作组合到一起。选择其中一个按钮将执行对应的一个动作。对于命令按钮组，可以单独对其中的一个按钮进行操作，也可将这些按钮作为一个整体进行操作。也就是说，可以用两种方式之一来处理这些按钮的事件。当将命令按钮组中的按钮看作一个整体时，可以通过命令按钮组的 Click 事件检测用户对按钮组中任一按钮的单击事件，也可通过按钮组中每一个按钮的 Click 事件来取得用户对该命令按钮的单击事件。单个命令按钮的事件优先级较高，命令按钮组的同名事件的优先级较低。也就是说，当对按钮组的 Click 事件和按钮组的每一按钮的 Click 事件都编写了事件处理代码时，则用户对该按钮组某个按钮的 Click 事件，将由某一个按钮的 Click 事件处理程序进行处理。

表 7.10　例题对象属性设置

对象	属性	设　置
表单	标题 Caption	打印按钮演示
	自动居中 AutoCenter	．T．
	高 Height	170
	宽 Width	313
命令按钮	名称	Command1
	图形	c:\print.bmp
	标题 Caption	打印
	高	49
	左	126
	顶	60
	宽	60

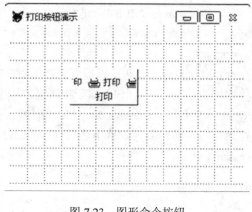

图 7.23　图形命令按钮

用"表单控件"工具栏中的命令组按钮控件可以创建一组命令按钮，使用"命令组生成器"(CommandGroup Builder)来设置"命令组"控件的属性十分方便，只要在"命令组生成器"对话框中选择选项来设置属性。命令按钮组的 ButtonCont 属性可以设置命令按钮组按钮的个数。与命令按钮一样，Caption 属性定义命令按钮上显示的标题，Picture 属性定义命令按钮一个显示的图形，Enabled 属性指定该按钮是否响应用户的引发事件。

【例 7.5】建立一个按钮组，它的图形和标题同时显示，激活整个事件后显示一串信息，模拟所执行的动作。

建立一个按钮组演示表单，在该表单中建立一个按钮组。所建对象属性见表 7.11 所列。按钮组(CommandGroupl)中 Commandl 和 Command2 对象的 Caption 属性分别改为"打印"和"退出"。

表 7.11　按钮组演示表单及其中对象的属性

对　象	属　性	设　置	对　象	属　性	设　置
表单	标题 Caption	按钮组演示	按钮组	左	84
	自动居中 AuotCenter	．T．		顶	109
	高 Height	170		宽	132
	宽 Width	313	按钮	名称 Name	Commandl
按钮组	名称	CommandGroupl		标题 Caption	打印
	按钮个数	2	按钮	名称 Name	Command2
	高	35		标题 Caption	退出

编写 Click 事件代码。

选中该按钮，激活 Click 事件代码窗口，添加如下语句行：

```
do case
case thisform. commandgroupl. value=1
   waitwindows"按钮组的 Click 事件，目前单击打印按钮"
   waitwindows"正在打印，请稍等…"
```

181

```
case thisform. commandgroupl. value=2
    wait windows"按钮组的 Click 事件，目前单击退出按钮"
    waitwindow"退出本表单"
    RELEASE thisform
endcase
```

存盘并运行该表单程序，屏幕显示如图 7.24 所示。

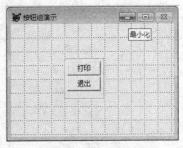

图 7.24   按钮组演示

本例的 Click 事件代码是属于按钮组，也可以对各个按钮建立 Click 事件代码。Commandl. Click 事件代码的输入，必须首先在属性窗口的对象列表框中选择 CommandGroupl 对象下的 Commandl 对象。

7.4.7   选项组

选项组如同命令按钮组一样，也是一个包含选项按钮的容器对象，在其中可容纳一组选项按钮。选项按钮组允许用户在彼此之间独立的几个选项中选择一个，且仅可选择一个按钮。用户在选择其中一个选项的同时，原先的选择将无效。每个选项左边都有一个圆圈，被选中的选项的圆圈中出现一个黑点，表示是当前选项。

在表单中创建一个选项组时，它默认包含两个单选按钮。若要改变选项按钮组的按钮数，需对 ButtonCount 属性进行设置。若将 ButtonCount 属性设为 6，该选项按钮组有 6 个按钮。选项按钮右边的标题通过 Caption 属性来设定。

选项按钮组的 Value 属性表明用户选定了哪一个按钮。如选项按钮组有 6 个按钮，当选择了第 3 个选项，选项按钮组的 Value 属性就是 3。

【例 7.6】建立一个选项组，用来选择打印机的类型。

建立一个选项组演示表单，在该表单中建立一个选项钮组。所建对象属性见表 7.12 所列。

表 7.12   选项组演示表单及其中对复的属性

对　象	属　性	设　置	对　象	属　性	设　置
表单	标题 Caption	选项组按钮演示	选项按钮	名称 Name	Optionl
	自动居中 AuotCenter	.T.		标题	Compaq
	高 Height	144	选项按钮	名称 Name	Option2
	宽 Width	139		标题	Epson
选项按钮组	名称	OptionGroupl	选项按钮	名称 Name	Option3
	按钮个数 ButtonCount	4		标题	Hp
	高	84	选项按钮	名称 Name	Option4
	左	120		标题	IBM
	顶	24			
	宽	73			

182

编写 Click 事件代码,选中该按钮组,激活选项组中每一对象的 Click 事件代码窗口,如图 7.25 所示。

Optionl 的 Click 事件代码:

  wait windows"你选择了 Compaq 打印机"nowait

Option2 的 Click 事件代码:

  wait windows"你选择了 Epson 打印机"nowait

Option3 的 Click 事件代码:

  wait windows"你选择了 Hp 打印机"nowait

Option4 的 Click 事件代码:

  wait windows"你选择了 IBM 打印机"nowait

本例中 Click 事件代码分别写在选项组中每一个对象的 Click 事件代码中,也可写在选项组的 Click 事件代码中。

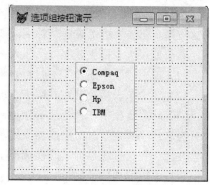

图 7.25　选项组按钮演示

7.4.8　微调控件

微调控件(Spinner)接收给定范围之内的整数输入,提供键入和按钮输入两种输入方式。对接收的数据需在一个规定的范围内时,可建立微调控件。在表单控件工具栏中按下微调控件按钮后,在表单中单击左键,将出现一个 Spinner 对象,对其属性加以设置,以调节接收数据的范围及数据改变的增量。其中有最大值、最小值、微调控件数据改变的增量。

在使用微调控件时,通过对微调控件属性的设定,对微调控件输入值的上限和下限加以控制。微调控件最大值是通过 SpinnerHighValue 和 KeyBoardHighValue 属性设定的。其中 KeyBoardHighValue 是设定从键盘输入微调框的最大值,SpinnerHighValue 是设定通过单击微调按钮输入的最大值。

微调控件的最小值是通过 SpinnerLowValue 和 KeyBoardHighValue 属性来设定的。其中 KeyBoardLowValue 是用来设定从键盘输入微调框的最小值,SpinnerLowValue 是用来设定通过单击微调按钮输入的最小值。

微调控件的 Increment 属性设置数据改变的增量。当用户单击微调控件上箭头或下箭头时,微调控件中数值增加或减小一个增量,其默认值为 1.00。

7.4.9　表格

表格(Grid)是一个按行和列显示数据的容器对象,其外观与浏览窗口相似。表格包含列,这些列除了包含标头(Header)和控件外,每一列还拥有自己的一组属性、事件和方法,从而提供了对表格单元的大量控件。表格中的标头在列的最上面显示标题,并且可以响应事件。

表格最常见的用途之一是显示一对多关系的子表。当文本框显示父表记录数据时,表格显示子表的记录数据:当用户在父表中浏览记录时,表格中子表的记录显示相应变化。

如果表单的数据环境包含两表之间的一对多关系,那么要在表单中显示这个一对多关系非常容易,将需要的字段从数据环境设计器中的父表拖动到表单中,然后从数据环境设计器中将相应的子表拖曳到表单中。表格的 RecordSource 等属性系统将自动地设计。

表格的数据源可以是表、视图或查询,可以通过设置 RecordSource 和 RecordSourceType 属性指定。ColumnCount 属性用来设置表格的列数。如果 ColumnCount 属性设置为 1(默认值),在运行时,表格将包含与其链接的表中字段同样数量的列。

在表格中加入列后将改变列的宽度和行的高度。可在属性窗口中人工设置列和行对象的高度和宽度属性，也可以在设计表格时可视化地设置这些属性。

"表格生成器"为表格控件设置属性十分方便。表格控件允许在表单或页面中显示和操作数据的行与列。在"表格生成器"对话框中进行选项可以设置表格属性。

若要使用"表格生成器"产生表格，可按下列步骤进行：

（1）使用"表单控件"工具栏，将一个表格控件放在表单上；

（2）选中该表格控件，并单击右键，从快捷菜单上选择"生成器"；

（3）从对话框中选择合适的选项，然后选择"确定"。

当选择"确定"时，生成器关闭，各个选项卡的属性设置开始生效。

注意：在运行表单前，确保调整了表格控件的大小，以完整显示数据。

表格生成器选项卡如下。

表格项——指定要在表格中显示的字段；

样式——指定表格显示的样式；

布局——指定列标题和控件类型；

关系——指定表格字段与表字段之间的关系。

7.4.10 页框

1. 将页框添加到表单中

页框是一种新型的界面构件，它含有多个页(Page)对象。每个页对象都可以有自己的画面。表单中可以包含一个或多个页框，若要在表单中添加页框，可按如下步骤进行：

（1）在"表单控件"工具栏中选择"页框"按钮，并在"表单"窗口拖曳到理想的尺寸；

（2）在属性的窗口中设置 PageCount 属性，指定页框中包含的页数；

（3）从页框的快捷菜单中选择"编辑"命令，将页框激活为容器；页框的边框变宽，使它处于活动状态；

（4）用向表单中添加控件相同的方法，向页框中添加控件。

如果要在页框中选择一个不同的页面，可将页框作为容器激活，并选择页面选择卡，或者在属性窗口的"对象"框中选择这一页面，也可以在表单设计器底部的"页"框中选择这一页面。

2. 将控件添加到页面上

将控件添加到页面上后，它们在页面活动时才可见和活动。所以可首先在属性窗口的对象框中选择页面。页框的周围出现边框，表明可以操作其中包含的对象。然后在控件工具栏中，选择想要的控件按钮，并把它放在页面中并调整到想要的大小。

3. 管理选项卡的长标题

如果选项卡上的标题太长，不能在给定页框宽度和页面数的选项卡上显示出来，可以有以下两种选择：

（1）将 TabStretch 属性设置为 1——剪裁，这样只显示能够放入选项卡中的标题字符，"剪裁"是默认设置；

（2）将 TabStretch 属性设置为 0——堆积，这样选项卡将会层叠起来，以便所有选项卡中的整个标题都能显示出来。

【例 7.7】建立一个页框演示表单，该页框控件有 4 页，运行选择其中一页后，显示第 X 页信息。

按表 7.13 中的设置建立表单及页框架对象，运行该表单的结果如图 7.26 所示。

表 7.13　页框演示表单及其中对象的属性

对　象	属　性	设　置	对　象	属　性	设　置
表单	标题 Caption	页框演示表单	页	Name	Pagel
	自动居中 AuotCenter	. T.		ForeColor	0,0,255
	高 Height	181		Caption	第 2 页
	宽 Width	37l	页	Name	Page2
页框	名称	Pageframe1		ForeColor	255,0,0
	PageCount	4		Caption	第 3 页
页框	高	181	页	Name	Page3
	左	0		ForeColor	255,255,128
	顶	0		Caption	第 4 页
	宽	371	页	Name	Page4
页	Caption	第 1 页		ForeColor	0,255,128

图 7.26　页框演示表单

7.4.11　生成器

生成器是 VFP 工具，如"列表框生成器"是以帮助用户对特定控件设置属性或组合子句创建特定的表达式。生成器由一个或多个提供一系列简单选项的对话框组成。用户通过回答或选择这些对话框提出的问题，建立和修改表单对象和复杂控件。

VFP 系统为大部分对象提供生成器工具。对于不同的对象，如表单、命令组、选项组或组合框，它们具有不同的生成器工具，提供不同的问题和方案。一般地，每个生成器提供页框架控件，通过一组选项卡，分门别类地对其作用的对象的属性进行设置和修改生成器选项卡：

（1）格式——指定文本框的数据类型、运行时启用、仅字母字符、使其只读、显示前导零以及输入掩码的类型等各种格式选项。

（2）样式——指定文本框的特殊效果、边框、字符对齐方式和调整文本框尺寸以恰好容纳等各种格式选项。这些选项分别对应于 SpecialEffect、BorderStyle、Alignment 等属性。

（3）值——指定表或视图的字段，该字段用来存储文本框的值；该选项对应于 ControlSource 属性，指定存储文本框的值的字段。

使用生成器：

（1）使用"表单控件"工具栏，将一个控件放在表单上；

（2）选中该控件，并单击右键，从"表单设计器快捷菜单"上选择"生成器"；

（3）从对话框中选择合适的选项，选择"确定"。

当选择"确定"时，生成器关闭，各个选项卡中的属性设置开始生效。

7.5 对象的事件和方法程序

每个对象都有属性以及和它相关的事件和方法。

7.5.1 事件

事件是由对象识别的一个动作,如按钮按下时所进行的处理工作。可以编写相应的程序代码对此动作进行响应。事件可由一个用户动作产生,如单击左键或按下一个键盘上的键,也可以由程序代码或系统产生,如计时器。不同的对象能够识别的事件不一定相同。当用户触发(如 Click)事件时,对象将对该事件作出响应,执行一个事件处理过程。事件处理过程是属于对象的程序代码。

VFP 系统预先设置好能够被对象识别的动作有 Click、GotFocus、MouseDown、Move、KeyPress、DragOver 等。事件存放在源程序代码编辑器窗口中的过程下拉列表框中。

【例 7.8】建立一个包含首记录、尾记录、下一记录、上一记录及退出 5 个命令按钮的命令按钮组。

1. 命令按钮组的建立

在表单控件工具栏中按下命令组按钮,其属性值见表 7.14 所列。

表 7.14 命令按钮组属性

对 象	属 性	设 置	对 象	属 性	设 置
命令按钮组	BottonCount	5	命令按钮	Name	NextCmd
	Height	35		标题 Caption	下一记录
	Left	7	命令按钮	Name	PreCmd
	Top	213		标题 Caption	上一记录
	Width	318	命令按钮	Name	BottomCmd
	Name	CommandGroupl		标题 Caption	尾记录
命令按钮	Name	TopCmd	命令按钮	Name	QuitCmd
	标题 CapriOn	首记录		标题 Caption	退出

2. 编写各按钮 Click 事件代码

1)下一记录——NextCmd

当按下该按钮时,记录指针将向下移动一个记录;如果记录指针已经指向最后一条记录,将使本按钮和"尾记录"两个按钮无效,而"上一记录"和"首记录"有效。

"下一记录"(Nextcmd)按钮 Click 事件

```
skip 1
1FEOF() OR RECNO()=RECCOUNT()
go RECCOUNT()
This. Parent. NextCmd. Enabled=.F.
This. Parcht.TopCmd. Enabled=.T.
This. Parent. BottomCmd. Enabled=.F.
This. Enabled=. F.
ELSE
```

```
This. Parent.NextCmd. Enabled=.T.
This. Parent. PreCmd. Enabled=.T.
This. Parent. BottomCmd. Enabled=.T.
This. Parent. TopCmd. Enabled=.T.
ENDIF
sex=IIF(XB, 1, 2)
Thisform. Refresh
```

2）上一记录——PreCmd

当按下该按钮时，记录指针将向上移动一个记录；如果记录指针已经指向首记录，使本按钮和"首记录"两个按钮无效，而"下一记录"和"尾记录"有效。

"上一记录"(Precmd)按钮 Click 事件

```
Skip -1
IF BOF()
go TOP
This. Parent. PreCmd. Enabled=. F.
This. Enabled=. F.
This. Parent. TopCmd. Enabled=. P.
This. Parent. Nextmd. Enabled=.T.
ELSE
This. Parent. TopCmd. Enabled=. T.
This. Parent. PreCmd. Enabled=. T.
This. Parent. BottomCmd. Enabled=.T.
This. Parent. NextCmd. Enabled=. T.
ENDIF
tempsex=IIF(XB, 1, 2)
Thisform. Refresh
```

3）首记录——TopCmd

当按下该按钮时记录指针将移向第一条记录，同时使本按钮和"上一记录"两个按钮无效，而"下一记录"和"尾记录"有效。

"首记录"(TopCmd)按钮 Click 事件

```
go top
This. Enabled=. T.
This. Parent. PreCmd. Enabled=.T.
This. Parent. BottomCmd. Enabled=. T.
This. Parent. NextCmd. Enabled=. T.
tempsex=IIF(XB,1, 2)
Thisform. Refresh
```

4）尾记录——BottomCmd

当按下该按钮时记录指针将移向最后一条记录，同时使本按钮和"下一记录"两个按钮无效，而"上一记录"和"首记录"有效。

"尾记录"(BottomCmd)按钮 Click 事件

```
go bottom
This. Parent. TopCmd. Enabled=. T.
This. Parent. PreCmd. Enabled=. T.
This. Enabled=. T.
This. Parent. Nextcmd. Enabled=. F.
tempsex=IIF(XB, 1, 2)
Thisform. Refresh
```
5）退出——QuitCmd

按下本按钮，将关闭本表单。

QuitCmd 按钮属性

Caption="QuitCmd"

"退出"(QuitCmd) 按钮 Click 事件

```
wait window"退出本表单"
RELEASEThisform
```

7.5.2 方法程序

方法程序是对象能够执行的一个操作，是和对象相关的处理过程。VFP 系统对各类对象都提供相关的方法程序，用户可以根据需要为对象创建新的方法程序。一旦建立了一个对象，则可以在应用程序中调用该对象的方法程序。

方法程序的应用格式是：对象名称．方法名称

【例 7.9】在本表单(表 7.15)中建立选项组控件应用于性别字段上。

表 7.15　选项组对象属性

对　象	属　性	属性值	对　象	属　性	属性值
选项组	名称 Name	SexOption	选项组	Width	78
	按钮数 BottomCount	2		Value	无
	ControlSource	Sex	OptionI	标题 Caption	男
	Height	26		名称 Name	Option1
	Left	68	Option2	标题 Caption	女
	Top	24		名称 Name	Option1

选项组建立完成后，每当启动表单或移动记录指针时需要检测当前记录性别字段的值。根据性别字段的值决定选中选项组中子对象 Option1 或 Option2。另外，改变选项组的值时要在性别字段中填入.T 或. F.。为此，需要建立 SelectSex 方法处理特定的操作。

建立新的方法选定"Form"菜单中的"新方法程序"选项，这时将出现如图 7.27 所示的"新方法程序"对话窗口。

在名称文本框内输入新方法名，在说明框内输入此方法的注解。新方法添加成功后，在属性窗口中将会列出新方法的名。若要编写新方法的程序，在新方法名处双击左键，待出现编辑窗口后就可以编写新方法程序了。

图 7.27 "新方法程序"对话框

SelectSex 方法的代码如下：

```
LPARAMETER temp, direct
IF direct=. T.
    REPLACE XB WITH IIF(temp=1, "男", "女")
ELSE
    RETURNIIF(XB,1,2)
ENDIF
```

InteractiveChange 事件是指在选项、选项组或文本框等的 Value 属性值发生变化时被触发。因此，当用户选择选项时调用 SelectSex 方法。

选项组 InteractiveChange 事件代码：

Thisform．Handlesex(This．value,vartodbf)

Activate 事件是指当表单变成活动表单时激发该事件。当表单启动后，选项组控件显示的值应与当前记录的 XB 字段的值有关。因此，当启动表单时激发表单 Activate 事件。

表单 Form1 的 Activate 事件代码：

```
Publicvartodaf
vartodbf=. t.
sex=IIF(XB="男", 1, 2)
scatter memvar memo
Forml. SelectSex()
Thisform. DelCmd. Init
```

7.6 面向对象的基本知识

7.6.1 对象的概念

对象（Object）在现实生活中是常见的，如一个人是一个对象，一架飞机是一个对象，一台计算机也是一个对象。这些对象都是客观存在的事物，容易被人们接受。如果将一套完整的计算机拆开来看，便有屏幕、机箱、软箱驱动器、硬盘、键盘、光盘驱动器、鼠标器等，它们之中的每一个也称为对象，而这些对象又可以分为多个更小的对象。由此可以认为："计算机是由多个对象所组成的。也就是说，计算机是一个对象容器（Container）。"

在 VFP 中，经常讲到"控件"与"对象"这两个概念。所谓控件（Control）是指 VFP 中所提供的设计输入输出界面的"一组零件"，是一种界面组件的统称。而对象（Object）是指某一个具体的组件。例如输入输出界面上的各种文字、各类按钮统称为控件，而一个具体的"退出"命令按钮是一个对象。

　　一个对象将数据（变量）及方法（一个过程程序）包装在一起，使得对象变得独立起来，当外界与对象交流时便以当初设计好的方法进行（即执行过程）。这样，通过对象的方法便能与对象交流。例如，计算机对象提供很多的方法与外界交流，如键盘方法以接收用户键入数据（只读）、屏幕方法以显示输出的数据（只写）、驱动器方法提供了与外界交流的渠道（读写）等，这些方法都是计算机对象所提供的。通常人们并不需要知道计算机是如何处理各种数据的，而只要了解如何使用它即可。

　　一个对象包含了该对象的数据（通常为变量）及存取方法（过程程序）。用户只能通过其提供的方法，才能存取其中的数据，以及控制该对象的部分行为。在 VFP 中用户可以直接使用该对象中的变量。

　　VFP 中的对象是表单、表单集、各种控件的具体表现形式。对象可以响应特定事件（如左键单击对象），也可以通过事件来处理对象。对象是控件的具体表现形式，控件是对象的模板。因此，控件也称为类。对象具有所属控件类定义的全部属性和方法，但用同一控件类定义的各个具体对象又可以具有不同的属性。

　　VFP 提供了 19 个控件类、13 个内部对象类、3 个对象的参考（Reference）。下面将给出这些控件及内部对象。

　　19 个控件类（Controls）：

CheckBox	ComboBox	CommandButton	CommandGroup
EditBox	Grid	Image	Label
ListBox	OLE Bound	OLE Container	Option Button
OptionGroup	PageFrame	Shape	Spinner
TextBox	Timer	Line	

　　13 个内部对象类（Objects）：

Container	Control	Cursor	Custom
Column	DataEnvironment	Form	FormSet
Header	Page	Relation	Separator
ToolBar			

　　3 个对象的参考（Object Reference）：

| THIS | THISFORM | THISFORMSET |

　　可以利用 19 个控件定义自己所要的对象（Object），而每一个控件对象都由内部的类所定义。因此，当建立一个 TextBox 控件对象时（假设其名称为 Name），Name 对象便具有 TextBox 控件所有的属性（Property）、事件（Event）及可使用的方法（Method），例如 Left 属性、GotFocus 事件、Move 方法。

　　VFP 内部的对象一般是可直接使用的，但某些对象要在用户建立某对象之后才能使用，例如 Separator 对象可以直接将其加入一个 ToolBar 的对象中当成间隔；而 Page 对象只在建立一个 PageFrame 对象之后才能使用；Column 和 Header 对象都是在建立了一个 Grid 对象之后才能使用的。这也说明内部对象是依附在某些被建立的对象之上的。

　　3 个对象参考是为使用方便而提供的。因为以面向对象方式编写程序时，常常会使一行描述变得长，其加长的原因并不是因为命令或函数的使用，而是对象的参考变长了。比如要在某一命令按钮的鼠标单击事件中改变该按钮的提示字符串属性，其写法如下：

```
Command1.Click                &&  命令按钮的鼠标单击事件
```
Myform.cmdgroup1.command1.Caption="改变后"

为了避免这种麻烦，This 及其他两个参考会带来很大的方便，如上面的写法可以改写为：

```
Command1.Click                &&  命令按钮的鼠标单击事件
This Caption="改变后"      &&  this 代表 Myform.cmdgroup1.command1
```

1. 对象的属性

对象的属性（Property）描述对象的性质。例如 fontcolor 属性描述对象的字体的颜色：visible 属性描述对象的显示状态，通过对象的一些属性便能有效地控制对象的外观及操作。如：

```
Myform.Caption="我的新表单"        &&对表单的标题进行描述
```

2. 对象的事件

在 VFP 中对象的事件是指对象所发生的特定动作，例如按钮"被按下"动作，就是一个事件。对象的事件是固定的且不能扩展的，而且每个对象所能接受的事件都不完全相同。如文本框对象有 GotFocus 事件，而 Image 对象则无此事件，但不论是什么对象都具有下列 3 个事件：

Init   对象被初始化时触发；

Destroy   对象被释放时触发；

Errorr   当方法中发生错误时触发。

当一个事件发生时，系统立即执行规定的响应事件，即"触发"了响应事件，触发响应由触发器完成。

每个事件都有其被触发的时机。针对不同的事件，VFP 设置好不同的拦截时机，表 7.16 列出了主要事件被触发的时机。

表 7.16　主要事件被触发的时机

事件	说　明
Load	当表单对象装入内存时触发
Unload	当表单对象从内存中释放时触发
Init	对象被建立时触发
Destroy	对象被释放时触发
Click	对象上按下鼠标时触发
Right click	对象上按下鼠标右键时触发
Gotfocus	对象取得焦点时触发
Lostfocus	对象失去焦点时触发
Keypress	当用户在对象取得焦点后按任意键时触发
Mousedown	在对象上按下鼠标左键并未放开时触发
Mousemove	鼠标从对象移过时触发
Mouseup	鼠标停在对象上放开击键时触发
Interactivechange	对象的值被修改时触发
Programmaticchange	利用程序改变对像的值时触发

大多数的事件被触发都有一定的规律可循，掌握好触发时机对于编程会带来很大的好处。

除了事件触发的时机，事件的执行顺序也是一个主要因素，比如当按下按钮时，到底哪些事件触发了？哪个事件先触发？哪个事件后触发？有关事件的执行顺序请参考有关的参考书。

3. 对象的方法

对象的方法（Method）是一个为处理某一特定任务而编写的一段程序。它只限于被封装的对象调用，从这个角度看方法就像一个过程或自定义函数。

VFP 提供百余个内部方法不同的对象调用。如果这些方法还不能满足要求，用户可以建立自己需要的方法。

对象的方法是对象与外界沟通的窗口。如果外界需要该对象提供某种服务，只要执行该对象提供的某种方法即可。若对象要从外界或其他对象取得某些信息，也可通过某些方法与其他对象沟通。

（1）对象方法的执行。对象方法的执行必须指出对象的参考，例如要在 VFP 表单对象中绘制圆及线等，则必须加入参考或其他可供 VFP 识别的参考（Thisform）。

【例 7.10】对象方法的执行。

```
*****程序名-1.prg*****
*****对象方法的执行程序*****
PUBLIC Myform
Myform=CREATEOBJECT('FORM')
Myform.DrawWidth=3
Myform.ForeColor=GETCOLOR( )
Myform.Line(0,0,100,120)      &&line方法
Myform.Circle(90,100,100)      &&line方法
Myform.Show
```

（2）对象方法的扩展。若要扩展对象的方法，就需要编写方法程序。下面由例子说明通过方法程序设置表单标题而不是直接修改 Caption 属性。

【例 7.11】对象方法的扩展。

```
*****程序名-2prg*****
*****对象方法的扩展程序*****
PUBLIC omyform
omyform=CREATEOBJECT('myFORM')
omyform.show( )
DEFINE CLASS myform as form
    Autocenter=.t
    Caption= '自定义方法'
    Windowstate=2
    ADD  OBJECT label1 as label with;
        Height=35,;
        Width=100,;
        Left=30,;
        Top=60,;
        Caption='输入单表新标题: '
    ADD  OBJECT textl as  textbox  with;
        Height=35,;
        Width=80,;
```

```
            Left=140,;
            Top=50
    ADD  OBJECT  cmdset  as  commandbutton  with;
            Height=35,;
            Width=120,;
            Left=250,;
            Top=50,;
            Caption=' 重新设置单表标题'
    ADD  OBJECT  cmdquit  as  commandbutton  with;
            Height=35,;
            Width=80,;
            Left=390,;
            Caption='退出'
    ****以下三条语句是定义对象的扩展方法 SETCAPTION****
    PROCEDURE   SETCAPTION
            THIS.caption=alltrim(thisform.textl.value)
    ENDPRO
    PROCEDURE  cmdset.click
            Thisform.setcaption
    ENDPRO
    PROCEDURE  cmdquit.click
        Release   Thisform
    ENDPRO
  ENDDEFINE
```

运行这个程序，在文本框中输入表单新标题文字，并单击"重新设置表单表标题"命令按钮，将可看到表单标题改为文本框中输入的文字。

7.6.2 对象的定义

1. 建立对象

在建立对象时需要给出对象的名称。名称是由对象的 Name 属性记录的，而参考（也就是所谓的变量）则由用户自定义。例 7.12 说明了 Name 与 Reference 的不同。

【例 7.12】对象名称及参考的不同。

```
*****程序名-3.prg*****
*****对象名称及参考的不同*****
public omyform
omyform=CREATEOBJECT("FORM")
omyform.Top=1
omyform.Left=1
omyform.Name="showForm"
omyform.show( )
```

omyform 是这个表单对象的参考（Reference），而 ShowForm 则是这个表单对象的名称。必须清楚地了解何时使用对象参考、何时使用对象名称。

对象的建立有两种方式：一种是直接以类来建立对象，见例 7.13；另一种则是将对象加入到类中，再以该类建立对象，见例 7.14。

【例 7.13】直接以类来建立对象。

```
****程序名-4.prg****
PUBLIC Myform
Myform=CREATEOBJECT('Form')
Myform.width=300
Myform.Height=200
Myform.Caption="我的表单"
Myform.AddObject('Cmdquit', 'CommandButton')
Myform.Cmdpuit.Caption='退出'
Myform.Cmdpuit.left=40
Myform.CmdPuit.top=70
Myform,CmdPuit.visible=1
Myform.show
```

先以 Form 类建立的表单对象 Myform,然后再利用表单对象的 ADDOBJECT
方法将一个命令按钮对象添加到表单对象 Myform 中。

【例 7.14】先将对象加入类中，再以该类来建立对象。

```
****程序名-5。prg****
PUBLICMyform
Myform=CREATEOBJECT('subform')
WITH Myform
Width=300
Haption="我的表单"
ENDWITH
Myform.show
DEFINE CLASS Subform AS Form
ADD OBJECTCmdquit AS CommandButton With;
Caption='退出',;
Left=40,;
Top=70,;
Visible=T,;
ENDDEFINE
```

先用 ADD OBJECT 命令将命令按钮对象 Cmdquit 加入 Subform 类中，然后再利用该类来生成表单对象 Myform。

说明：

（1）对象的属性。当对象被建立后便拥有该类的一切属性，如果需要也可以改变对象的属性，若要改变表单对象 Myform 的位置，标题等属性，则可写为例 7.13 的形式。

```
Myform.Width=300
Myform.Height=200
```

```
Myform.Caption="我的表单"
```

"."是对象参考属性、事件、方法或子对象的分隔符，Caption、Top、Left 是对象所拥有的属性，改变属性的内容便能改变此表对象的属性。

一个对象的属性很多，而且时常会对多个属性同时进行处理，为避免相同的文字的重复，可使用 WITH…ENDWITH 命令，如例 7.14 的形式：

```
WITH Myform
Width=300
Height=200
Caption="我的表单"
ENDWITH
```

在这个命令中只能设置属性的值，且属性前面的句点不能省略，否则将被视为变量。

（2）方法及事件。执行一个对象的方法与执行一个函数的方法是大同小异的，只是必须在方法的前面加入其所有者——对象，如要将建立的表单显示到屏幕上，利用 Form 类中的 Show( )，方法便能达到此目的：

```
myform. show
```

myform 是该对象的参考，show 是该对象所能执行的方法，至于是否加（ ），要视是否有参数而定，如果没有参数则不必加入"（ ）"。

（3）触发事件。VFP 提供了数十个内部事件，如果要捕捉某一事件，必须事先对该事件编写事件程序（过程），当该事件被触发时便执行该程序。

（4）加入对象。容器对象是一个父对象，其中包含的对象是子对象，如果其中有一个按钮和两个字段对象，则其关系为一父三子，若其中有一个按钮组，而按钮组中有两个按钮，则这层关系将伸展为三层，以同样的方法可以建立更多层次的对象，如：

```
formset. forml.pgframel. pagel. cmdgroupl. cmdOK
```

只要能够明确表示其层次，就能有效地建立其关系，每一个对象之间以"."作为它的分隔符，以便清楚地表示层次关系。

在容器对象中加入其他的对象可通过 AddObject（ ）方法，其语法如下：

```
Obj. Addobject(cName, cClass[, cOLEClass][, aInitl, aInit2…])
```

cName 则加入对象的参考名称。

cClass 则是该对象所属的类的名称。

例如一个标签对象加入到表单中，则为 Myform. addobject('label1'. 'Label')在加入后其父子关系便自然建立。

cOLEclass 是指定该对象使用的 OLE 类，而 ainitl，ainit2，则是要传递给 init 事件的参数。

ADD OBJECT 命令只能用在类定义中，在定义一个容器类时，用此语句可向类中添加一个对象。

（5）子对象属性的设置。子对象属性的设置方法与上相同，只是必须指出其所属的父对象，否则将发生错误，Myform. labell. Captiom="加入的标签"

```
Myform. labell. Visible=T
```

通过这层关系才能正确地设置其属性及执行方法。

先前曾说明以 WITH…ENDWITH 来设置对象的特征，在此也可用来设置子对象的待征，便必须指出其父对象的参考：

```
WITH myform, labell
Caption="加入的标签"
```

```
Visble=T
ENDWITH
```
若有多层次的对象，其描述方法也是如此。

2. 启动表单对象

从上面的一些例子可知，用 show 方法可以启动表单，在表单启动后，系统的命令窗口依然存在且可使用，这与我们希望当表单对象被启动后不能在命令窗口中工作不符，这是必须要解决的一个问题。

为什么会出现这种情况呢？这是因为 "show" 方法将表单启动后立即将控制权交给 VFP，可以同时存取所有的窗口，如果能将控制权始终保持在应用程序中，就可避免这种情况出现。

下面用两个简短的程序，说明如何使控制权始终保持在应用程序中。

【例 7.15】表单启动后立即将控制权交给 VFP。

```
****程序名-6prg****
PUBLIC myform
myform=CREATEOBJECT('FRMCLASS')
myform. show
DEFINE CLASS FRMCLASS AS FORM
Autocenter=.T.
ADD Object cmd as cmdclass
ENDDEFLNE
DEFINE CLASS cmdclass AS COMMANDBUTTON
Caption='退出'
Height=30
Width=90
Left=100
Top=140
Visibte=.t.
PROCEDURE CLICK
    Release thisform
ENDPROC
ENDDEFINE
```

【例 7.16】表单启动后使控制权始终保持在应用程序中。

```
****程序名-7.prg****
PUBLIC myform
myform=CREATEOBJECT('FRMCLASS')
myform.show
READ  EVENT
DEFINE  CLASS  FRMCLASS  AS  FORM
    AutoCenter=.t.
    ADD  Object cmd  as  cmdclass
ENDDEFINE
DEFINE  CLASS  cmdclass  AS  COMMANDBUTTON
```

```
      Caption='退出'
       Height=30
      Width=90
      Left=100
      Top=140
      Visible=.t.
      PROCEDDURE CLICK
          *Clear event        &&加这条命令之后可恢复命令窗口
          Release  thisform   &&释放表单
      ENDPROC
   ENDDEFINE
```

例 7.15 程序在执行后能够同时使用命令窗口及菜单，但例 7.16 程序则不能使用命令窗口及大部分的菜单。这是因为在程序中多了一条 READ EVENT 命令。

因为 READ EVENT 命令使应用程序掌握有控制权，而未将控制权交给 VFP，这也就是为什么不可使用命令窗口的原因。

例 7.16 程序可以通过"退出"按钮而关闭表单，但不会出现命令窗口，原因是 show 方法已将表单启动又执行 READ EVENT 取得控制权，虽然执行 RELEASE Thisform 将表单释放，但并没有将读取事件的状态清除。若在释放表单时清除读取状态，需加入 CLEAR EVENT 命令。

习　题

1. 在表单上设计一个图像浏览框，每次单击命令按钮框中会显示另一个图像。
2. 某银行的客户账户与密码都存储在一个表中，请设计验证账户与密码的表单。
3. 阅读代码段，并写出功能。

```
FOR  i=1 TO THIS.ListCount
    IF TRIM(THIS.List(i))=TRIM(THIS.DisplayValue)
        RETURN
    ENDIF
ENDFOR
```

4. 什么是类？什么是对象？它们的关系如何？试举例说明。

第8章 报表设计

数据库中的数据不仅可以在浏览窗口中查看或屏幕上显示，还可以通过报表与标签从打印机上输出。Visual FoxPro 提供的"报表设计"功能非常强大，不仅能控制打印输出数据记录的格式，而且它还综合了统计计算、自动布局等功能，使得打印复杂的报表也成为轻而易举的事。报表可同基于单表的电话号码列表一样简单，也可能像基于多表的财务报表那样复杂，同时允许将各种格式的文本与图形对象组合一起输出，建立清晰的、图文并茂的"报表"。本章通过学习报表与标签的设计，理解并掌握利用报表向导、快速报表和报表设计器设计进行报表和标签的设计方法。

8.1 利用报表向导创建报表

所谓报表是指利用数据库中的数据制作并打印输出的表格文档，常用于提供有关的数据信息，也是 Visual FoxPro 数据操作的最终结果。事实上，人们也经常把形成报表作为查看数据的一种方法。

报表主要包括两部分的内容：数据源和布局。数据源是报表的数据来源，报表的数据源通常是数据库中的表或自由表，也可以是视图、查询或临时表。视图和查询对数据库中的数据进行筛选、排序、分组，在定义了一个表、一个视图或查询之后，便可以创建报表。报表的布局就是定义报表的打印格式。

Visual FoxPro 提供了 3 种方式来创建报表：利用报表向导创建简单的报表、利用快速报表创建基本单表的简单报表和利用报表设计器创建具有个性的报表或修改已有的报表。

8.1.1 启动报表向导

使用报表向导是创建报表的最简单的方法，并自动提供许多报表设计器的定制特征，适合初学者使用。使用报表向导首先应该打开报表的数据源。报表向导提示用户回答简单的问题，按照"报表向导"对话框的提示进行操作即可。启用报表向导有如下 4 种方式：

方法 1 打开【文件】菜单中的【新建】菜单项，或者单击工具栏上的【新建】按钮，打开【新建】对话框。在文件类型栏中选择【报表】，然后单击【向导】按钮。

方法 2 单击菜单【工具】中选择【向导】子菜单，再选择【报表】。

方法 3 直接单击工具栏上的【报表向导】图标按钮。

方法 4 打开【项目管理器】，选择【文档】选项卡，从中选择【报表】。然后单击【新建】按钮，在弹出的【新建报表】对话框中单击【报表向导】按钮。

无论使用哪种方法启动报表向导，都会弹出一个"向导选取"的对话框，如图 8.1 所示。如果数据源是一个表，则应选择其中的"报表向导"；若数据源中包含了父表和子表，则应该选择"一对多报表向导"。为操作方便，在创建报表之前先打开相应的数据源。

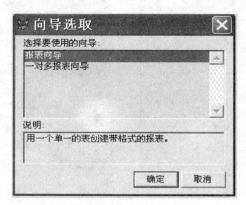

图 8.1 "向导选取"对话框

8.1.2 利用报表向导创建报表实例

下面通过具体的实例来直观的说明利用报表向导如何创建报表。

【例 8.1】利用报表向导创建一个"学生信息表",如图 8.2 所示,在此报表中,用到的数据源是表 STUDENT。

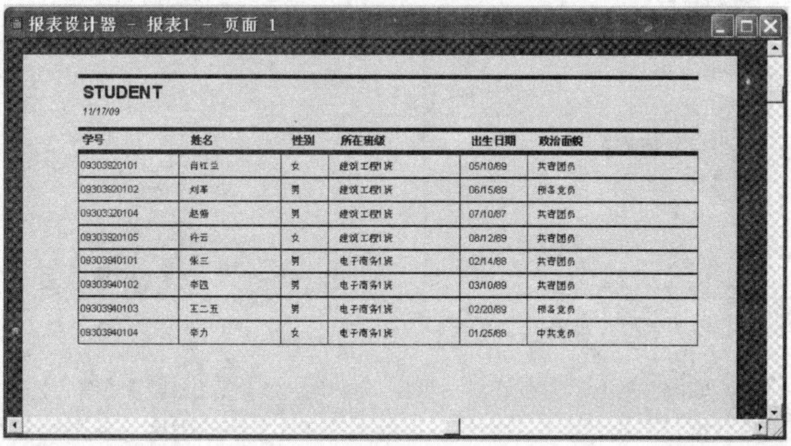

图 8.2 学生信息一览表

操作步骤如下:

(1) 打开"STUDENT"表作为报表的数据源。

(2) 利用以上启动报表向导的 4 种方式之一,打开如图 8.1 所示的【向导选取】对话框。

(3) 向导选取。如果数据源只有一个数据表,应选择【报表向导】;如果数据源包括父表和子表等多个数据表,应选择【一对多报表向导】。本例选取【报表向导】项,单击【确定】按钮,将弹出【报表向导】对话框,如图 8.3 所示。

(4) 选择数据表和字段。在【报表向导】对话框中的【数据库和表】列表中选择表,【可用字段】列表中将自动出现表中的所有字段。选中字段名之后单击 ▶ 按钮,或者直接双击字段名,该字段就移动到"选定字段"列表框中。单击 ▶▶ 双箭头,则全部移动。此例选中了学号、姓名、性别、所在班级、出生日期和政治面貌字段。

(5) 分组记录,如图 8.4 所示。此步骤确定数据分组方式,注意,只有按照分组字段建立索引之后才能正确分组,最多可建立三层分组。先易后难,本例目前没有指定分组选项。

199

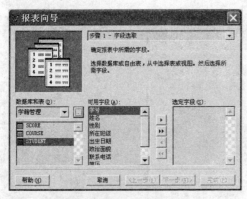

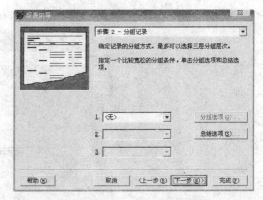

图 8.3 "报表向导"对话框   图 8.4 分组记录步骤

（6）选择报表样式。单击【下一步】按钮，弹出【选择报表样式】对话框。在该对话框中，选取一种喜欢的报表样式，本例选取"账务式"，如图 8.5 所示。

（7）定义报表布局。单击【下一步】按钮，如图 8.6 如示，此步骤确定报表布局，本例选择纵向、单列的报表布局。

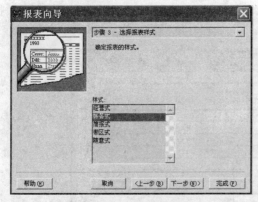

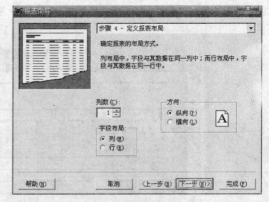

图 8.5 选择报表样式步骤   图 8.6 报表布局步骤

（8）排序记录，如图 8.7 所示。在该对话框中，可确定数据表的排序关键字，并指定升序或是降序以确定报表中数据记录出现的先后顺序。可以选择 1-3 个字段确定记录在报表中出现的顺序，其中【选择字段】的第一行是主排序字段，以下依次为各个次排序字段。本例选择"学号"字段作为排序关键字。

（9）完成，如图 8.8 所示。在该对话框中，可指定报表的标题、选择报表的保存方式以及对不能容纳的字段是否进行拆行处理（即屏幕显示不了时，是否拆到下一行）。本例添加标题："STUDENT"。

为了查看所生成报表的情况通常单击【预览】按钮查看一下效果。在打印预览中出现打印预览工具栏（如图 8.9 所示），单击相应的图标按钮可以改变显示的百分比、关闭预览，或直接打印报表。本例选择退出预览。

最后单击报表向导上的【完成】按钮，弹出【另存为】对话框，用户可以指定报表文件的保存位置和名称，将报表保存为扩展名为.frx 的报表文件，在保存报表文件的同时，也创建了一个与报表文件主文件名相同而扩展名是.frt 的报表备注文件。

在通常情况下，直接使用向导所获得的结果并不能满足要求，需要使用设计器来进行进一步的修改。

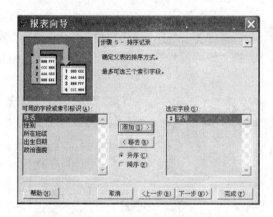

图 8.7 排序记录步骤 　　　　　　　　　　　图 8.8 完成步骤

图 8.9 "打印预览"工具栏

【例 8.2】利用报表向导创建一个一对多报表。其中父表是数据库表"STUDENT"，子表是数据表"SCORE"。报表如图 8.10 所示。

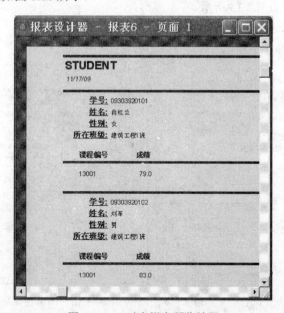

图 8.10 一对多报表预览效果

"一对多报表"同时操作两个表或视图，并自动确定它们之间的连接关系。

操作步骤如下：

（1）在【文件】菜单中选择【新建】命令，在【新建】对话框中，选择【报表】，单击【向导】按钮，将弹出【向导选取】对话框。

（2）选择"一对多报表项"，单击【确定】按钮，弹出【一对多报表向导】的"步骤 1—从父表选择字段"对话框，在"数据库和表"栏的列表框中，选择父表"STUDENT"，利用 ▶ 按钮，

201

把"学号"、"姓名"、"性别"和"所在班级"4个字段设置为选定字段，如图 8.11 所示。

（3）单击【下一步】按钮，弹出一对多报表向导的"步骤 2—从子表选择字段"对话框，在"数据库和表"栏的列表框中，选择子表"SCORE"，并把"课程编号"、"成绩"两个字段设置为选定字段，如图 8.12 所示。

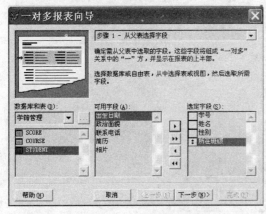

图 8.11 "步骤 1—从父表选择字段"对话框　　　　图 8.12 "步骤 2—从子表选择字段"对话框

（4）单击【下一步】按钮，弹出"一对多报表向导"的"步骤 3—为表建立关系"对话框，确定两表之间的关联字段，这两个表之间通过"STUDENT"中的"学号"字段与表"SCORE"中的"学号"字段建立关联，如图 8.13 所示。

（5）单击【下一步】按钮，弹出"一对多报表向导"的"步骤 4—排序记录"对话框，选择父表的排序字段，这里选择"学号"为排序字段，并选择选项按钮组中的"升序"按钮，如图 8.14 所示。

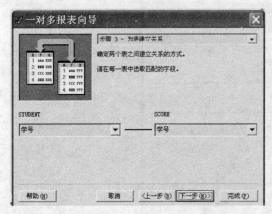
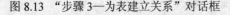
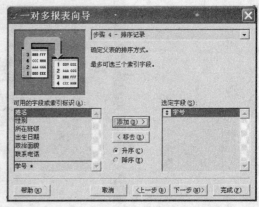

图 8.13 "步骤 3—为表建立关系"对话框　　　　图 8.14 "步骤 4—排序记录"对话框

（6）单击【下一步】按钮，弹出一对多报表向导的"步骤 5—选择报表样式"对话框，选择"样式"为"简报式"，方向为"纵向"。

（7）单击【下一步】按钮，弹出一对多报表向导的"步骤 6—完成"对话框。"报表标题"默认为"STUDENT"，可以更改。单击【预览】按钮，将在屏幕上看到如图 8.10 所示的报表。如果有错误可单击【上一步】进行修改。

（8）选择"保存报表供以后使用"，单击"完成"按钮，弹出"另存为"窗口输入报表名，报表保存在以.frx 为扩展名的文件中。

202

8.2　利用快速报表创建报表

快速报表是一种在报表设计中使用的类似报表向导的报表工具，它是创建简单报表文件的最快速的方法，也是设计功能最简单的一种方法。通常先使用"快速报表"功能来创建一个简单报表，然后在此基础上再做修改，达到快速构造所需报表的目的。

下面通过例子来说明创建快速报表的操作步骤。

【例 8.3】使用"快速报表"功能，将学生信息表 Student 中的数据以报表的形式打印出来，操作步骤如下。

（1）打开"Student"作为报表的数据源。

（2）单击菜单【文件】中的【新建】命令，或单击工具栏上的【新建】按钮，选择【报表】文件类型，单击【新建】文件按钮，打开如图 8.15 所示的"报表设计器"的窗口，出现一个空白报表，此时系统菜单栏会增加一个【报表】菜单，也可以在命令窗口中输入命令：Create report 进入报表设计器。

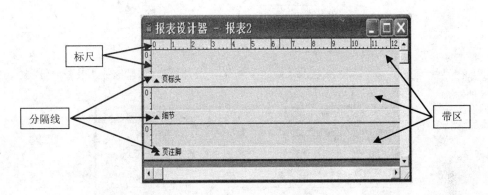

图 8.15　"报表设计器"窗口

（3）打开"报表设计器"之后，在主菜单栏中出现【报表】菜单，从中选择【快速报表】选项。

（4）系统将弹出如图 8.16 所示的"快速报表"对话框。在该对话框中选择字段布局、标题和字段。

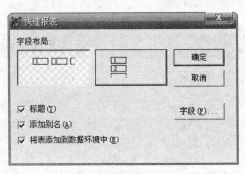

图 8.16　"快速报表"对话框

对话框中主要按钮和选项的功能如下。

（1）字段布局：对话框中有两个较大的按钮用于设计报表的字段布局，单击左侧按钮产生列报表，字段在页面上从左到右排列；如果单击右侧的按钮，则产生字段在报表中竖向排列的行报表。

203

（2）"标题"复选框：表示是否在报表中为每一个字段添加一个字段名标题。

（3）"添加别名"复选框：表示是否在报表中的字段前面添加表的别名。如果数据源是多个表，此项则有实际意义，否则别名将无实际意义。

（4）"将表添加到数据环境中"复选框：表示是否把打开的表文件添加到报表的数据环境中作为报表的数据源。

默认状况下，表的所有字段除通用型字段以外都会打印在报表上，如果只在报表上输出部分字段，单击【字段】按钮，显示"字段选择器"对话框，如图8.17所示。在此对话框中选择报表要输出的字段。单击【确定】按钮，返回"快速报表"对话框。

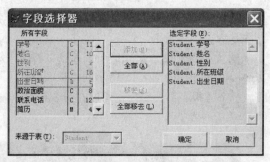

图 8.17　字段选择器

（5）在"快速报表"对话框，单击【确定】按钮，快速报表便出现在"报表设计器"中，如图8.18所示。

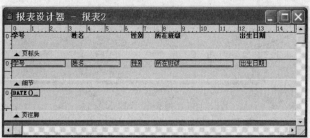

图 8.18　快速报表设计草图

（6）单击工具栏上的【打印预览】按钮，或者从【显示】菜单下选择【预览】，打开快速报表的预览窗口，如图8.19所示。

图 8.19　生成"快速报表"

（7）单击工具栏中的【保存】按钮，将该报表保存为 student.frx 文件。

8.3 利用报表设计器创建报表

"报表向导"和"快速报表"只能创建模式化的简单报表，而利用"报表设计器"可以创建符合用户要求和具有特色的报表。利用"报表设计器"可以方便地设置报表数据源、设计报表布局、添加各种报表控件、设计带表格线的报表、分组报表、多栏报表，对利用"报表向导"和"快速报表"创建的模式化简单报表可以进行各种修改操作。如果需要直接设计报表的话，报表设计器将提供一个空白报表，在空白报表中，可以按需要和爱好加入各种控件对象，以生成更加灵活的独具特色的报表文件。也可以打开已有的报表文件，在其上进行修改报表。调用报表设计器的 3 种方式如下。

（1）菜单方式调用：从【文件】菜单中选择【新建】，或者单击工具栏上的【新建】按钮，在弹出的【新建】对话框中选定【报表】按钮，然后单击【新建文件】按钮。也可以单击【文件】菜单中选择【打开】命令，或单击工具栏上的【打开】按钮，在弹出的【打开】对话框中选定已经存在的报表文件，单击【确定】按钮即可，就可以打开报表设计器。

（2）在项目管理器环境下调用：打开【项目管理器】对话框，在【文档】选项卡中选取【报表】项，然后单击【新建】按钮，从【新建报表】对话框中单击【新建报表】按钮。

（3）利用命令调用：在命令窗口中输入并执行命令，CREATE REPORT 或者 MODIFY REPORT。

无论采用上面的哪种方式启动报表设计器，都会出现报表设计器窗口，如图 8.14 所示。在实际应用中，往往先创建一个简单报表，每当打开已经保存的报表文件时，系统自动打开"报表设计器"。

8.3.1 报表工具栏

用户使用报表设计器创建报表，报表设计器提供了一个空白报表，就需要自己动手在报表上建立报表控件对象，报表的不同部分在打印输出时是不一样的，因此在手工设计报表前，必须熟悉报表工具栏的使用。

1. "报表设计器"窗口介绍

打开"报表设计器"，通常就可以看到系统默认的 3 个带区：页标头、细节（又称明细区）和页注脚。带区的主要作用是在打印报表或预览报表时控制数据在页面上的打印位置。对于"页标头"带区，系统在每一页上打印一次该带区所包含的内容；对于"细节"带区，数据源中的输出数据记录，记录在该带区重复输出，但一条记录只输出一次；对于"页注脚"带区，用来输出分组统计、报表打印日期等，每页也只打印输出一次。8.1 节用快速报表生成的报表就包含这样的带区，如图 8.9 所示。根据需要，可以增加"标题"、"总结"、"组标头"、"组注脚"、"列标头"、"列注脚"等带区。各带区由一条灰色的分隔条分开，分隔条上有一个小小的蓝色箭头，该箭头表明报表带区在灰色分隔条的上面而不是下面。表 8.1 列出了"报表设计器"各个带区的产生方法与所起的作用。

表 8.1　"报表设计器"各个带区的产生方法与作用

带区名	带区产生与删除	作用
标题	单击【报表】菜单的【标题/总结】命令	每张报表开头打印一次，如报表标题
页标头	默认存在	每个页面开头打印一次，如报表字段名
列标头	单击【文件】菜单的【页面设置】命令	报表数据分栏时，每栏开头打印一次
组标头	单击【报表】菜单的【数据分组】命令	报表数据分组时，每组开头打印一次
细节	默认存在	每条记录打印一次
组注脚	单击【报表】菜单的【数据分组】命令	报表数据分组时，每组结尾打印一次
列注脚	单击【文件】菜单的【页面设置】命令	报表数据分栏时，每栏结尾打印一次
页注脚	默认存在	每个页面结尾打印一次，如页码和日期
总结	单击【报表】菜单的【标题/总结】命令	每张报表最后一页打印一次

2. 报表设计工具

与报表设计有关的工具栏主要包括"报表设计器"工具栏和"报表控件"工具栏。若要显示或隐藏工具栏，通过单击菜单【显示】中选择【工具栏】，从而弹出【工具栏】对话框，在该对话框中选中或不选"报表设计器"、"报表控件"、"布局"、"调色板"复选框，单击【确定】按钮，即可打开对应的工具栏或隐藏对应的工具栏。

1）"报表设计器"工具栏

"报表设计器"工具栏如图 8.20（a）所示，该工具栏上有 5 个按钮，从左到右分别是"数据分组"、"数据环境"、"报表控件工具栏"、"调色板工具栏"和"布局工具栏"。

(a)　　　　　　　　　　　　(b)

图 8.20　"报表设计器"工具栏和"报表控件"工具栏

"数据分组"按钮是显示"数据分组"对话框，用于创建数据分组及指定其属性；"数据环境"按钮是显示报表的"数据环境设计器"的窗口；"报表控件工具栏"按钮是显示或关闭"报表控件"工具栏；"调色板工具栏"按钮是显示或关闭"调色板"工具栏；"布局工具栏"按钮是显示或关闭"布局"工具栏。在设计报表时，利用"报表设计器"工具栏中的按钮可以很方便地进行操作。

2）"报表控件"工具栏

Visual FoxPro 在打开"报表设计器"窗口的同时也会打开"报表控件"工具栏，如图 8.20(b)所示，该工具栏中各图标按钮从左到右的功能如下：

（1）"选定对象"按钮：移动或更改控件的大小。在创建一个控件后，系统将自动选定该按钮，除非选中"按钮锁定"按钮。

（2）"标签"按钮：在报表上创建一个标签控件，用于输入并显示与记录无关的数据。

（3）"域控件"按钮：在报表上创建一个字段控件，用于显示字段、内存变量或其他表达式的内容。

（4）"线条"按钮、"矩形"按钮和"圆角矩形"按钮分别用于绘制相应的图形。

（5）"图片/ActiveX 绑定控件"按钮：显示图片或通用型字段的内容。

（6）"按钮锁定"按钮：允许添加多个相同类型的控件而不需要多次选中该控件按钮。

8.3.2 设置报表数据源

报表总是与一定的数据源相联系，因此在设计报表时，要确定报表的数据源。如果一个报表总是使用相同的数据源，就可以把数据源添加到报表的数据环境中。当数据源中的数据更新之后，使用同一报表文件打印的报表将反映新的数据内容，但报表的格式不变。

在用"报表设计器"创建了一个空白报表后，并直接设计报表时才需要指定数据源。其指定数据源的操作步骤如下。

（1）在创建了一个空白报表后，从【显示】菜单中选择【数据环境】命令；也可以在报表设计器的空白处单击右键，从弹出的报表设计器快捷菜单中选择【数据环境】命令；还可以单击"报表设计器"工具栏中的【数据环境】按钮，打开"数据环境设计器"窗口，如图 8.21 所示。

（2）从【数据环境】菜单中选择【添加】命令，或在【数据环境设计器】窗口中单击右键，选择【添加】命令。将会弹出【打开】对话框，选择自由表或数据库表，本例选择的是数据库表 student.dbf，将会弹出如图 8.22 所示的对话框。

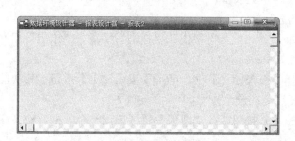
图 8.21 "数据环境设计器"窗口

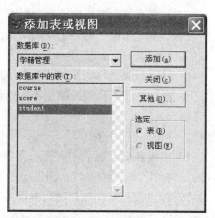
图 8.22 "添加表或视图"对话框

（3）student.dbf 在"学籍管理"数据库中，选择数据库中的列表中的"student"，并单击【添加】按钮。将会在"数据环境设计器"中添加了数据源，如图 8.23 所示。

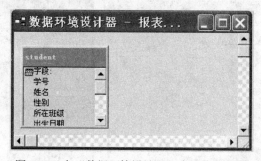
图 8.23 向"数据环境设计器"中添加数据源

8.3.3 设置报表的布局

一个设计良好的报表会把数据放在报表合适的位置上。在报表设计器中，报表包括若干个带区，带区名标识在带区下的标识栏上。报表的带区是指报表的一块区域，每个带区中都可以放置一些报表控件，一个报表不一定需要所有的栏，可根据用户的要求选定所需的栏。在确定所需的栏数后，在报表中添加控件，可以安排所要输出的内容。

1. 添加域控件

域控件是用来显示变量结果的文本框。利用域控件可以将内存变量、函数、数据表中的字段变量或者表达式的计算结果放置在报表中。添加域控件有两种方法。

方法1：从数据环境中添加控件。步骤如下：

（1）打开报表的数据环境。

（2）选择表或视图。

（3）拖放字段到布局上。

方法2：从工具栏添加域控件。步骤如下：

（1）单击"报表控件"工具栏中的"域控件"按钮 abl，在报表设计器的相应带区单击鼠标，出现【报表表达式】对话框。

（2）在【报表表达式】对话框中，选择【表达式】框右边的按钮。

（3）在【字段】列表框中，双击所需的字段名。

（4）表名和字段名将出现在"报表字段的表达式"内。

注意：若"字段"框为空，则应该向数据环境添加表或视图。

（5）选择【确定】按钮。

（6）在【报表表达式】对话框中，选择【确定】按钮。

下面通过例子来说明添加域控件的使用方法。

【例 8.4】将表"student"中的"学号"字段、"姓名"字段、"性别"字段、"出生日期"字段加入到报表中的"细节"带区，操作步骤如下：

（1）在报表设计器中，从显示菜单中选择【报表控件】项，单击【按钮锁定】按钮，其功能是可以添加多个同类型控件，而不必多次重复选择同一个按钮。

（2）在"报表控件"工具栏中单击【域控件】按钮，在"细节"带区拖出一个方框，松开左键，即弹出"报表表达式"对话框，如图 8.24 所示。

（3）单击对话框中的"表达式"文本框右侧的"..."钮，弹出【表达式生成器】对话框。在"字段"列表框中双击"student.学号"，这一字段即出现在"报表字段的表达式"框中，如图 8.25 所示。

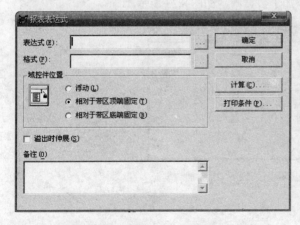

图 8.24 "报表表达式"对话框

图 8.25 "表达式生成器"对话框

（4）单击【确定】按钮，返回"报表表达式"对话框，这时"表达式"框中出现了表达式"student. 学号"，单击【确定】按钮返回"报表设计器"，这时在"细节"带区中字段控件"学号"就建立起来了。

（5）用相同的方法将"student"表中 "姓名"、"性别"、"出生日期"加入到报表细节带区中。

2．添加标签控件

在报表中，标签控件一般用来作说明文字，例如报表的标题。

向报表中添加标签控件，操作步骤如下：

（1）从"报表控件"工具栏中，单击【标签】按钮。

（2）在"报表设计器"中需要添加标签处单击。

（3）键入该标签的字符。

编辑标签控件，操作步骤如下：

（1）从"报表控件"工具栏中，单击【标签】按钮，然后在"报表设计器"中单击所需编辑的标签。

（2）键入修改内容。

下面通过例子来说明添加标签控件的使用方法。

【例8.5】在页标头中添加标签："学号"、"姓名"、"性别"、"所在班级"。操作步骤如下：

（1）在"报表控件"工具栏中选择【标签】按钮，将光标移到"细节"带区中字段控件"学号"上方的"页标头"带区，单击。

（2）输入"学号"，即建立起标签"学号"。用类似的方法建立标签"姓名"、"性别"、"出生日期"，建好后的"报表设计器"如图8.26所示。

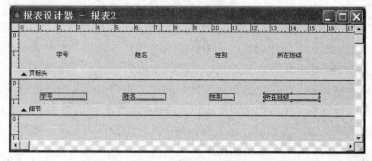

图8.26 建立标签的"报表设计器"窗口

（3）若页标头中的标签需要加粗，变字体的话，可以先选中该标签，单击【格式】菜单中的【字体】进行更改。预览结果如图8.27所示。

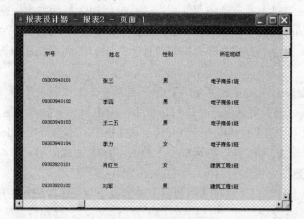

图8.27 加入"标签"后的预览结果

3. 线条、矩形和圆角矩形

单击"报表控件"工具栏中的"线条"、"矩形"、"圆角矩形"按钮，然后在报表设计器窗口适当位置开始拖动鼠标，即可形成与所单击图形按钮相应的线条或图形。

将图形控件选定，单击菜单【格式】，在【绘图笔】子菜单中单击相应的子命令，则可以设置所选图形线条的粗细和样式，可设置线条粗细在 1 磅~6 磅，线条样式为"点线"、"虚线"、"点划线"或"双点划线"等。

对于圆角矩形，也可改变其样式。双击圆角矩形，可打开【圆角矩形】对话框，在该对话框中可选择圆角矩形的样式，如不同程度的圆角矩形或椭圆形等。

4. 设置控件布局

利用"布局"工具栏中的按钮可以方便地调整报表设计器中被选控件的相对大小或位置。"布局"工具栏可以通过单击报表设计器工具栏上的"布局"工具栏按钮，或选择"显示"菜单中"布局工具栏"命令打开或关闭。

"布局"工具栏如图 8.28 所示，其中共有 13 个按钮。

图 8.28　布局工具栏

"左边对齐"按钮使选定的所有控件向其中最左边的控件左侧对齐，"右边对齐"按钮、"顶边对齐"按钮、"底边对齐"按钮同理；"垂直居中对齐"按钮和"水平居中对齐"按钮使所有选定控件的中心处在一条垂直轴或水平轴上；"相同宽度"按钮和"相同高度"按钮使所有选定控件的宽度或高度调整到与其中最宽或最高控件相同；"相同大小"按钮使所有选定控件具有相同的大小；"置前"按钮和"置后"按钮使选定控件移到其他控件的最上层或最下层。

当调整一组控件的大小和方向时，如果要以其中某一个控件为标准，可以单击此控件，然后按 Ctrl 键，再选择相应的"布局"工具按钮。

5. 设计分组报表

在设计报表时，利用分组可以明显地分隔记录，使数据以组的形式显示。组的分隔是根据分组表达式进行的，这个表达式通常由一个以上的字段生成。下面一个实例来说明其操作过程。

【例 8.6】将 student.dbf 中的记录按"性别"进行分组报表打印输出。操作步骤如下：

（1）打开数据表 student.dbf，在表设计器中建立一个"性别"为关键字的索引。

（2）采用菜单方式或命令方式打开"报表设计器"窗口。利用快速报表方式创建一个快速报表框架。

（3）单击菜单【报表】中的【数据分组】命令或者单击"报表设计器"工具栏上的【数据分组】按钮，弹出【数据分组】对话框。在该对话框中，单击第一个分组表达式右边的"…"按钮，在随后出现的【表达式生成器】对话框左下角的【字段】框中双击选择"student.性别"，使"student.性别"字段出现在"表达式生成器"对话框左上角的"按表达式分组记录<expr>："框中，单击【确定】按钮，返回"数据分组"对话框，如图 8.29 所示。

（4）在【数组分组】对话框下面的【组属性】对话框中，可选择进一步的设置，然后单击【确定】按钮，可以看到"报表设计器"窗口中增加了"组标头"和"组注脚"两个带区。

（5）单击菜单【报表】中的【标题/总结】命令，弹出【标题/总结】对话框，选中"标题带区"

复选框和"总结带区"复选框，单击【确定】按钮，"标题带区"出现在"报表设计器"窗口的顶部，"总结带区"出现在底部。调整"标题带区"到适当的高度，在"标题带区"适当位置输入报表标题：学生信息。并设置标题字体格式为：三号、粗体、隶书、红色。

（6）拖动各个带区"标头"使各个带区有适当的空间，将"性别"字段域控件从"细节"带区拖到"组标头"带区的左侧，调整各个控件的位置，使各个控件水平和垂直方向对齐、美观。在"页标头"带区各个"字段"标签的下方添加一条直线，如图 8.30 所示。

图 8.29　"数据分组"对话框

图 8.30　完成的分组报表设计

（7）指定数据源的主控索引。在报表空白位置单击右键打开快捷菜单，单击快捷菜单的【数据环境】命令或者单击"报表设计器"工具栏上的【数据环境】按钮，打开"数据环境设计器"窗口。在数据表 student 区域的任何位置单击右键，在弹出的快捷菜单中单击【属性】命令，打开"属性"窗口，确定对象框中显示的是"Cursor1"，单击"数据"选项卡，将属性框中的"Order"属性设置为：性别，如图 8.31 所示。

（8）单击菜单【文件】中【另存为】命令，打开【另存为】对话框，将该文件保存。单击常用工具栏上的【打印预览】按钮，预览效果如图 8.32 所示。

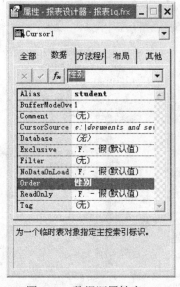

图 8.31　数据源属性窗口

图 8.32　报表打印预览效果

6. 设置多栏报表

多栏报表是一种分为多个栏目打印输出的报表。如果打印的内容较多，横向只占用部分页面，设计成多栏报表比较合适。

【例 8.7】以 Student.dbf 为数据源，设计一个多栏报表。其操作步骤如下：

（1）生成空白报表。在【文件】菜单中选择【新建】命令，或者在常用工具栏中单击【新建】按钮，生成一个空白报表，打开【报表设计器】对话框。

（2）设置多栏报表。从【文件】菜单中选择【页面设置】，在【页面设置】对话框中把"列数"设置为 3。在报表设计器中将添加占页面 1/3 的一对"列标头"带区和"列注脚"带区。并设置左边距和打印顺序，在【页面设置】对话框的【左边页距】框中输入 1cm 边距数值，页面布局将按新的页边距显示。单击【自左向右】打印顺序按钮，如图 8.33 所示。单击【确定】按钮，关闭对话框。

（3）设置数据源。在"报表设计器"工具栏上单击"数据环境"按钮，打开"数据环境设计器"窗口。单击右键，从快捷菜单中选择【添加】命令，添加表 student.dbf 作为数据源。

（4）添加控件：在"数据环境设计器"中分别选择 Student.dbf 表中的学号、姓名、出生日期 3 个字段，将它们拖曳到报表设计器的"细节"带区，自动生成字段域控件，调整它们的位置。

单击"报表控件"工具栏的"标签"按钮，在"页标头"带区添加"学生信息"标签。单击【格式】菜单下的【字体】命令，选择"隶书"、"三号"、"粗体"，并设置水平居中和垂直居中。

单击"报表控件"工具栏上的"线条"按钮，在"细节"带区底部画一条线，并从【格式】菜单下选择【绘图笔】，从子菜单中选择"虚线"，如图 8.34 所示。

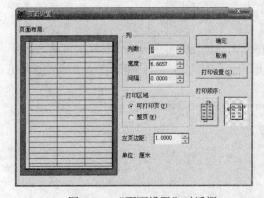

图 8.33 "页面设置"对话框

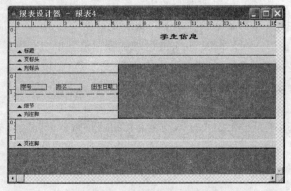

图 8.34 设计多栏报表

（5）预览效果。单击"常用"工具栏上的"打印预览"按钮，效果如图 8.35 所示。

图 8.35 预览多栏报表

8.4 输出报表

将报表设计好，并且修改完毕后，就需要输出报表。报表的输出有两种方式。

方法 1：利用 Visual FoxPro 系统菜单。这种方式下，若要在屏幕上观看报表，则利用预览选项；若要打印输出，则先将打印机与计算机连接好，打开打印机电源，单击常用工具栏上的【打印】按钮，或单击菜单【文件】中的【打印】命令，或单击菜单【报表】中的【运行报表】命令，或在"报表设计器"窗口内单击右键选择快捷菜单中的【打印】命令，也可以打开【打印】的对话框进行打印，如图 8.36 所示。

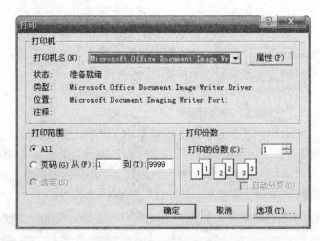

图 8.36 "打印"对话框

方法 2：采用命令方式。在命令方式下，打印报表的命令是 REPORT。

下面介绍报表输出打印命令。

（1）格式：

REPORT FORM <报表文件名> [ENVIRONMENT] [<范围>] [FOR <逻辑表达式>]
[HEADING <字符表达式>] [NOCONSOLE] [PLAIN] [RANGE 开始页[，结束页]]
[PREVIEW] [[IN] WINDOW <窗口名> IN SCREEN][NOWAIT]]
[TO PRINTER [PROMPT]|TO FILE <文件名> [ASCII]]
[SUMMARY]

（2）参数介绍：

① <报表文件名>：指出要打印的报表文件名，默认扩展名为.frx。

② ENVIRONMENT：用于恢复存储在报表文件中数据环境的信息。

③ HEADING <字符表达式>：<字符表达式>的值作为页标题打印在报表的每一页上。

④ NOCONSOLE：在打印机上打印报表时禁止报表内容在屏幕上显示。

⑤ PLAIN：将 HEADING 设置的页标题仅在报表的第一页中显示。

⑥ RANGE 开始页[，结束页]：指定打印的开始页和结束页，结束页的缺省设置为 9999。

⑦ PREVIEW 子句：指定报表在屏幕上打印预览，不在打印机上输出，并可指定打印预览的输出窗口。

⑧ TO PRINTER 子句：将指定报表文件在打印机上输出。如果有 PROMPT 选项，打印前弹出"打印"对话框，供用户进行打印范围、打印份数的选择。

⑨TO FILE 子句：将报表输出内容输出到文本文件，ASCII 使打印机代码不写入文件。

⑩ SUMMARY：打印或打印预览"总结"带区的内容，不打印"细节"带区的内容。

例如：用命令方式，将报表文件在打印机上输出。

REPORT FORM Student.frx TO PREVIEW　　　&&指定报表在屏幕上打印预览

REPORT FORM Student.frx to PRINTER　　　&&指定报表在打印机上输出

8.5　标 签 设 计

标签是一种特殊报表，常用来打印商品标价牌、工作人员胸牌、考试准考证等，它的创建、修改方法与报表基本相同，只是用途不同而已，标签是把报表分成许多相同的小块，这些小块内显示相同性质的内容，一般是一条记录。创建标签和创建报表一样，可以利用标签向导完成，也可以利用标签设计器来创建。下面通过一个实例来说明标签设计的主要过程。

【例 8.8】利用"student"表来创建一个标签。

操作步骤如下：

（1）打开"student"作为标签的数据源。

（2）单击菜单【文件】中的【新建】命令，或单击工具栏上的【新建】按钮，选择【标签】文件类型，单击【向导】，将弹出如图 8.37 所示的"标签向导"之步骤 1 "选择表"对话框。

（3）单击"下一步"，将弹出"标签向导"之步骤 2 "选择标签类型"对话框，如图 8.38 所示，在这里选择每张纸打印 3 列（即"Avery 4144"类型）。

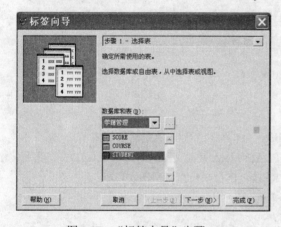
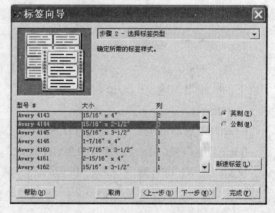

图 8.37　"标签向导"步骤 1　　　　　　　　图 8.38　"标签向导"步骤 2

（4）单击"下一步"，将弹出"标签向导"之步骤 3 定义布局对话框，如图 8.39 所示。将可用字段选中，单击单击 ▶ 按钮将其添加到选定字段中，注意添加下一个可用字段时注意用中间的按钮进行布局操作。

（5）单击"下一步"，将弹出"标签向导"之步骤 4 "排序"对话框，如图 8.40 所示。将"学号"添加到选定字段中。

（6）单击"下一步"，将弹出"标签向导"之步骤 5 "完成"对话框，如图 8.41 所示。

（7）单击"预览"按钮预览结果，如图 8.42 所示。

（8）关闭预览后，单击"完成"按钮，将弹出"另存为"对话框，确定保存的路径，并输入文件进行保存，默认扩展名为.lbx，单击保存完成标签文件的设计。

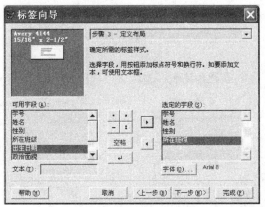
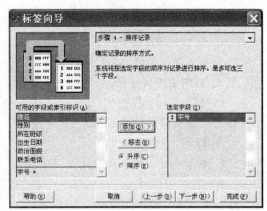

图 8.39 "标签向导"步骤 3　　　　　　　图 8.40 "标签向导"步骤 4

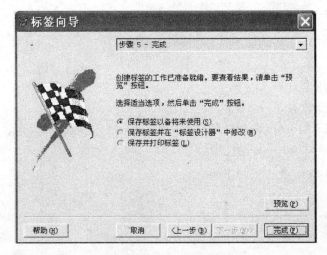

图 8.41 "标签向导"步骤 5

图 8.42 标签预览

习 题

1. 选择题

(1) 在"报表设计器"中，可以使用的控件是(　　)。

A. 标签、文本框和列表框　　　　　　　　B. 布局和数据源

　　C. 标签、域控件和列表框架　　　　　　　D. 标签、域控件和线条

(2) 报表的数据源可以是(　　)。

　　A. 自由表或其他报表　　　　　　　　　　B. 数据库表、自由表或视图

　　C. 表、查询或视图　　　　　　　　　　　D. 数据库表、自由表或查询

(3) 在创建快速报表时，基本带区包括(　　)。

　　A. 标题、细节和总结　　　　　　　　　　B. 页标头、细节和页注脚

　　C. 报表标题、细节和页注脚　　　　　　　D. 组标头、细节和组注脚

2. 填空题

(1) 报表主要包括两部分的内容：_____和_____。

(2) 使用_____是创建报表的最简单的方法。

(3) _____是创建简单报表文件的最快速的方法。

(4) "报表设计器"的带区，系统默认显示三个带区：_____、_____和_____。

3. 上机题

(1) 利用报表向导设计一个报表。

(2) 利用报表设计器设计一个报表。

(3) 通过更改报表的布局、添加报表的控件和设计数据分组等方式，美化、修改一个用报表向导生成的简单报表。

第9章 菜单与工具栏设计

菜单的基本作用有两个：①提供人机对话的接口，以便让用户选择应用程序的各种功能；②管理应用程序，控制各种功能模块的运行。一个高质量的菜单程序，不仅能使系统美观，而且能使用户使用方便，它们为用户提供了一个友好的、结构化的、可访问的方式和界面。

Visual FoxPro用户菜单，类似Windows的菜单，它分为主菜单和子菜单。用户可以利用系统提供的工具，设计自己所需要的菜单。这一章将要学习如何在Visual FoxPro中恰当地设计菜单，使应用程序的主要功能得到完整的体现。

9.1 菜单系统概述

9.1.1 菜单系统

Visual FoxPro支持两种类型的菜单:条形菜单和弹出式菜单。每一个条形菜单都有一个内部名字和一组菜单选项，每个菜单选项都有一个名称（标题）和内部名字。每一个弹出式菜单也有一个内部名字和一组菜单选项，每个菜单选项则有一个名称（标题）和选项序号。菜单项的名称显示于屏幕供用户识别，菜单及菜单项的内部名称或选项序号则用于在代码中引用。

每个菜单选项都可以设置一个热键和一个快捷键。热键通常是一个字符，当菜单激活时，可以按菜单项的热键快速选择该菜单项。快捷键通常是Ctrl键和另一个字符键的组合键。不管菜单是否激活，都可以通过快捷键选择相应的菜单选项。

无论是哪种类型的菜单，当选择其中某个选项时都有一定的动作。这个动作可以是下面3种情况中的一种:执行一条命令、执行一个过程或激活另一个菜单。

典型的菜单系统一般是一个下拉式菜单，由一个条形菜单和一组弹出式菜单组成。其中条形菜单作为主菜单，弹出式菜单作为子菜单。当选择一个条形菜单选项时，激活相应的弹出式菜单。快捷菜单一般由一个或一组上下级的弹出式菜单组成。

菜单系统（menu system）由菜单栏（menu bar）、菜单标题(menu title)、菜单(menu)和菜单项(menu item)的组合。

（1）菜单栏：位于窗口标题下的水平条形区域，用于放置各菜单标题。

（2）菜单标题：也称菜单名，用于标识菜单。

（3）菜单：单击菜单标题可以打开相应的菜单，菜单由一系列菜单项组成，包括命令、过程和子菜单等。

（4）菜单项：列于菜单上的菜单命令，用于实现某项具体的任务。

9.1.2 系统菜单

Visual FoxPro系统菜单是一个典型的菜单系统，其主菜单是一个条形菜单。条形菜单中常见选项的名称及内部名字见表9.1所列。

条形菜单本身的内部名字为_MSYSMENU，也可看作是整个菜单系统的名字。

选择条形菜单中的每一个菜单项都会激活一个弹出式菜单，各弹出式菜单的内部名字见表 9.2 所列。表 9.3 是"编辑"菜单中常用选项的选项名称和内部名字。

表 9.1　主菜单（_MSYSMENU）常见选项

选项名称	内部名字
文件	_MSM_FILE
编辑	_MSM_EDIT
显示	_MSM_VIEW
工具	_MSM_TOOLS
程序	_MSM_PROG
窗口	_MSM_WINDO
帮助	_MSM_SYSTEM

表 9.2　弹出式菜单的内部名字

弹出式菜单	内部名字
"文件"菜单	_MFILE
"编辑"菜单	_MEDIT
"显示"菜单	_MVIEW
"工具"菜单	_MTOOLS
"程序"菜单	_MPROG
"窗口"菜单	_MWINDOW
"帮助"菜单	_MSYSTEM

表 9.3　"编辑"菜单（_MEDIT）常用选项

选项名称	内部名字	选项名称	内部名字
撤销	_MED_UNDO	清除	_MED_CLEAR
重做	_MED_REDO	全部选定	_MED_SLCTA
剪切	_MED_CUT	查找	_MED_FIND
复制	_MED_COPY	替换	_MED_REPL
粘贴	_MED_PASTE		

通过 SET SYSMENU 命令可以允许或者禁止在程序执行时访问系统菜单，也可以重新配置系统菜单：

```
SET SYSMENU ON | OFF | AUTOMATIC
    | TO[<弹出式菜单名表>]
    | TO[<条形菜单项名表>]
    | TO [DEFAULT] | SAVE | NOSAVE
```

说明：

ON：允许程序执行时访问系统菜单。

OFF：禁止程序执行时访问系统菜单。

AUTOMATIC：可使系统菜单显示出来，可以访问系统菜单。

TO<弹出式菜单名称>：重新配置系统菜单，以内部名字列出可用的弹出式菜单。例如，命令 "SET SYSMENU TO _MFILE，_MWINDOW" 将使系统菜单只保留"文件"和"窗口"两个子菜单。

TO<条形菜单项名表>：重新配置系统菜单，以条形菜单项内部名表列出可用的子菜单。例如，上面的系统菜单配置命令也可以写成"SET SYSMENU TO _MSM_FILE，_MSM_WINDO"。

TO DEFAULT：将系统菜单恢复为缺省配置。

SAVE：将当前的系统菜单配置指定为缺省配置。如果在执行了 SET SYSMENU SAVE 命令后，修改了系统菜单，那么执行 SET SYSMENU TO DEFAULT 命令，就可以恢复 SET SYSMENU SAVE 命令执行之前的菜单配置。

NOSAVE：将缺省配置恢复成 Visual FoxPro 系统菜单的标准配置。要将系统菜单恢复成标准配置，可先执行 SET SYSMENU NOSAVE 命令，然后执行 SET SYSMENU TO DEFAULT 命令。

不带参数的 SET SYSMENU TO 命令将屏蔽系统菜单，使系统菜单不可用。

9.2 设 计 菜 单

当一个菜单系统规划好后，就可利用 Visual FoxPro 系统提供的"菜单设计器"来进行菜单设计。

9.2.1 规划菜单系统

打开应用程序，首先看到的是菜单，应用程序界面的友好程序、质量高低，在一定程序上取决于菜单系统。所以在进行应用程序菜单设计前，首先应该做好菜单内容的组织和规划，规划合理的菜单，可使用户易于接受应用程序，同时对应用程序很有帮助。

在设计菜单系统时，应遵循下列准则：

（1）按照用户所要执行的任务组织菜单系统，避免应用程序的层次影响菜单系统的设计。应用程序最终是要面向用户，用户的思考习惯、完成任务的方法将直接决定用户对应用程序的认同。用户通过查看菜单和菜单项，可以对应用程序的组织方法有一个感性认识。因此，规划合理的菜单系统，应该与用户执行的任务是一致的。

（2）给每个菜单一个有意义的、言简意赅的菜单标题。此标题对菜单任务能够做简单明了的说明。

（3）按照预计菜单项的使用频率、逻辑顺序或字母顺序合理组织菜单项。当菜单项较多时，按字母顺序特别有效。太多的菜单项需要用户花费一定的时间才能浏览一遍，而按字母顺序则便于用户查看菜单项。

（4）在菜单项的逻辑组之间放置分隔线。

（5）将菜单上菜单项的项目限制在一个屏幕之内。如果菜单项的数目超过一屏，则应为其中的一些菜单创建子菜单。

（6）为菜单和菜单项设置访问键或键盘快捷键。

（7）使用能够准确描述菜单项的文字。描述菜单项时，使用日常用语而不要使用计算机术语。同时，说明选择一个菜单项产生的效果时，应使用简单、生动的动词，而不要将名词当作动词使用。另外，请使用相似语句结构说明菜单项。

（8）在菜单项中混合使用大小写字母。

9.2.2 菜单设计

用"菜单设计器"设计菜单的基本过程如下：

1. 打开"菜单设计器"窗口

无论是建立菜单或修改已有菜单，都需要打开菜单设计器窗口。若需要新建一个菜单，其方式有如下几种：

（1）选择【文件】菜单中的【新建】命令，从中选择"菜单"，然后单击右边的【新建文件】按钮。

（2）在"项目管理器"中，选择【其他】选项卡，从中选择"菜单"项，按【新建】按钮。

（3）在命令窗口使用建立菜单命令：CREATE MENU。

若需要用菜单设计器修改一个已有的菜单，则可用如下方式中的一种：

（1）选择【文件】菜单中的【打开】命令，打开一个菜单定义文件（.mnx 文件），打开"菜单设计器"窗口。

（2）可以用命令调用菜单设计器，格式为：MODIFY MENU <文件名>。命令中的<文件名>指定菜单定义文件，默认扩展名.mnx 允许缺省。若<文件名>为新文件，则为建立菜单，否则为打开已有菜单。

2. 菜单的具体设计

在"菜单设计器"窗口中定义菜单，指定菜单的各项内容，如菜单项的名称、快捷键等。具体的方法在 9.2.3 节介绍。

3. 保存菜单定义

指定完菜单的各项内容后，应将菜单定义保存到.mnx 文件中。方法是从【文件】菜单中选择【保存】命令或按 Ctrl+W 组合键。

4. 生成菜单程序

系统保存当前的菜单定义，生成菜单文件（.mnx 文件）和菜单备注文件（.mnt）。而菜单文件其本身是一个表文件，并不能够直接运行，要运行就必须生成相应相应的菜单程序代码（.mpr）。其方法是在菜单设计器环境下，选择【菜单】菜单中的【生成】命令，然后在【生成菜单】对话框中指定菜单程序文件的名称和存放路径，最后单击【生成】按钮。

5. 运行菜单

可在命令窗口中输入"DO <文件名>"运行菜单程序，但其中文件名的扩展名.mpr 不能省略。运行菜单程序时，系统将菜单程序（.mpr文件）编译成扩展名为（.mpx 文件）的菜单目标程序。

图 9.1 "新建菜单"对话框

9.2.3 下拉式菜单设计

下拉式菜单是一种最常见的菜单，用 Visual FoxPro 提供的菜单设计器可以方便地进行下拉式菜单的设计。其步骤如下：

1. 创建菜单

选择【文件】菜单中的【新建】命令，从中选择"菜单"，然后单击右边的【新建文件】按钮。将弹出【新建菜单】对话框，如图 9.1 所示。

2. 创建菜单项

在【新建菜单】对话框中选择【菜单】按钮，将弹出"菜单设计器"对话框，如图 9.2 所示。

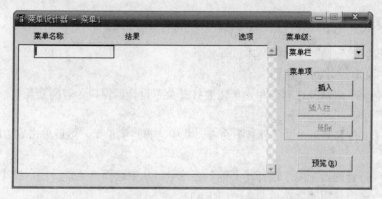

图 9.2 "菜单设计器"对话框

菜单设计器窗口用来定义菜单，可以是条形菜单（菜单栏），也可以是弹出式菜单（子菜单）。"菜单设计器"窗口打开时，首先显示和定义的是条形菜单。使用菜单设计器可以创建菜单、菜单项、菜单项的子菜单和分隔菜单组的线条等。

菜单设计器包含下列内容：

1）菜单名称

用来输出菜单项的名称。如果用户想为菜单项添加访问键，可在要设定为访问键的字母前面加"\<"。如菜单项的名称为"文件（\<F）"表示字母 F 为该菜单项的访问键。菜单显示时，该键用加有下划线的字符表示，菜单打开后，只要按下该访问键，该菜单项就被执行。

可以根据各菜单项功能的相似性或相近性，将弹出式菜单的菜单项分组，如将剪切、复制、粘贴分为一组，将查找、替换分为一组等。系统提供的分组手段是在两组之间插入一条水平的分组线，方法是在相应行的"菜单名称"列上输入"\-"两个字符。

此外，每个提示文本框的前面有一个小方块按钮，当鼠标移动到它上面时形状会变成上下双箭头的形状。这个按钮是标准的移动指示器，用鼠标拖动它可上下改变当前菜单项在菜单列表中的位置。

2）结果

指定用户选择菜单项时的动作，它的下拉列表包括以下几个选项：

命令：当选中这一项后，在其右侧出现一个文本框，在这个文本框中输入要执行的命令。这个选项仅对应于执行一条命令或调用其他程序的情况。如果所要执行的动作需要多条命令完成，而又无相应的程序可用，那么在这里应该选择"过程"。

填充名称或菜单项#：选择此选项，列表框右侧会出现一个文本框。可以在文本框输入菜单项的内部名字或序号。选择这一项的目的主要是为了在程序中引用它。若当前定义的菜单是条形菜单，该选项是"填充名称"，应指定菜单项的内部名字。若当前菜单为弹出式子菜单，该选项为"菜单项#"，就指定菜单项的序号。

子菜单：若用户所定义的当前菜单项还有子菜单的话就应该选择这一项。当选中这一项后，在其右侧将出现一个【编辑】按钮，按下【编辑】按钮后将进入新的一屏来设计子菜单。此时，窗口右下方的"菜单级"下拉列表框内会显示当前子菜单的内部名字。选择"菜单级"下拉列表框内的选项，可以返回到上级子菜单或最上层的条形菜单定义页面。

注意：最上层的条形菜单不能指定内部名字，其在"菜单级"下拉列表框内显示为"菜单栏"。

过程：用于定义一个与菜单项关联的过程。选择此项，列表框右边会出现【创建】命令按钮，单击【创建】按钮将打开一个文本编辑窗口，可在其中输入和编辑过程代码。之后，再进行过程编辑时，右边将出现【编辑】命令按钮而不是【创建】命令按钮。

注意：在输入过程代码时，不需要写入 PROCEDURE 语句。

3）选项

每个菜单项的"选项"都有一个无符号按钮，单击该按钮就会出现【提示选项】对话框，如图 9.3 所示。此对话框是用来定义菜单项的附加属性。一旦定义过属性，选项就会显示符号"√"。

【提示选项】对话框允许在定制的菜单中指定提示的选项。使用此对话框可以定义键盘快捷键、确定废止菜单或菜单项的时间等。对话框中的主要属性如下：

"快捷方式"项：指定菜单项的快捷键，快捷键是指菜单项右边标示的组合键（Ctrl 键或 Alt 键和其他键的组合，Ctrl+j 除外）。方法是单击"键标签"文本框，使光标定位于该文本框，然后在键盘上按快捷键。另外，"键说明"文本框内也会出现相同的内容，但该内容可以修改。当菜单激活时，"键说明"文本框内的内容将显示在菜单项标题的右侧，作为对快捷键的说明。

"跳过"项：用于设置菜单或菜单项的跳过条件，单击编辑框右侧"…"按钮，将弹出"表达式生成器"对话框，用户可在"表达式生成器"中指定一个表达式，由表达式的值决定该菜单项是否可选。当菜单激活时，如果表达式的值为.T.时，该菜单项将以灰色显示，表示当前状态不可选用。

"信息"项：定义菜单项的说明信息。指定一个字符串或字符表达式。当鼠标指向该菜单项时，该字符串或字符串表达式的值就会显示在 Visual FoxPro 主窗口的状态栏上。

"主菜单名"或"菜单项#"项：指定条形菜单菜单项的内部名字或弹出式菜单项的序号，使用户可以在程序中通过该标题引用菜单项。

"备注"项：在这里输入对菜单项的注释。这里的注释不会影响到生成菜单程序代码，在运行菜单程序时 Visual FoxPro 将忽略所有的注释。

除此之外，"菜单设计器"窗口中还有以下按钮。

菜单级：这个列表框显示出当前所处的菜单级别。

"插入"按钮：单击该按钮，可以在当前菜单行之前插入一个新的菜单行。

"插入栏"按钮：在当前菜单项行之前插入一个 Visual FoxPro 系统菜单命令。方法是：单击该按钮，打开"插入系统菜单栏"对话框，如图 9.4 所示。然后在对话框中选择所需的菜单命令（可以多选），并单击"插入"按钮。该按钮仅在定义弹出式菜单时有效。

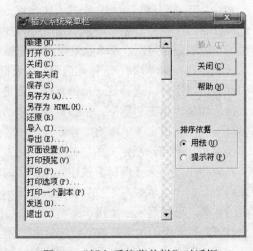

图 9.3 "提示选项"对话框　　　　　　　图 9.4 "插入系统菜单栏"对话框

"删除"按钮：单击该按钮，即可删除当前的菜单行。

"预览"按钮：单击该按钮，即可预览菜单效果。

建立应用程序菜单，应用程序菜单设计包括主菜单、子菜单项的设计。

【例 9.1】主菜单的设计。设计一个"学生信息管理系统"的主菜单，名称为 scxc.mnx。它的菜单栏包括"系统设置"、"学籍管理"、"班级管理"、"课程设置"、"成绩管理"和"帮助"6 个菜单栏。其操作步骤如下：

（1）选择【文件】菜单中的【新建】命令，从中选择"菜单"，然后单击右侧的【新建文件】按钮。将弹出【新建菜单】对话框。在其选择【菜单】按钮，将弹出"菜单设计器"对话框。

（2）在"菜单设计器"窗口的"菜单名称"栏输入要建立的 6 个菜单的名称，结果如图 9.5 所示。

（3）选择【文件】菜单中的【保存】命令，保存菜单名为 scxc.mnx。

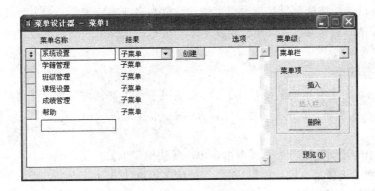

图 9.5 "菜单设计器"对话框

【例 9.2】子菜单的设计。为主菜单 scxc.mnxk 中的菜单名称"系统设置",设计对应的子菜单。使它含有两个子菜单选项:用户管理和密码管理。操作步骤如下:

(1)打开主菜单 scxc.mnx,并选中菜单名称"系统设置"。

(2)单击"创建"按钮,再次进入"菜单设计器",进行子菜单设计。

(3)在"菜单设计器"窗口"系统设置"的两个选项:"用户管理"和"密码管理",如图 9.6 所示。

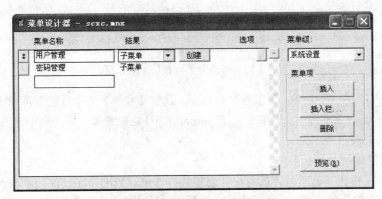

图 9.6 为"系统设置"建立两个选项

(4)退出"菜单设计器",并保存,结束子菜单选项的定义。

如果需要,用户还可以重复上面的工作,为子菜单继续定义下一级子菜单。

用户还可以将子菜单分组,分组的方法是:在定义子菜单名称时,在需要分组的地方,定义一个"\-"的菜单项即可。

9.2.4 快捷菜单设计

一般来说,下拉菜单作为一个应用程序的菜单系统,列出了整个应用程序所具有的功能。而快捷菜单一般从属于某个界面对象,当用鼠标单击该对象时,就会在单击处弹出快捷菜单。所以说快捷菜单是一种在控件或对象上单击右键时出现的弹出式菜单,它可以快速展示当前对象可用的所有功能。可用 Visual FoxPro 创建快捷方式菜单,并将这些菜单附加在控件中。例如,可创建包含"剪切"、"复制"和"粘贴"命令的快捷菜单,当用户在表格控件所包含的数据上单击右键时,将出现快捷菜单。实际上,菜单设计器仅能生成快捷菜单本身,实现单击右键来弹出一个菜单的动作还需编程。

利用系统提供的快捷菜单设计器可以方便地定义与设计快捷菜单。与下拉式菜单相比，快捷菜单没有条形菜单，只有弹出式菜单。快捷菜单一般是一个弹出式菜单，或者由几个具有上下级关系的弹出式菜单组成。

1. 创建快捷菜单

（1）选择【文件】菜单中的【新建】命令，在【新建】对话框中选择【菜单】单选按钮，然后单击【新建文件】按钮；或在【项目管理器】的【其他】选项卡中，选择【菜单】，然后单击【新建】按钮。

（2）在弹出的【新建菜单】对话框中，单击【快捷菜单】按钮。

（3）将出现【快捷菜单设计器】，进入"快捷菜单设计器"后，添加菜单项的过程与创建菜单完全相同，如图 9.7 所示。

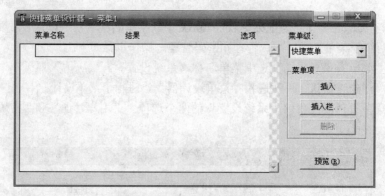

图 9.7 "快捷菜单设计器"对话框

（4）在插入了菜单项之后，需生成菜单程序。选定【菜单】菜单项的生成命令，保存菜单文件其扩展名为.mnx 和菜单备注文件其扩展名为.mnt，在【生成菜单】对话框中单击【生成】按钮，生成菜单程序其扩展名为.mpr。

2. 将快捷菜单附加到控件中

创建并生成了快捷菜单以后，就可将其附加到控件中。当用户在控件上单击右键时，显示典型的快捷菜单。在控件的 right-click 事件中输入少量代码即可将快捷菜单附加到特定的控件中。操作步骤如下：

（1）选择要附加快捷菜单的控件。

（2）在控件"属性"窗口中，选择【方法程序】选项卡并选择【Right Click Event】。

（3）在代码窗口中，键入"DO <快捷菜单程序文件名>"。如 DO menu.mpr，其中 menu 是快捷菜单的文件名。

注意：引用快捷菜单时，必须使用.mpr 作为扩展名。

【例 9.3】为某表单建立一个快捷菜单，其选项有：剪切、复制、粘贴、撤销和全部选定。撤销和全部选定之间用分隔线，如图 9.8 所示。

操作步骤：

（1）打开"快捷菜单设计器"窗口，然后按要求定义快捷菜单各选项的内容。如图 9.9 所示。

（2）【文件】菜单中的【保存】按钮，将结果保存为菜单文件"快捷菜单 1.mnx"和菜单备注文件"快捷菜单 1.mnt"。

（3）在【生成菜单】对话框中单击【生成】按钮，生成菜单程序"快捷菜单 1.mpr"。

（4）打开需要设置快捷菜单的表单，将打开其属性对话框，如图 9.10 所示。

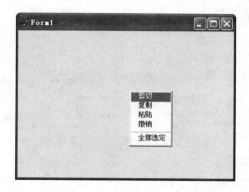

图 9.8　表单的快捷菜单

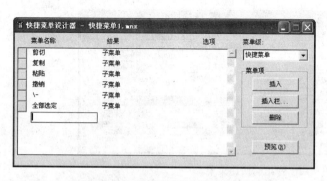

图 9.9　"快捷菜单设计器"对话框

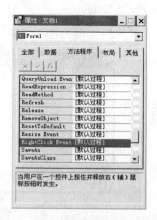

图 9.10　表单控件的"属性"对话框

（5）选择"属性"对话框中的"方法程序"选项卡，并双击"Right Click Event"，并在其中键入 DO 快捷菜单 1.mpr 即可。

【例 9.4】建立一个包含有剪切、复制、粘贴、撤销和全部选定功能的快捷菜单，在浏览 student.dbf 时使用。操作步骤如下：

（1）打开"快捷菜单设计器"窗口：选择【文件】菜单中的【新建】命令，在【新建】对话框中选择【菜单】单选按钮，然后单击【新建文件】按钮，选择【快捷菜单】按钮。

（2）插入系统菜单栏：在"快捷菜单设计器"窗口中选定【插入栏】按钮，分别添加"剪切"、"复制"、"粘贴"、"撤销"和"全部选定"菜单项，单击【关闭】按钮，返回"快捷菜单设计器"窗口，如图 9.11 所示。

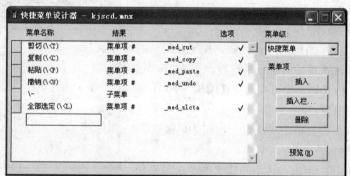

图 9.11　"快捷菜单设计器"对话框

（3）保存 kjscd.mnx 与生成快捷菜单程序 kjscd.mpr。

（4）编辑调用快捷菜单程序：

```
* kjcd.prg
CLEAR ALL
PUSH KEY CLEAR              &&清除功能键的定义
ON KEY LABEL RIGHTMOUSE DO kjscd.mpr
                      &&设置鼠标右键运行快捷菜单
USE student
BROWSE
USE
PUSH KEY CLEAR
```

（5）运行程序 kjcd.prg 及快捷菜单程序，如图 9.12 所示。

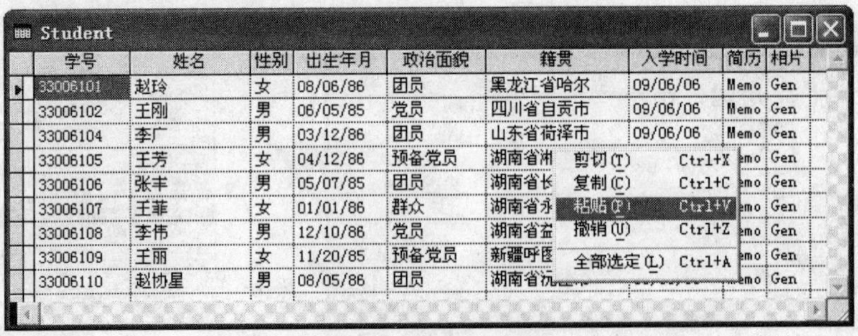

图 9.12　弹出的快捷菜单

9.3　菜单的选项

在"菜单设计器"窗口打开时，系统的显示菜单中会出现两条命令：常规选项和菜单选项，它们与"菜单设计器"相互配合使用，使菜单设计更加完善。

9.3.1　常规选项

在【显示】菜单中选择【常规选项】命令，将打开【常规选项】对话框，如图 9.13 所示。"常规选项"对话框允许为整个菜单系统指定代码，即可定义整个下拉菜单系统的总体属性，包括设置代码和清理代码。该功能还可以指定菜单的执行方式，例如，是添加到活动菜单的后面，还是替换已有的活动菜单。此功能在打开菜单设计器时可用。

1）"过程"编程框

用于建立整个菜单系统的过程代码。如果在第一级菜单中有些菜单未设置过任何命令或过程，则可在该"过程"框直接输入过程代码，也可在选定【编辑（T）】按钮打开一个代码编辑窗口。

注意：该编辑窗口要单击"确定"按钮才可激活。

2）"位置"区域

有 4 个选项按钮，用来描述用户定义的菜单与系统菜单的关系。

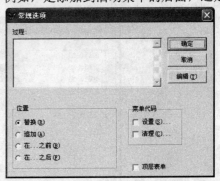

图 9.13　"常规选项"对话框

（1）"替换"选项按钮：将用户定义的菜单替换系统菜单，是系统默认选项。

（2）"追加"选项按钮：将用户定义的菜单添加到当前菜单系统的右边。

（3）"在…之前"选项按钮：将用户定义的菜单插入到某菜单项的前面，选定该按钮后右边会出现一个用来指定菜单项的下拉列表。

（4）"在…之后"选项按钮：将用户定义的菜单插入到某菜单项的后面，选定该按钮后右边会出现一个用来指定菜单项的下拉列表。

3）"菜单代码"区域

有两个复选框，包括"设置(S)…"和"清理(C)…"。

（1）"设置(S)…"复选框：选中此复选框，将打开一个编辑窗口，该编辑窗口需要单击"确定"按钮才可激活。它用于设置菜单程序的初始化代码。该代码一般包含设置变量、定义数组和创建环境等操作内容。

（2）"清理(C)…"复选框：选中此复选框，也会打开一个编辑窗口，用于设置菜单程序的清理代码，清理代码在菜单显示出来后执行。

4）"顶层表单"复选框

选中此复选框，则允许用户定义的菜单在顶层表单中使用。如果未选定，只允许在 Visual FoxPro 框架中使用该菜单。

9.3.2 菜单选项

在【显示】菜单中选择【菜单选项】命令，将打开【菜单选项】对话框，如图 9.14 所示。"常规选项"对话框允许为特定的菜单指定代码，此命令在打开菜单设计器时可用。

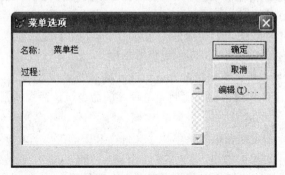

图 9.14 "菜单选项"对话框

1. "名称"项

默认情况下，与"菜单设计器"窗口的"提示"的文本相同，可以键入一个新名称来更改它。

2. "过程"编辑框

"过程"编辑框可供用户为子菜单中的某些菜单项创建过程代码，这些菜单项的特点是未设置过任何命令或者过程动作，也无下级菜单。用户可单击【编辑(T)…】按钮和【确定】按钮，打开代码编辑窗口来编辑过程代码。

9.4 定制菜单系统

9.4.1 定制菜单系统

当一个基本的菜单系统建成之后，可以对其进行进一步定制。例如，可以创建状态栏信息、定义菜单的位置及定义默认过程等。

1. 显示状态栏信息

在选择一个菜单或菜单项时，可以定义状态栏以显示一些相应的说明信息。这种信息可以帮助用户了解所选菜单的有关情况。

在选择菜单或菜单项时显示信息，操作步骤如下：

（1）在"菜单名称"栏中，选择相应的菜单标题或菜单项。

（2）单击"选项"栏中的按钮，弹出"提示选项"对话框。

（3）在"信息"框中键入适当的信息，或单击"信息"框右侧的"…"按钮，弹出"表达式生成器"对话框，键入适当的信息。

注意：如果键入的信息是字符串，应用引号括起来。

2. 定义菜单标题的位置

在应用程序中，可以设置用户自定义菜单标题的位置。操作步骤如下：

（1）从【显示】菜单中，选择【常规选项】。

（2）在弹出的【常规选项】对话框中，选择适当的"位置"选项，如"替换"、"追加"、"在…之前"、"在…之后"。通过这些选项，可以设置自定义菜单相对于活动菜单系统的相对位置。

此外，Visual FoxPro 会重新排列所有菜单标题的位置。如果只想设置其中的几个而不是全部，可以在"菜单设计器"中将想要移动的菜单标题旁边的移动按钮拖到正确的位置。

9.4.2 顶层表单的菜单加载

设计好的应用程序的主菜单，可通过如下的步骤加载到顶层表单中。

（1）设置主菜单为顶层菜单：在菜单设计器中设计菜单系统，并选择【显示】菜单中的【常规选项】命令，将出现【常规选项】对话框，选中【顶层表单】复选框，单击【确定】按钮，返回"菜单设计器"窗口，保存好菜单，并生成菜单程序。

（2）设置表单为顶层表单：将表单的 ShowWindow 属性值定义为 2。

（3）在表单的 Init 事件代码中添加调用菜单程序的命令，该命令的格式如下：

```
DO <主菜单名.mpr> WITH THIS[, "<菜单内部名>"]
```

其中：主菜单名.mpr 指定被调用的菜单程序文件，其中的扩展名.mpr 不能省略。

THIS：表示当前表单对象的引用。

菜单内部名：用于为当前添加的主菜单指定一个内部名字。

（4）在表单的 Destroy 事件代码中添加清除菜单的命令，使得在关闭菜单时能同时清除菜单，释放其所占用的内在空间。命令格式如下：

```
RELEASE MENU<菜单内部名>
```

【例 9.5】建立一个顶层表单 scxc.scx，然后将例 9.2 的菜单 scxc.mpr 设为顶层菜单，并加载到顶层表单上。

（1）将 scxc 菜单修改设置成为顶层菜单：打开菜单文件 scxc.mnx，在"菜单设计器"环境下，选择【显示】菜单中的【常规选项】命令，将出现【常规选项】对话框，选中【顶层表单】复选框，单击【确定】按钮，返回"菜单设计器"窗口，并保存菜单，重新生成菜单程序 scxc.mpr。

（2）建立顶层表单，选择新建表单，进入表单设计器，在表单中添加一个标签。设置对象属性见表 9.4 所列。

（3）编写表单事件代码。

表单 FORM1 的 Init 事件代码为：DO scxc.mpr with this，"stu"。

表单 FORM1 的 Destroy 事件代码为：RELEASE MENU stu。

保存表单设置，运行结果如图 9.15 所示。

表 9.4　属性设置

对象	属性	属性值	说明
Form1	Caption	学生信息管理系统窗口	
	ShowWindow	2	设为顶层表单
	BackColor	255，255，255	白色背景
Label1	Caption	学生信息管理系统	
	FontSize	30	
	BackStyle	0	透明

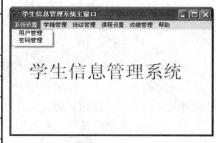

图 9.15　"学生信息管理系统"主窗口

9.5　设计工具栏

当应用程序中有一些需要用户经常重复执行的任务时，若还是通过菜单系统来选择执行，显然不合适。这时若能添加相应的工具栏，就可以简化操作，加速任务的选择执行。例如，如果用户要经常从菜单中选择存盘命令，则最好能提供带有存盘按钮的工具栏，从而简化这项操作。用户可以根据需要定制 Visual FoxPro 提供的工具栏，也可以用 Visual FoxPro 提供的工具栏基类创建自己的工具栏。

9.5.1　定制 Visual FoxPro 工具栏

用户可以制定 Visual FoxPro 提供的工具栏，也可以由其他工具栏上的按钮组成的自己的工具栏。

1. 定制 Visual FoxPro 工具栏

（1）在【显示】菜单中选择【工具栏】命令，将弹出【工具栏】对话框，如图 9.16 所示。

（2）选择要定制的工具栏，然后单击【定制】按钮，系统将显示出要定制的工具栏和【定制工具栏】的对话框。例如，在【工具栏】对话框窗口的左边选择"布局"工具栏，并选择【定制】按钮后，将弹出如图 9.17 所示的画面。

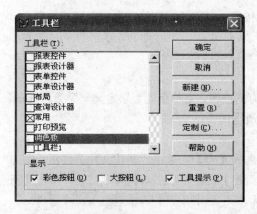

图 9.16　"工具栏"对话框

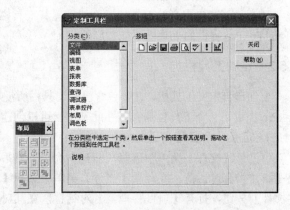

图 9.17　"布局"和"定制工具栏"对话框

（3）选择【定制工具栏】对话框的分类，然后将选定按钮拖动到定制工具栏上。例如，将"文件"工具栏类中的"新建"和"打开"按钮拖曳到"布局"工具栏上，"布局工具栏"如图9.18所示。

图9.18　添加了按钮的"布局"工具栏

（4）单击【定制工具栏】对话框中的【关闭】按钮，关闭工具栏窗口，完成工具栏定制。

注意：如果更改了Visual FoxPro工具栏，可以先选择"工具栏"对话框中已更改过的工具栏，然后再选择"重置"按钮，将工具栏还原到系统默认的配置。

2. 创建自己的工具栏

（1）从【显示】菜单中，选择【工具栏】命令，打开【工具栏】对话框。

（2）选择【新建】按钮，将弹出【工具栏】对话框，如图9.19所示。

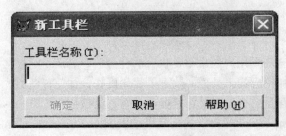

图9.19　"新工具栏"对话框

（3）在【新工具栏】对话框中，为工具栏命名，然后单击【确定】按钮，弹出"定制工具栏"对话框。

（4）选择【定制工具栏】左侧的一个分类，然后拖动需要的按钮到工具栏上，按钮就会添加到工具栏中。工具栏的按钮可以通过拖动来重排按钮。

（5）选择【定制工具栏】对话框中的【关闭】按钮，完成创建工具栏的操作。

3. 删除自己创建的工具栏

（1）从【显示】菜单中，选择【工具栏】命令，打开【工具栏】对话框。

（2）选择要删除的工具栏，单击【删除】按钮。

（3）单击【确定】按钮以确定删除。

注意：创建自定义的工具栏，不能重置其工具栏按钮，只能通过删除其自定义的工具栏。但Visual FoxPro提供的工具栏不能被删除。

9.5.2　定制工具栏类

要创建自定义工具栏，它要包含已有工具栏所没有的按钮，必须首先为它定义一个类。Visual FoxPro提供了一个工具栏基类，在此基础上可以创建所需的类。

1. 定义一个自定义工具栏

（1）从【文件】菜单中选择【新建】命令，然后选择【类】，单击【新建文件】按钮，则弹出【新建类】对话框。或者从【文件】菜单中选择【新建】命令，然后选择【项目】，单击【新建文件】按钮，打开【项目管理器】对话框，在其对话框中选定【类】选项卡，单击【新建...】按钮，则会弹出【新建类】对话框。

（2）在"类名"框中键入该类的名称。从"派生类"框中选择"Toolbar"，以使用工具栏基类创建基类。在"存储于"框中键入类库名，保存创建的新类。此时，"新建类"对话框如图 9.20 所示。

（3）单击【确定】按钮，弹出"类设计器"对话框，如图 9.21 所示。

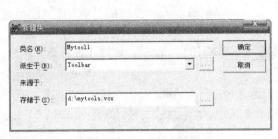

图 9.20 "新建类"对话框   图 9.21 "类设计器"窗口

2. 在自定义工具栏类中添加对象

创建好一个自定义工具栏后，便可在其中添加对象，它所使用的也是表单控件工具栏。在添加对象之后，同样也可以进行调整对象的大小、移动对象的位置、删除对象、复制对象、设置对象属性等操作。例如，用户可在类设计器中添加如下控件，它由 3 个图像控件组成，如图 9.22 所示。

为添加的控件指定属性，本例中是指定 Image1、Image2 和 Image3 的 Picture 属性，如图 9.23 所示，这样就可以给控件添加位图或图标。类设计器中工具栏已设计完成，如图 9.24 所示。

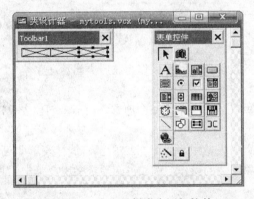

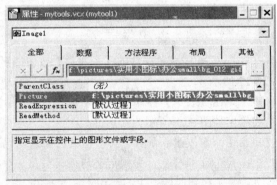

图 9.22 向工具栏类中添加控件   图 9.23 为工具栏各控件指定属性

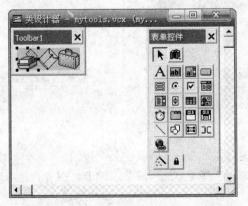

图 9.24 在"类设计器"中创建工具栏

231

9.5.3 在表单中集中添加自定义工具栏

在定义一个工具栏类之后，便可以用这个类创建一个工具栏，可以用表单设计器或用编写代码的方法将工具栏与表单对应起来，使得打开表单的同时，也打开工具栏。

例如：把新建的工具栏类 mytools.vcx 保存在 D 盘上，那么使用"表单设计器"在表单集中添加工具栏，操作步骤如下。

（1）新建一个表单。

（2）选择须添加的工具栏所在的类。方法是在【表单控件】工具栏中选择【查看类】按钮，系统将弹出其快捷菜单，如图 9.25 所示。

（3）单击快捷菜单中的【添加】命令，系统将打开选择文件对话框，从中选择包含工具栏的类库，本例保存的路径为："D:\ mytools.vcx"。单击【打开】按钮后，包含该工具栏的类库如图 9.26 所示。

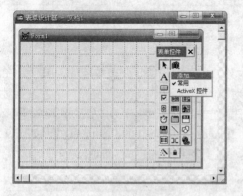

图 9.25 "查看类"的快捷菜单

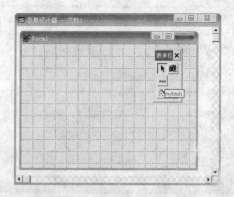

图 9.26 新建的可视类库

单击图 9.26 中表单控件的【查看类】按钮，新建的类库 Mytools 作为注册类显示在菜单中，如图 9.27 所示。

（4）单击【表单】控件中的"mytool1"控件，并在表单中单击某个地方，由于未创建表单，系统将给出如图 9.28 所示的提示框。

单击【是】按钮，新的工具按钮就会加入到已有的表单中，如图 9.29 所示，执行表单即可。

（5）创建工具栏后，必须定义与工具栏及其对象相关的操作。例如，必须定义用户单击工具栏或其中某个按钮时所发生的活动。

图 9.28 系统提示在添加之前先创建表单集

图 9.27 新建类的库 Mytools

定义工具栏的操作步骤如下：

（1）选定要定义操作的对象：工具栏或其中某个按钮。

（2）在【属性】窗口中，选择【方法程序】选项卡，或者直接双击对象。

（3）编辑相应的事件。

（4）添加代码，指定操作。

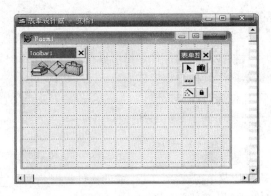

图 9.29　新的工具栏加入到已有的表单中

9.5.4　协调菜单和用户自定义工具栏的关系

在创建包含菜单和工具栏的应用程序时，某些工具栏按钮与菜单项的功能可能相同。使用工具栏可以使用户快速地实现某种功能或进行某种操作。

为了协调菜单和用户自定义工具栏，在设计应用程序时应注意以下几点：

（1）不论用户使用菜单项，还是与菜单项相关联的工具栏按钮，都要执行同样的操作。

（2）相关的工具栏按钮与菜单项具有相同的可用或不可用属性。

协调菜单和工具栏按钮，可以按下列步骤进行：

（1）通过定义工具栏类来创建工具栏，添加命令按钮，并将要执行的代码包括在对应于此命令按钮的 Click 事件的方法中。

（2）创建与工具栏相协调的菜单。

（3）添加协调的工具栏和菜单到一个表单集中。

创建与工具栏相协调的菜单方法如下：

（1）在"菜单设计器"中，根据工具栏上的每个按钮对应地创建子菜单。

（2）在每个子菜单项的"结果"栏中，选择"命令"。

（3）在每个子菜单项，调用相关工具栏按钮的 Click 事件对应的代码。

（4）在"选项"栏选择选项按钮，打开"提示选项"对话框，选择"跳过"。

（5）在"跳过"的"表达式生成器"中输入表达式，指出当工具栏命令按钮失效时，菜单功能应该"跳过"。

（6）生成菜单，把菜单添加到拥有此工具栏的表单集中，并运行表单集。

习　题

1. 选择题

(1) 主菜单在系统运行时，所起的作用是(　　)。

    A. 打开数据库　　　　　　　　　B. 调度整个系统

    C. 浏览表单　　　　　　　　　　D. 运行程序

(2) 设计菜单时，不需要完成的操作是(　　)。

    A. 创建主菜单及子菜单　　　　　B. 浏览菜单

C. 指定各菜单任务　　　　　　D. 生成菜单程序

(3) 对工具栏的设计，下列说法争取的是(　　)。

    A. 既可以在添加工具栏类时添加控件，也可以在表单设计器中向工具栏添加控件

    B. 只可以在类浏览器向工具栏添加控件

    C. 只可以在设计工具栏类时添加控件

    D. 只可以在表单设计器中向工具栏添加控件

2. 填空题

(1) 典型的菜单系统一般是一个_____，由一个_____和一组_____组成。

(2) 用菜单设计器设计好的菜单保存后，其生成的文件扩展名为_____和_____。

(3) 有一菜单文件 main.mnx，要运行该菜单的方法是_____。

3. 简答题

(1) 简述创建菜单的一般步骤。

(2) 什么是快捷菜单？什么是快速菜单？二者的创建过程有何异同？

(3) 创建菜单时，如何为菜单指定快捷键？

4. 上机题

利用菜单设计器为一银行管理系统定制一个菜单系统，要求：

(1) 主菜单栏包括"文件"、"数据管理"、"打印"、"退出"4 个菜单项。

(2) "文件"菜单包括"打开"、"关闭"、"保存"3 个菜单项。

(3) "数据维护"菜单包括"浏览记录"、"修改记录"、"添加记录"、"删除记录"和"查询记录"5 个菜单项。

第 10 章　数据库应用程序实例

为帮助读者在实际开发中综合运用此前各章讲解的方法，本章将通过一个实例——"学生信息管理系统"，简要说明开发一个 VFP 应用系统的全部过程。

10.1　数据库应用系统的开发步骤

在系统开发的过程中，只有严格按照软件工程的有关标准和规范，采用合理的设计步骤，才能保证系统的延续性和系统的质量，同时大大提高系统开发的效率。

一般地，开发一个数据库应用系统要经过如下几个阶段：

1．需求分析阶段

开发一个数据库应用系统，首先要进行系统的需求分析，明确用户的具体要求，确定系统目标、软件开发的总体思路及所需的时间等。

2．系统设计阶段

系统设计阶段需要建立软件系统的结构，包括数据结构和功能模块结构，系统设计阶段通常有以下两个步骤：

（1）数据库设计。数据库设计是数据库应用系统开发的中心问题，因为数据组织的合理性将直接影响整个数据库应用系统的性能和执行效率。

数据库设计一般分为概念设计、逻辑设计和物理设计 3 个阶段。其中概念设计是指把需求分析中有关数据的需求，综合为一个统一的概念模型。通常用"实体—关系图"（也称为 E-R 图）来表示概念模型。逻辑设计是把 E-R 图转换为某种特定的数据库逻辑结构。物理设计是指确定数据库的存储结构，具体包括数据表、数据表之间的联系、字段名称、类型、宽度以及索引等。

（2）应用程序设计。应用程序设计是指设计出系统的功能模块图和用户界面图。功能模块图一般是采用层次结构图来描述，也就是把系统功能自顶向下划分成若干子系统，子系统再分为若干功能模块。Visual FoxPro 的用户界面主要包括表单集、菜单和工具栏。用户界面功能是否完善，操作是否方便能直接影响用户对系统的满意度。

3．编程阶段

编程是系统的具体实现，包括建立数据库和表，具体设计系统菜单、系统表单、定义表单上的各种控制对象、编写对象对不同事件的响应代码、编写报表和查询等。用户必须严格按照软件开发的基本过程，从分析到设计，从设计到编程，逐步进行。因为，前一阶段的工作结果都是后一阶段的工作基础，前面有改动，后面就会导致一连串的改动，带来庞大的工作量。因此，必须在完成前一阶段的工作并确认无误后，才能开始编程。

4．软件测试阶段

在程序设计的过程中，经常需要对菜单、表单、报表等程序模块进行测试和调试。通过测试来找出错误，再通过调试来纠正错误，从而最终达到预定的功能。

测试一般可分成模块测试和综合测试两个阶段。模块测试就是独立测试系统中的各个功能模块，检查模块内部的错误。综合测试主要检测模块集成为一个完整系统时出现的错误。

5. 运行和维护阶段

本阶段主要是指修改软件系统在使用过程中发现的隐含错误，扩充用户在使用过程中提出的新功能要求，从而达到维护软件系统正常运行的目的。

6. 应用程序发布

应用程序要能在 Windows 环境中独立运行，就需要将应用程序"连编"为 .exe 程序，并进行应用程序发布。

10.2 实例——学生信息管理系统的开发

学生信息管理系统是学校对学生的管理中不可缺少的部分，主要实现对学生信息的自动管理。由于学生种类和数量的庞大，学生信息管理起来非常复杂，既要满足学校教务处快速查找学生信息的需求，也要满足学生浏览、查找自身信息的需求。本节介绍的学生信息管理系统，主要借助计算机实现对学生信息的高效管理。使用本系统可以提高教务的管理效率和服务质量。

10.2.1 需求分析

本系统主要任务是用计算机对学生各种信息进行日常管理。其开发目的如下：
（1）学生可以查询课程的相关信息。
（2）学生可以查询和统计已选修课程的成绩，也可以打印成绩单。
（3）管理人员可以进行学生学籍信息的录入、增加、修改、删除等。

10.2.2 系统功能

犹如盖房子先要有图纸，开发该系统前，先要有一个清晰的系统结构图。在学生信息管理系统中，由项目管理器统一管理系统的表单、数据表、程序、报表以及主菜单。系统的整体结构是先运行主程序，由主程序调出用户登录界面。成功登录后，调出系统的主菜单。通过主菜单进入各个表单和报表。表单和报表中的数据来自数据库中的数据表。

学生信息管理系统功能流程如图 10.1 所示。

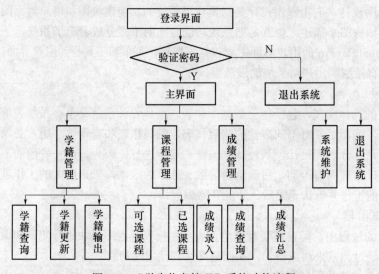

图 10.1 "学生信息管理"系统功能流程

10.2.3 数据库设计

数据库设计的任务是确定系统所需的数据库。数据库是表的集合，通常一个系统只需一个数据库。

分析对学生信息的管理情况，首先需要了解学生的基本情况信息，包括学生的所在院系、所学专业等信息；要有学生的基本情况记录，包括学号、姓名、入学时间等信息，学生每个学期开始都要进行选课，期末要汇总成绩，统计不合格的人数；学生也可能是从一个系转到另一个系。另外还需要对系统维护的人员进行管理，对人员要进行权限的管理。所需要的数据表有用户表、学生基本情况表、课程表、成绩表、排名表、院系表以及专业表。

下面分别列出了各表的表结构，见表 10.1～表 10.7 所列。

表 10.1 用户表

字段名	类型	宽度	小数位数	索引	NULL
学号	字符型	9		主索引	
姓名	字符型	12			
密码	字符型	12			
权限	字符型	6			

表 10.2 学生基本情况表

字段名	类型	宽度	小数位数	索引	NULL
学号	字符型	9		主索引	
姓名	字符型	12			
性别	字符型	2			
籍贯	字符型	12			
政治面貌	字符型	10			
出生年月	日期型	8			
地址	字符型	50			
个人简介	备注型	4			
照片	通用型	4			
院系代码	字符型	8		普通索引	
专业代码	字符型	8		普通索引	
入学时间	日期型	8			

表 10.3 课程表

字段名	类型	宽度	小数位数	索引	NULL
课程代码	字符型	8		主索引	
课程名	字符型	15			

表 10.4 成绩表

字段名	类型	宽度	小数位数	索引	NULL
学号	字符型	9		主索引	
姓名	字符型	12			
学期	字符型	4			
课程代码	字符型	15		普通索引	
成绩	数值型	8	2		

表 10.5 排名表

字段名	类型	宽度	小数位数	索引	NULL
学号	字符型	9		主索引	
姓名	字符型	12			
学期	字符型	4			
总分	数值型	8	2		
均分	数值型	8	2		
名次	整型	4			

表 10.6 院系表

字段名	类型	宽度	小数位数	索引	NULL
院系代码	字符型	8		主索引	
院系名称	字符型	20			

表 10.7 专业表

字段名	类型	宽度	小数位数	索引	NULL
专业代码	字符型	8		主索引	
专业名称	字符型	20			

10.2.4 数据库结构的实现

在需求分析、概念结构设计的基础上得到数据库的逻辑结构之后，就可以在 Visual FoxPro 6.0 数据库系统中实现该逻辑结构。

数据库的逻辑结构的实现可直接使用 Visual FoxPro 的项目管理器。下面将以本例中的数据表为实例，向读者说明创建这些表的过程。

1. 创建项目

在此之前，先创建一个名为"学生信息管理"的项目，项目文件以扩展名.pjx 和.pjt 进行保存。因为通过项目管理器，用户可以快速、方便地存取存放在项目文件中的任何对象。建立项目管理器的步骤如下所示：

（1）启动 Visual FoxPro，进行程序主界面。单击菜单栏的【文件】|【新建】命令，在弹出的【新建】对话框中选择【项目】单选按钮，如图 10.2 所示。

（2）单击【新建文件】按钮，在弹出的保存文件对话框中设置一个文件名，单击【保存】按钮后即可弹出【项目管理器】对话框，这个新项目就在项目管理器中建立起来了，如图 10.3 所示。

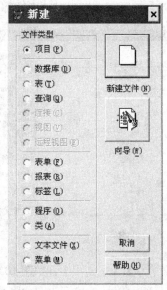

图 10.2 【新建】对话框

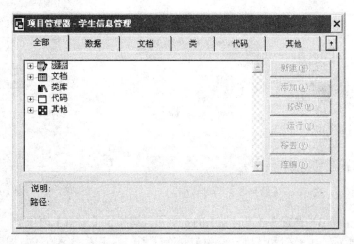

图 10.3 【项目管理器】对话框

2. 创建项目的数据库

创建完项目管理器，就可以建立学生信息管理系统所需要的数据库和数据表。首先创建数据库，在项目管理器中创建数据库的步骤如下所示。

（1）单击【数据】标签，选择【数据库】选项。单击【新建】按钮，弹出【新建数据库】对话框，如图 10.4 所示。

（2）单击【新建数据库】按钮，出现保存对话框，保存数据库名为"学生信息管理.dbc"，保存后出现【数据库设计器】窗口，如图 10.5 所示。

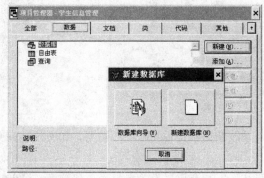

图 10.4 【新建数据库】对话框

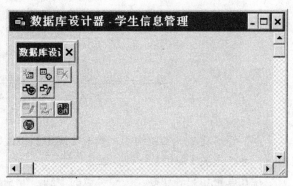

图 10.5 【数据库设计器】窗口

3. 创建数据表

在数据库中建立数据表，表的内容见数据库逻辑结构设计中表 10.1～表 10.7。下面以表 10.1 为例介绍表的建立过程。

（1）右击【数据库设计器】窗口，在弹出的快捷菜单上选择【新建表】命令后，弹出【新建表】对话框，如图 10.6 所示。

（2）在弹出的对话框中，单击【新建表】按钮，在出现的【创建】对话框中命名文件为"用户.dbf"。单击【保存】按钮，弹出【表设计器】对话框，如图 10.7 所示，在对话框中设计表结构。

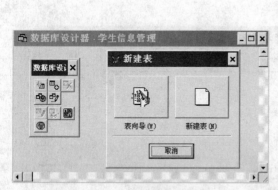

图 10.6 【新建表】的对话框   图 10.7 【表设计器】对话框

（3）设置【表设计器】的索引页，切换至【索引】选项卡，设置学号为【主索引】，如图 10.8 所示。主索引和【唯一索引】是有区别的，主索引键值在数据表中是唯一的且不允许为空，唯一索引键值也是唯一的但允许为空（如果需要，可以包含 NULL 值，选取"允许 NULL 值"）。

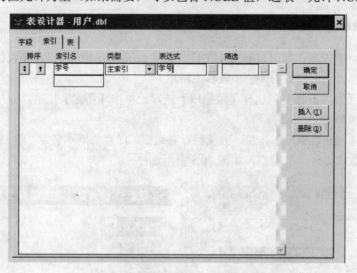

图 10.8 【表设计器】的索引页

（4）设计完成表的结构后，单击【确定】按钮，系统会提示是否立即输入数据。如不想现在输入，可以先按【取消】按钮，以后再输入。

现在就把用户表建好。按照类似的步骤，分别建立学生基本情况表、课程表、成绩表、排名表、院系表以及专业表。

240

4. 建立表之间的参照完整性

为了保持表中数据的一致性，需要在各数据表之间建立参照完整性。当插入、删除或者修改表中记录时，就会参照引用相关联的另外一个表中的数据。例如学生基本情况记录由学号、院系代码和专业代码等字段组成，如果没有参照完整性，可能会插入一条不存在专业的学生记录。在插入之前，如果进行了参照完整性检查，这样的错误就完全可以避免。

参照完整性是关系数据库管理系统的一个重要功能。要想建立参照完整性，必须先建立表之间的关联。

下面以学生信息管理系统中的两个表为例进行说明。

（1）学生基本情况表（学号、姓名、政治面貌、出生年月、地址、个人简介、照片、入学时间、院系代码、专业代码），学号为主索引，院系代码和专业代码为普通索引。

（2）院系表（院系代码、院系名称），院系代码为主索引。

建立表之间的关联，要在数据库设计器中进行。首先要打开数据库设计器，打开数据库设计器的方法是：在【项目管理器】对话框中的【数据】选项下，选择【数据库】选项中的【学生信息管理】。单击【修改】按钮，即可打开数据库设计器，如图10.9所示。

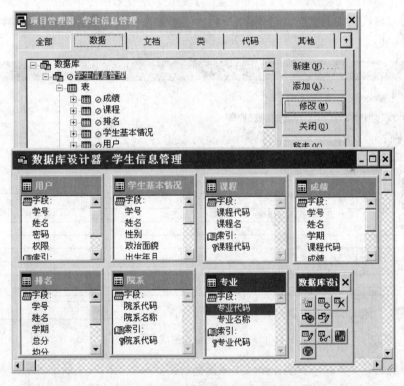

图 10.9 【数据库设计器】对话框

建立表之间的关联的方法：在【数据库设计器】中选择专业表的主索引【专业代码】按住鼠标左键不动，拖动鼠标到学生基本情况表的【专业代码】索引上。此时鼠标箭头变成小矩形，放开鼠标左键，专业表和学生基本情况表之间关联就建成了，如图10.10所示。

默认的关系是一对多的关系。如果想修改建立的关系，可以通过编辑关系进行。方法是：右击需要修改的关联（此时关联线变粗），在弹出的快捷菜单中选择【编辑关系】命令，就打开了【编辑关系】对话框。

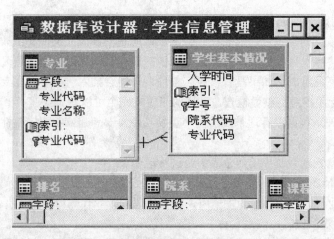

图 10.10 【数据库设计器】对话框

建立完数据表之间的关联后，就可以建立参照完整性约束了，操作的步骤如下：

（1）单击菜单栏的【数据库】|【清理数据库】命令，进行数据库清理。

（2）右击数据表之间的联系，选择【编辑参照完整性】命令，弹出【参照完整性生成器】界面，如图 10.11 所示。

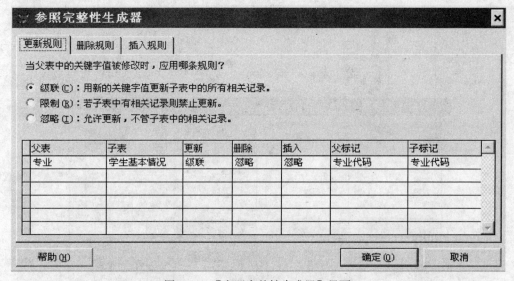

图 10.11 【参照完整性生成器】界面

不管选择的是哪个关联，参照完整性生成器都会把该系统的所有关联都显示出来。参照完整性规则共有 3 个，分别是：更新规则、插入规则和删除规则。更新规则规定了当更新父表的主关键字时，处理相关子表中记录的方法。插入规则规定了当子表中插入一条新记录或者更新一条已经存在的记录时的处理规则。删除规则规定了当删除父表中的记录时，处理相关子表中记录的方法。

在学生信息管理系统中，更新规则设定为【级联】，即修改专业表中的专业代码时，自动更新学生基本情况表的记录。删除规则设定为【忽略】，插入规则设定为【忽略】。

10.2.5 表单设计概述

前面已经创建了系统所需的数据库和表。用户对系统中数据的操作是通过界面进行的，下面就开始设计系统的操作界面。操作界面主要由表单和菜单两部分组成，其中主要部分是表单。所以先介绍表单设计，再介绍菜单设计。

用户使用学生信息管理系统首先从登录界面开始，所以先设计【登录】界面。

1. 登录表单设计

登录表单提供用户登录接口，用户只有输入了正确的用户名和密码，才能登录进入系统。该表单使用用户表，其界面如图 10.12 所示。

登录表单的 Caption 属性为：学生信息管理系统，Name 属性为：form1。该表单中控件属性的说明见表 10.8 所列。

表 10.8　登录表单中的控件设置

控件类型	控件名称及属性	说明
标签	Caption: 登录界面 FontSize: 16	标签
标签	Caption：学号	标签
标签	Caption：密码	标签
文本框	Name: no	输入学号
文本框	Name: password1 PasswordChar: *	输入密码
命令按钮	Caption：确定	从登录界面进入下一界面
命令按钮	Caption：退出	退出登录界面

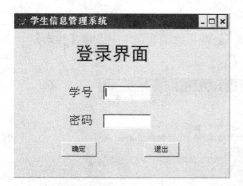

图 10.12　登录表单

登录表单的设计步骤如下所示：

（1）在【项目管理器】对话框的【文档】选项卡中，选中【表单】选项。单击【新建】按钮，弹出【新建表单】对话框，如图 10.13 所示。

（2）单击【新建表单】按钮，弹出【表单设计器】窗口。一个名为 Form1 的空表单也随之出现在【表单设计器】窗口中。

（3）右击【表单设计器】窗口，在弹出的快捷菜单中，选择【数据环境】命令。

（4）在弹出的【添加表或视图】对话框中，从【数据库中的表】中选择用户表，单击【添加】按钮。然后单击【关闭】按钮，关闭【添加表或视图】对话框，如图 10.14 所示。

图 10.13　【新建表单】对话框

图 10.14　【添加表或视图】对话框

243

（5）依次把数据环境中用户表的学号和密码字段拖到空表单的合适位置。在表单上出现学号标签、密码标签以及 Name 属性分别为 txt 学号、txt 密码的文本框。调整这 4 个控件在表单上的位置。在【属性】对话框中分别设置文本框的 Name 属性为 no、password1。密码文本框的passwordchar 属性为"*"。

（6）单击表单控件中的标签控件，在表单中添加一个标签控件。设置该标签控件的 Caption 属性为 "登录界面"，FontSize 属性值设为：16。

（7）添加两个命令按钮，按钮 Caption 属性分别为：确定和退出。

（8）在【属性】对话框中，设置该表单的 Caption 属性为学生信息管理系统，Name 属性为Form1。

布局完登录表单的控件后，开始设计表单的方法程序和事件代码。

Load 事件

Load 事件在加载登录表单时运行。右击表单窗口，在弹出的快捷菜单中选择【代码】命令，弹出如下对话框，并输入相应的代码,如图 10.15 所示。

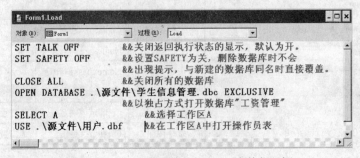

图 10.15 "登录表单"的 Load 事件代码框

Unload事件

与建立Load代码的方法类似，建立Unload事件，如图10.16所示。

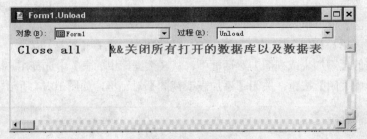

图 10.16 "登录"表单的 Unload 事件代码框

【确定】按钮的Click事件代码如图10.17所示。

【退出】按钮的Click事件代码如图10.18所示。

全部设计好后，关闭表单设计器，在弹出的保存对话框中保存表单，文件名为"登录表单"。然后在【项目管理器】对话框中，选择【文档】选项卡下表单中的"登录表单"。单击【运行】按钮，运行登录表单。

2. 密码修改表单设计

密码修改表单主要用来完成密码的修改功能。为了系统的安全，密码用一段时间就要进行更换。在该表单中，单击【确定】按钮，进行密码的修改。单击【取消】按钮，取消密码修改的操作。该表单使用用户表，其界面如图 10.19 所示。

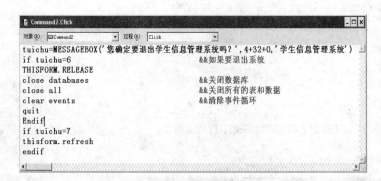

```
对象(B): Command1          过程(R): Click
set exact on
PRIVATE xh,mm,ST          &&定义私有变量xh（输入的学号），mm（输入的密码），ST（提示信息）
ST='密码不正确，请重新输入！'          &&提示信息'密码不正确，请重新输入！'
xh=alltrim(THISFORM.no.Value)          &&把输入的学号赋值给变量xh
mm=alltrim(THISFORM.password1.Value)          &&把输入的密码赋值给变量mm
IF EMPTY(xh) OR EMPTY(mm)
  DO CASE
  CASE EMPTY(xh) AND EMPTY(mm)
    MESSAGEBOX('请输入用户名和密码',46,'用户登录')
    THISFORM.no.SETFOCUS
  CASE EMPTY(xh) AND !EMPTY(mm)
    MESSAGEBOX('请输入用户名',46,'用户登录')
    THISFORM.no.SETFOCUS
  CASE !EMPTY(xh) AND EMPTY(mm)
    MESSAGEBOX('请输入密码',46,'用户登录')
    THISFORM.password1.SETFOCUS
  ENDCASE
ELSE

LOCATE ALL FOR xh==alltrim(用户.学号) AND alltrim(用户.密码)==mm
IF FOUND()          &&如果找到相同的职工号再比较密码是否相同
          &&如果学号和密码都正确，该界面不再显示
DO .\源文件\zhumenu.mpr          &&执行主菜单zhumenu..mpr
CLOSE ALL
THISFORM.RELEASE
ELSE
WAIT WINDOW ST TIMEOUT 2          &&程序运行等待2秒，显示密码不正确的提示信息
THISFORM.password1.value=''          &&密码文本框为空
THISFORM.password1.SetFocus
endif
endif
set exact off
```

图 10.17   【确定】按钮的 Click 事件代码框

```
Command2.Click
对象(B): Command2          过程(R): Click
tuichu=MESSAGEBOX('您确定要退出学生信息管理系统吗？',4+32+0,'学生信息管理系统')
if tuichu=6          &&如果要退出系统
THISFORM.RELEASE
close databases          &&关闭数据库
close all          &&关闭所有的表和数据
clear events          &&清除事件循环
quit
Endif
if tuichu=7
thisform.refresh
endif
```

图 10.18   【退出】按钮的 Click 事件代码框

图 10.19   "密码修改"表单

密码修改表单的 Caption 属性为密码修改，name 属性为 Cipher，该表单中控件属性的说明见表 10.9 所列，设计步骤同登录表单的设计步骤一样。

表 10.9   密码修改表单中的控件设置

控件类型	控件名称及属性	说明
标签	Caption：密码修改	标签
标签	Caption：学号	标签
标签	Caption：旧密码	标签
标签	Caption：新密码	标签
文本框	Name：txt学号	显示学号
文本框	Name：txt密码	显示旧密码
文本框	Name：password2	显示新密码
命令按钮	Caption：确定	显示密码修改操作
命令按钮	Caption：取消	取消密码修改操作
命令按钮	Caption：退出	退出该界面

下面设计该表单的方法和事件代码。

首先设计表单的 Init 事件程序。Init 事件在初始化表单时运行，设计的方法是：右击表单窗口，在弹出的快捷菜单中选择【代码】命令，弹出如下对话框。在该对话框中编写事件代码，如图 10.20 所示。

图 10.20 "密码修改"表单的 Init 事件代码框

【确定】按钮的 Click 事件代码如图 10.21 所示。

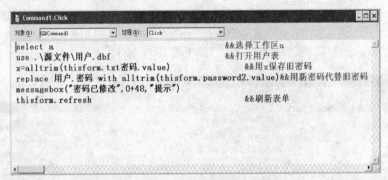

图 10.21 【确定】按钮的 Click 事件代码框

【取消】按钮的 Click 事件代码如图 10.22 所示。

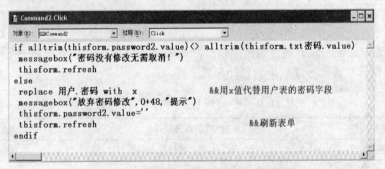

图 10.22 【取消】按钮的 Click 事件代码框

【退出】按钮的 Click 事件代码如图 10.23 所示。

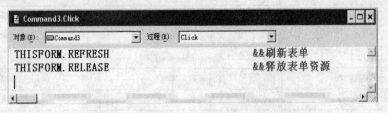

图 10.23 【退出】按钮的 Click 事件代码框

最后，关闭表单设计器，在弹出的保存对话框中保存表单，文件命名为"密码修改"。

3. 学生基本情况录入表单设计

用户通过该表单完成基本情况的录入，在该表单中可以添加一条新的基本情况信息，也可以删除一条不需要的记录，如图 10.24 所示。

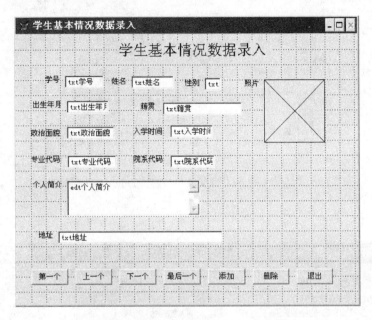

图 10.24　"学生基本情况录入"表单

学生基本情况录入表单的 Caption 属性为【学生基本情况数据录入】，Name 属性为 note，该表单中控件属性的说明见表 10.10 所列，设计步骤同前面的例子。

表 10.10　学生基本情况录入表单中的控件设置

标签	控件名称及属性	说明
标签	Caption：学生基本情况数据录入 FontSize：18	标签
12 个标签	Caption 分别为：学号、姓名、性别、出生年月、政治面貌、个人简介、照片、籍贯、地址、院系代码、专业代码以及入学时间	标签
10 个文本框	Name 分别为：txt 学号、txt 姓名、txt 性别、txt 出生年月、txt 政治面貌、txt 籍贯、txt 地址、txt 院系代码、txt 专业代码以及 txt 入学时间	显示学号等信息
6 个命令按钮	Caption 分别为：第一个、上一个、下一个、最后一个、添加、删除	对数据进行操作
命令按钮	退出	退出该界面
编辑框	Name：Edt 个人简介	显示个人简介信息
图像	Name：Olb 照片	显示照片信息

下面设计学生基本情况录入表单的的方法和事件代码。

首先设计表单 Init 事件程序，因为该表单显示的内容是可以修改的，所以文本框的 Enabled 属性设置为 true，程序代码如图 10.25 所示：

```
use .\源文件\学生基本情况.dbf exclusive        &&已独占的方式打开数据表基本情况
GO top                                          &&光标转到表头
THISFORM.txt学号.enabled=.t.                    &&学号文本框可修改
THISFORM.txt姓名.enabled=.t.                    &&姓名文本框可修改
THISFORM.txt性别.enabled=.t.                    &&性别文本框可修改
THISFORM.txt出生年月.enabled=.t.                &&出生年月文本框可修改
THISFORM.txt政治面貌.enabled=.t.                &&政治面貌文本框可修改
THISFORM.edt个人简介.enabled=.t.                &&个人简介编辑框可修改
THISFORM.olb照片.enabled=.t.                    &&照片文本框可修改
THISFORM.txt籍贯.enabled =.t.                   &&籍贯文本框可修改
THISFORM.txt地址.enabled =.t.                   &&地址文本框可修改
THISFORM.txt院系代码.enabled =.t.               &&院系代码文本框可修改
THISFORM.txt专业代码.enabled =.t.               &&专业代码文本框可修改
THISFORM.txt入学时间.enabled=.t.                &&入学时间文本框可修改
```

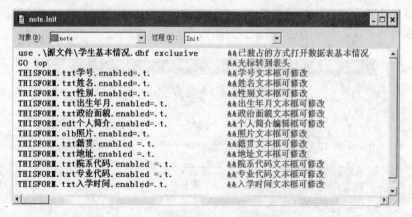

图 10.25 “学生基本情况录入”表单的 Init 事件代码框

【添加】按钮的 Click 事件代码如图 10.26 所示。

```
append blank
THISFORM.REFRESH                 &&刷新表单
```

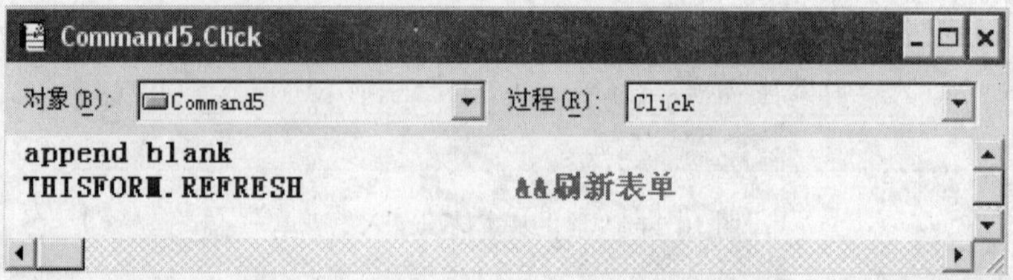

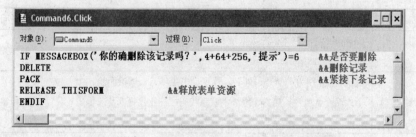

图 10.26 【添加】按钮的 Click 事件代码框

【删除】按钮的 Click 事件代码如图 10.27 所示。

```
IF MESSAGEBOX('你的确删除该记录吗？',4+64+256,'提示')=6     &&是否要删除
DELETE                                                      &&删除记录
PACK                                                        &&紧接下条记录
RELEASE THISFORM                 &&释放表单资源
ENDIF
```

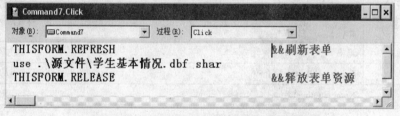

图 10.27 【删除】按钮的 Click 事件代码框

【退出】按钮的 Click 事件代码如图 10.28 所示。

```
THISFORM.REFRESH                            &&刷新表单
use .\源文件\学生基本情况.dbf shar
THISFORM.RELEASE                            &&释放表单资源
```

图 10.28 【退出】按钮的 Click 事件代码框

【第一个】按钮的 Click 事件代码如图 10.29 所示。

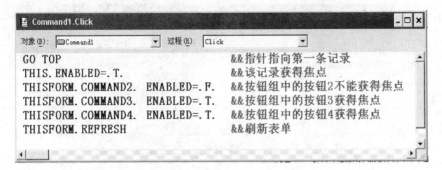

图 10.29 【第一个】按钮的 Click 事件代码框

【上一个】按钮的 Click 事件代码如图 10.30 所示。

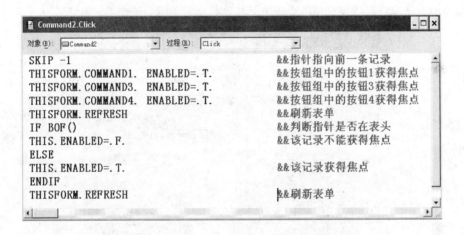

图 10.30 【上一个】按钮的 Click 事件代码框

【下一个】按钮的 Click 事件代码如图 10.31 所示。

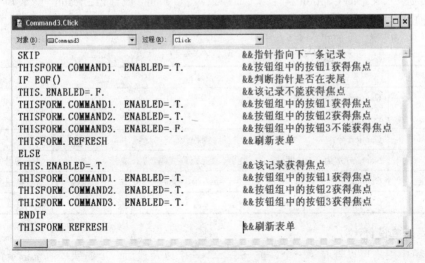

图 10.31 【下一个】按钮的 Click 事件代码框

【最后一个】按钮的 Click 事件代码如图 10.32 所示。

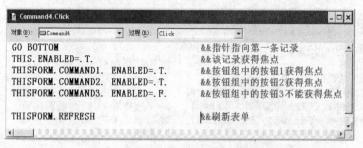

图 10.32 【最后一个】按钮的 Click 事件代码框

最后，关闭表单设计器，在弹出的保存对话框中保存表单。命名文件为【学生基本情况录入】。

4. 学生成绩录入表单设计

用户通过该表单完成成绩数据的录入。在该表单中可以添加一条新的成绩信息，也可以删除一条不需要的成绩记录。该表单使用成绩表，其界面如图 10.33 所示。

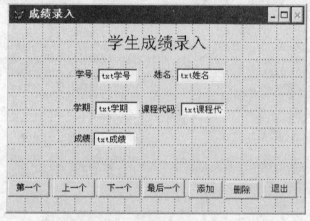

图 10.33 【成绩录入】表单

学生成绩录入表单的 Caption 属性为【成绩录入】，Name 属性为：result。该表单中控件属性的说明见表 10.11 所列，设计步骤及方法和事件代码可参考上面的例子。

表 10.11 学生成绩录入表单中的控件设置

控件类型	控件名称及属性	说明
标签	Caption：学生成绩录入 FontSize：18	标签
5 个标签	Caption 分别为：学号、姓名、学期、课程代码、成绩	标签
5 个文本框	Name 分别为：Txt 学号、Txt 姓名、Txt 课程代码、Txt 成绩	显示学号等信息
6 个命令按钮	Caption 分别为：第一个、上一个、下一个、最后一个、添加、删除	对数据进行操作
命令按钮	Caption：退出	退出界面

5. 课程表单设计

在该表单中用户可以查看第一个、前一个、下一个以及最后一个的课程信息记录，也可以查找想要选修课程的课程代码。该表单使用课程表，其界面如图 10.34 所示。

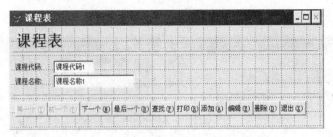

图 10.34 课程表单

课程表单的 Caption 属性为【课程表】，Name 属性为：Form1。该表单中控件属性的说明见表 10.12 所列。

表 10.12 课程表单中的控件设置

控件类型	控件名称及属性		说明
标签	Caption：课程表	FontSize：18	标签
标签	Caption：课程代码		标签
标签	Caption：课程代码		标签
文本框	Name：课程代码 1		输入课程代码
文本框	Name：课程代码 1		输入课程代码
按钮组	Caption：第一个、前一个、下一个、最后一个、查找、打印、添加、编辑、删除、退出		对数据进行操作

课程表单的设计步骤如下所示：

（1）在【项目管理器】对话框【文档】选项卡中，选中【表单】选项。单击【新建】按钮，弹出【新建表单】对话框，如图 10.35 所示。

（2）在【新建表单】对话框中，单击【表单向导】按钮。在弹出的【向导选取】对话框中选择【表单向导】选项，单击【确定】按钮，如图 10.36 所示。

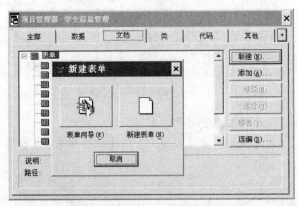

图 10.35 【新建表单】对话框

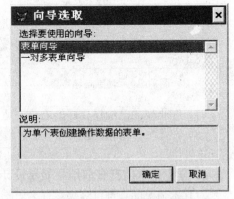

图 10.36 【向导选取】对话框

（3）在弹出的【表单向导】的步骤 1 对话框中，在【数据库和表】中选择【课程】。在【可用字段】中，把表中全部的字段添加到【选定字段】中，如图 10.37 所示。

（4）单击【下一步】按钮，弹出【表单向导】的步骤 2 对话框，设置表单的样式。默认的样式是标准式，在这里选择【浮雕式】选项。在【按钮类型】中选择【文本按钮】，如图 10.38 所示。

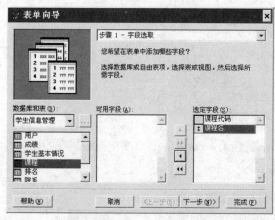

图 10.37　表单向导步骤 1

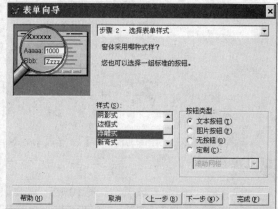

图 10.38　表单向导步骤 2

（5）单击【下一步】按钮，弹出【表单向导】的步骤 3 对话框，设置表的排列顺序为以【课程代码】升序排列，如图 10.39 所示。

（6）单击【下一步】按钮，弹出【表单向导】的步骤 4 对话框。键入【课程表】作为表单标题。选择【保存表单并用表单设计器修改表单】选项，如图 10.40 所示。单击【完成】按钮，在弹出的保存对话框中保存表单，命名文件为【查看课程表】。

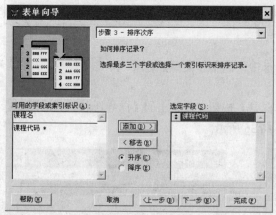

图 10.39　表单向导步骤 3

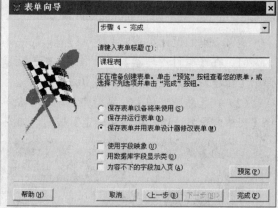

图 10.40　表单向导步骤 4

（7）在出现的已经设计好的表单中适当调整各控件的位置。

（8）在【项目管理器】对话框中，选择【文档】选项卡下【表单】中的【查看课程表】表单，运行该表单。

6. 学生基本情况查询结果表单设计

对基本情况的查询可分为按性名查询和按学号查询两种方式，分别由两类查询结果表单与之对应。基本情况查询结果表单被下面将要介绍的查询表单调用。用户通过该表单可以查看第一条、前一条、后一条以及最后一条基本情况信息记录。下面以按姓名查询的学生基本情况表单为例进行介绍。该表单使用学生基本情况表，如图 10.41 所示。

学生基本情况查询结果表单的 Init 事件代码如图 10.42 所示。

设计步骤以及其他事件代码可参考前面的例子。

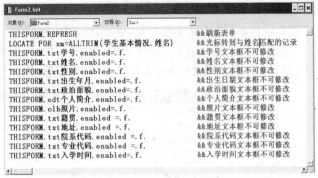

图 10.41 "学生基本情况查询结果"表单   图 10.42 "学生基本情况查询结果"表单的 Init 事件

7. 学生成绩查询结果表单设计

用户通过该表单可以查看按学号查询出的成绩结果信息。在该表单中可以查看第一条、前一条、后一条、最后一条成绩记录。该表单使用成绩表，如图 10.43 所示。

该表单的设计步骤和事件代码可参考前面的例子。

8. 学生成绩查询表单设计

在该表单中，用户通过选择学号进行查询。单击【查询】按钮可以调出【学生成绩查询结果】表单，查询出学生的成绩信息。该表单使用成绩表，如图 10.44 所示。

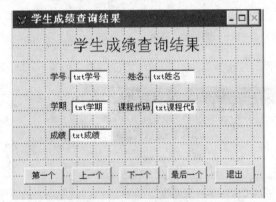

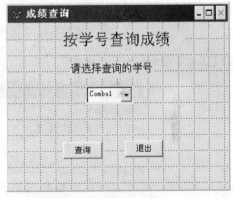

图 10.43 "学生成绩查询结果"表单   图 10.44 "成绩查询"表单

学生成绩查询表单的 Caption 属性为【成绩查询】，Name 属性为 cForm。查询成绩表单中控件属性的说明见表 10.13 所列，其设计步骤可参照前面的例子。

表 10.13　学生成绩查询表单中的控件设置

标签	控件名称及属性	说明
标签	Caption：按学号查询　　　FontSize：18	标签
标签	Caption：请选择查询的学号　FontSize：12	标签
组合框	ControlSource：学生基本情况.学号 RowSoruce：学生基本情况.学号 RowSorucetype：6-字段 ColumnCount：1	选学号
命令按钮	Caption：查询	进行查询操作
命令按钮	Caption：退出	退出该界面

下面设计学生成绩查询表单的方法和事件代码。

首先设计表单的 Init 事件。Init 事件在初始化成绩查询表单时运行。设计的方法是：右键表单窗口，在弹出的快捷菜单中选择【代码】命令，弹出对话框。在该对话框的【过程】下拉列表中选择 Init，在编辑区域编写事件程序，如图 10.45 所示。

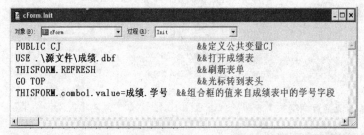

图 10.45 "成绩查询"表单的 Init 事件

【查询】按钮的 Click 事件代码如图 10.46 所示。

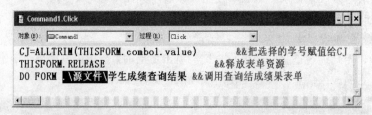

图 10.46 【查询】按钮的 Click 事件代码框

【退出】按钮的 Click 事件代码如图 10.47 所示。

图 10.47 【退出】按钮的 Click 事件代码框

设计好之后，关闭表单设计器，在弹出的保存对话框中保存表单。命名文件为"学生成绩查询"。同理，学生姓名查询表单设计和学生学号查询表单设计可参考上面的例子，在这不再详细阐述。

10.2.6 菜单设计概述

前几节介绍了表单的设计方法，本节中将介绍菜单的设计方法。主要介绍菜单的布局，创建自定义菜单和菜单的使用。在该系统中，用户登录后就会出现菜单系统，通过菜单系统可以访问到系统的各个模块。菜单系统主要包括一个菜单栏、多个菜单项以及下拉菜单等。设计菜单时，应该本着方便用户操作的原则。

1. 菜单布局

首先进行菜单的布局，在本系统中，主要包含以下菜单。

（1）文件：新建、打开、保存、另存为、关闭、页面设置以及退出。

（2）学籍：基本情况录入、学号查询以及姓名查询。

（3）成绩：成绩录入、成绩查询以及成绩打印。

（4）课程：查看课程以及打印课程表。

（5）系统维护：修改密码。

（6）退出系统。

2. 创建自定义菜单

布局好菜单后，下面就开始进行设计。利用"菜单设计器"设计菜单的步骤如下所示。

（1）在【项目管理器】对话框的【其他】选项卡中，选中【菜单】选项。单击【新建】按钮，弹出【新建菜单】对话框，如图 10.48 所示。

（2）在【新建菜单】对话框中，单击【菜单】按钮，弹出【菜单设计器】对话框，如图 10.49 所示。

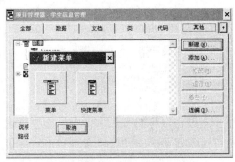

图 10.48 【新建菜单】对话框

图 10.49 【菜单设计器】对话框

（3）在【菜单名称】文本框中输入菜单项。单击【选项】下的灰色按钮，弹出【提示选项】对话框。在该对话框中设置菜单项的快捷键信息，如图 10.50 所示。

（4）在【选项】文本框中输入"DO FORM./源文件/学生基本情况录入"如图 10.51 所示，同理，设计其他菜单的子菜单及其调用的表单。

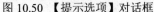
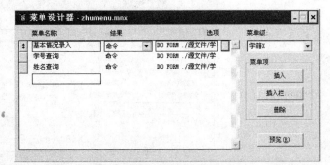

图 10.50 【提示选项】对话框

图 10.51 【菜单设计器】界面

3. 在菜单中使用过程

在菜单中使用过程，即在【结果】列中选择"过程"选项，然后编辑过程代码。以设计【退出系统】菜单为例，设计的步骤如下：

（1）选中【菜单名称】列的菜单名"退出系统"，在【结果】列中选择【过程】选项。

（2）单击【结果】列的右边的【创建】按钮，弹出一个空的【菜单设计器】过程编辑界面。

255

在该界面中输入过程代码，如图10.52所示。

成绩菜单的子菜单及其过程代码如图 10.53 所示。

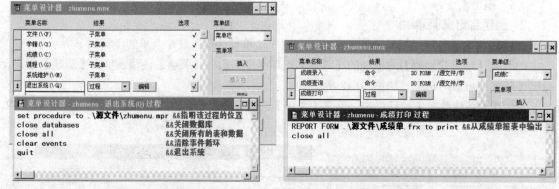

图 10.52 【菜单设计器】过程编辑界面　　　　图 10.53 【菜单设计器】过程编辑界面

同理，设计其他的子菜单及其过程代码。

4. 创建快捷式菜单

如果系统具有快捷菜单，用户使用起来就会非常方便。一般在鼠标的右击事件中添加执行快捷菜单命令。当用户右击某个控件或者对象时，在弹出的快捷方式菜单中就可以看到当前对象可用的快捷功能。下面详细介绍快捷菜单的设计步骤：

（1）在【项目管理器】对话框的【其他】选项卡中，选中【菜单】选项。单击【新建】按钮，弹出【新建菜单】对话框。

（2）在【新建菜单】对话框中，单击【快捷菜单】按钮，弹出【快捷菜单设计器】对话框。

（3）在【快捷菜单设计器】对话框中，单击【插入栏】按钮，弹出【插入系统菜单栏】对话框。

（4）在【插入系统菜单栏】对话框中选择需要插入的菜单，单击【插入】按钮，即可插入到菜单中。单击【关闭】按钮，退出【插入系统菜单栏】对话框，返回快捷菜单设计器，如图10.54所示。

（5）保存快捷菜单，运行。

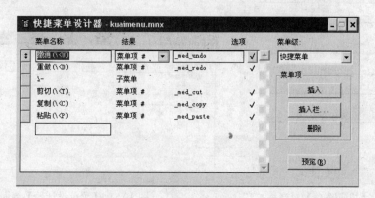

图 10.54 【快捷菜单设计器】对话框

5. 菜单的使用

执行自定义菜单的命令是：DO [PATH] FILENAME.MPR.。恢复系统菜单的命令是：SET SYSMENU TO DEFAULT。执行快捷菜单的命令是：DO [PATH]FILENAME.MPR。快捷菜单可随鼠标的位置的变化而自动调整位置，默认显示在顶层表单或窗口中，不用做另外的设置。如果需要在右键表单时弹出快捷菜单,在表单的 RIGHTCHICK 事件中使用 DO [PATH] FILENAME.MPR

命令即可。

10.2.7 报表设计

由于需要打印出成绩单和课程表，所以首先要设计出成绩单报表和课程表报表。本节主要介绍报表的设计方法，以成绩单报表的设计过程为例。设计步骤如下：

（1）右击【报表设计器】窗口，在弹出的快捷菜单中，选择【数据环境】命令。

（2）右击【数据环境设计器】窗口，在弹出的快捷菜单中，选择【添加】命令。

（3）在弹出的【添加表或视图】对话框中，选择成绩表，单击【添加】按钮，把成绩表添加到数据环境中。然后添加课程表。单击【关闭】按钮，关闭【添加表或视图】对话框。添加了表的数据环境设计器窗口如图 10.55 所示。

（4）选择数据环境设计器中的字段，依将将其拖动到【报表设计器】的细节区中。

（5）单击报表控件工具栏中的【选定对象】按钮，选中字节区中的对象。调整各字段名的位置。

（6）单击布局工具栏的【顶边对齐】按钮，对齐细节区的字段名。

（7）单击报表控件工具栏中的【标签】按钮，在页标头区设置与细节区字段名相应的页标头。

（8）默认的报表区不包含标题区。可以通过单击菜栏的【报表】|【标题/总结】命令，弹出【标题/总结】对话框。在该对话框中选择【标题带区】选项，如图 10.56 所示。

图 10.55　【数据环境设计器】窗口　　　　　　　图 10.56　【标题/总结】对话框

（9）在标题区输入标题。可以通过单击菜单栏的【格式】|【字体】命令，设置标题的字体。设置完成后的报表如图 10.57 所示。

（10）单击菜单栏的【显示】|【预览】命令，预览后的界面如图 10.58 所示。如果对设计出的报表不满意，可返回报表设计器进行修改。

图 10.57　成绩单报表布局　　　　　　　　　　图 10.58　预览后的成绩单报表

课程表报表的设计过程可参照上面的步骤，在此不再阐述。

10.2.8 主程序设计

在Visual FoxPro 6.0应用程序的入口称为主文件，是数据库管理系统最先执行的程序。

主程序一般具有如下功能：

（1）对系统进行初始化，设置系统的运行状态参数。

（2）定义全局变量。

（3）设置系统工具栏。

（4）调用系统登录界面。

（5）结束时清理环境。

1．建立主程序

建立主程序步骤如下所示：

（1）在【项目管理器】对话框【代码】选项卡中，选中【程序】选项，单击【新建】按钮。

（2）在弹出的【程序】窗口中编写程序代码，如图10.59所示。

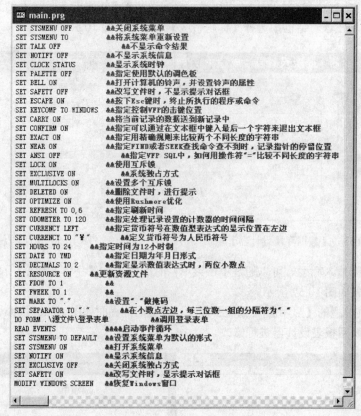

图 10.59　程序编写窗口

（3）关闭程序窗口，在弹出的保存对话框中，命名程序为 main。

2．设置主文件

主文件是应用程序的入口，在运行时首先被执行。创建主程序，就可以将其设置为主文件。设置主文件的步骤如下所示：

（1）选择要设置为主文件的文件。在【项目管理器】中，选择【代码】选项卡中【程序】下的程序文件 main。

（2）单击菜单栏的【项目】|【设置主文件】命令。被设置的文件以粗体形式显示，如图 10.60 所示。

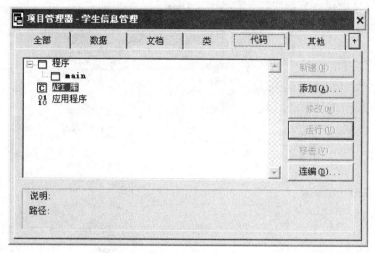

图 10.60　设置主文件

10.3　系统连编

系统连编就是把应用程序中各个分散的部件连接成一个可执行文件的过程。

系统的各个部分都设计完成后，必须把应用程序中所用到的组件都添加到项目管理器中后，才能开始连编应用程序，例如添加 WIZEMBSS.VCX 和 WIZBTNS.VCX 可视类库。在 VFP 环境下运行表单，VFP98 目录下默认包含这两个可视类库，所以不需要添加。但连编后的应用系统不一定运行在 VFP 环境下，所以在连编者按时就需要将其添加到项目中。添加类库的步骤如下所示：

（1）在【项目管理器】对话框中，单击【添加】按钮，弹出【打开】对话框。

（2）找到目录 C:\...\microsoft visual studio\vfp98\WIZARDS 下的可视类库 WIZEMBSS.VCX 和 WIZEMBSS.VCX，单击【确定】按钮。就添加到【项目管理器】对话框的【类】选项卡中，如图 10.61 所示。

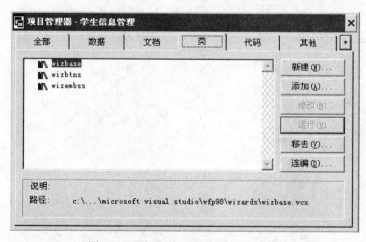

图 10.61　在【项目管理器】中添加类

连编应用程序的步骤如下所示。

（1）在【项目管理器】对话框的【代码】选项卡中，选择程序中的主程序：main.mpg。【连编】按钮，弹出【连编选项】对话框，如图10.62所示。

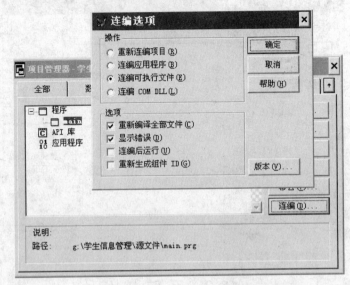

图 10.62 　【连编选项】对话框

（2）选择【连编可执行文件】选项，以及【重新编译全部文件】和【显示错误】选项。单击【确定】按钮，在弹出的保存对话框中，命名应用程序为【学生信息管理系统】。单击【确定】按钮，就开始进行应用程序的连编。

10.4 　总 　结

本章以"学生信息管理系统"为例，按照数据库应用系统开发的一般步骤，具体描述了这一实例在 VFP 环境中进行开发的全部活动过程。从技术方面讲，本系统使用了向导设计和编程设计相结合的方式，并涉及了项目、数据库、表单、菜单以及报表的设计。虽然它的功能不是特别复杂，但是几乎涵盖了 Visual FoxPro 的所有开发技术，达到了综合应用所学知识的目的。但是该系统与商业应用还有一定的距离，有兴趣的同学可以尝试着为该系统扩展出新的功能，如添加学生选课的功能等。

参 考 文 献

[1] 教育部考试中心.全国计算机等级考试二级教程——Visual FoxPro 程序设计.北京:清华大学出版社,2005.

[2] 邵静,张鹏.全国计算机等级考试二级教程——Visual FoxPro 程序设计.北京:中国铁道出版社,2004.

[3] 杨克昌,莫照.Visual FoxPro 程序设计教程.长沙:湖南科学技术出版社,2004.

[4] 卢春霞,李雪梅,王莉,等.Visual FoxPro 程序设计与应用.北京:中国铁道出版社,2005.

[5] 杨绍增.中文 Visual FoxPro 应用系统开发教程.北京:清华大学出版社,2006.

[6] 程玉民.Visual FoxPro 6.0 程序设计.北京:中国水利水电出版社,2003.

[7] 朱珍.Visual FoxPro 数据库程序设计.北京:中国铁道出版社,2007.

[8] 李平,李军,梁静毅.Visual FoxPro 数据库基础.北京:清华大学出版社,2005.

[9] 杨连初,刘震宇,曹毅.Visual FoxPro 程序设计教程(修订版).长沙:湖南大学出版社,2004.

[10] 柏万里,方安仁.Visual FoxPro 数据库基础教程.北京:清华大学出版社,2004.

[11] 彭小宁.湖南省普通高校计算机水平等级考试辅导教材.长沙:中南大学出版社,2002.

[12] 马秀峰,崔洪芳.Visual FoxPro 实用教程与上机指导.北京:北京大学出版社,2007.

[13] 彭国星,陈芳勤.Visual FoxPro 程序设计.北京:化学工业出版社,2009.